CW01368451

Ian Allan
abc
BRITISH RAILWAYS LOCOMOTIVES

COMBINED VOLUME
1954

A B C
BRITISH RAILWAYS
LOCOMOTIVES

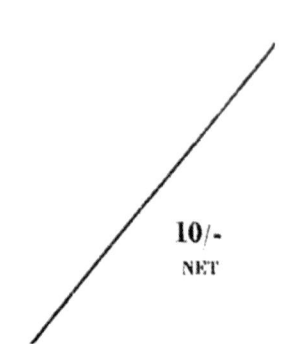

10/-
NET

First published 1954
Reprinted 2020

ISBN 9781910809648

All rights reserved. No part of this book may be reproduced or transmitted in any form or by any means, electronic or mechanical, including photocopying, recording or by any information storage and retrieval system, without permission from the Publisher in writing.

© Crécy Publishing 1954

Printed in India by Replika Press Pvt. Ltd

Published by Crécy Publishing Ltd
1a Ringway Trading Est, Shadowmoss Rd
Manchester M22 5LH

This is a facsimilie reprint of original editions first published in 1948, and as such, advertisements on page 272-277 are no longer valid.

Visit the Crécy Publishing website at www.crecy.co.uk

Copyright
Illegal copying and selling of publications deprives authors, publishers and booksellers of income, without which there would be no investment in new publications. Unauthorised versions of publications are also likely to be inferior in quality and contain incorrect information. You can help by reporting copyright infringements and acts of piracy to the Publisher or the UK Copyright Service.

Front cover:
'Lord Nelson' class No 30860 'Lord Hawke' awaiting departure from Waterloo. Sixteen of the class were in service in 1954 responsible for many of the boat trains operating between Waterloo and Southampton Docks.
Kevin Robertson collection

Rear cover:
Bulleid diesel-electric No 10202 also at Waterloo displaying the headcode for a west of England working. In order to gain useful experience in operating a future diesel fleet, the Southern Region had five main line diesel engines operating services on its Western section in the early 1950s. These were the SR trio and also the pair of LMS machine's. *Kevin Robertson collection*

THE **ABC** OF BRITISH RAILWAYS LOCOMOTIVES

PART 1 - Nos. 1-9999

WINTER
1953/4
EDITION

LONDON:

Ian Allan Ltd

NOTES ON THE USE OF THIS BOOK

1. This booklet lists British Railways locomotives numbered between 1 and 9999 in service at August 8th, 1953. This range of numbers covers Western Region (ex-G.W.R.) engines with the following exceptions:
   (i) Diesel and gas turbine locomotives, which are dealt with in the ABC OF BRITISH RAILWAYS LOCOMOTIVES Part 2—Nos. 10000-39999.
   (ii) British Railways Standard classes and Class "WD" 2-8-0 locomotives in service on the Western Region. These are listed in the ABC OF BRITISH RAILWAYS LOCOMOTIVES Part 4—Nos. 60000-99999.

2. With the exception of Diesel locomotives, Western Region locomotives retain their original Great Western numbers.

3. This book is divided into three parts:—
   (a) An alphabetical list of classes, with dimensions and subdivisions, and summary of locomotives in the class.
   (b) A numerical list of locomotives showing the class of each, and the name, if any.
   (c) A table of dimensions.

4. The aim of the book is that 1 (a) above shall provide a ready reference to particulars of individual locomotives in a class: and that 1 (b) shall be used for observation purposes.

5. The following notes are a guide to the system of reference marks and other details given in the lists of dimensions shown for each class in the alphabetical list of classes.
   (a) In the lists of dimensions "Su" indicates a superheated locomotive, and "SS" indicates that some locomotives of the class are superheated.
   (b) Locomotives are fitted with two inside cylinders, slide valves and Stephenson link motion, except where otherwise shown, e.g. (O) indicates outside cylinders and "P.V." piston valves.
   (c) The date on which a design of locomotive first appeared is indicated by "Introduced."

6. All locomotives are of G.W.R. origin, except where otherwise shown.

7. The following is a list of abbreviations used to indicate the pre-grouping owners of certain Western Region locomotives:

AD	Alexandra (Newport and South Wales) Docks & Railway.	CMDP	Cleobury Mortimer and Ditton Priors Light Railway.
BM	Brecon and Merthyr Railway.	LMM	Llanelly & Mynydd Mawr Railway.
BPGV	Burry Port & Gwendraeth Valley Railway.	MSWJ	Midland and South Western Junction Railway.
Cam.R.	Cambrian Railways.	P & M	Powlesland & Mason (Contractor).
Car.R.	Cardiff Railway.		

2

RR	Rhymney Railway.	
SHT	Swansea Harbour Trust.	
TV	Taff Vale Railway.	
V of R	Cambrian Railways (Vale of Rheidol).	
WCPR	Weston, Clevedon & Portishead Railway.	
W & L	Cambrian Railways (Welshpool and Llanfair).	
YTW	Ystalyfera Tin Works.	

WESTERN REGION LOCOMOTIVE RUNNING SHEDS AND SHED CODES

Depot No.	Depot	Depot No.	Depot	Depot No.	Depot
81A	Old Oak Common	84A	Wolverhampton (Stafford Rd.)	87A	Neath
81B	Slough				Glyn Neath
	Marlow	84B	Oxley		Neath (N. & B.)
	Watlington	84C	Banbury	87B	Duffryn Yard
81C	Southall	84D	Leamington Spa	87C	Danygraig
81D	Reading	84E	Tyseley	87D	Swansea East Dock
	Henley-on-T.		Stratford-on-Avon	87E	Landore
81E	Didcot	84F	Stourbridge	87F	Llanelly
	Newbury	84G	Shrewsbury		Burry Port
	Wallingford		Clee Hill		Pantyfynnon
81F	Oxford		Craven Arms	87G	Carmarthen
	Abingdon		Knighton		
	Fairford		Builth Road	87H	Neyland
		84H	Wellington (Salop)		Cardigan
82A	Bristol (Bath Road)	84J	Croes Newydd		Milford Haven
	Bath		Bala		Pembroke Dock
	Weston-super-Mare		Trawsfynydd		Whitland
	Yatton		Penmaenpool	87J	Goodwick
82B	Bristol (S.P.M.)	84K	Chester	87K	Swansea (Victoria)
82C	Swindon	85A	Worcester		Upper Bank
	Chippenham		Evesham		Gurnos
82D	Westbury		Kingham		Llandovery
	Frome	85B	Gloucester	88A	Cardiff (Cathays)
82E	Yeovil		Brimscombe		Radyr
82F	Weymouth		Cheltenham	88B	Cardiff East Dock
	Bridport		Cirencester	88C	Barry
			Lydney	88D	Merthyr
83A	Newton Abbot		Tetbury		Cae Harris
	Ashburton	85C	Hereford		Dowlais Central
	Kingsbridge		Ledbury		Rhymney
83B	Taunton		Leominster	88E	Abercynon
	Bridgwater		Ross	88F	Treherbert
	Minehead	85D	Kidderminster		Ferndale
83C	Exeter	86A	Newport (Ebbw Jc.)		
	Tiverton Junc.	86B	Newport (Pill)	89A	Oswestry
83D	Laira (Plymouth)	86C	Cardiff (Canton)		Llanidloes
	Launceston	86D	Llantrisant		Moat Lane
	Princetown	86E	Severn Tunnel Junc.		Welshpool (W&L)
83E	St. Blazey	86F	Tondu	89B	Brecon
	Bodmin	86G	Pontypool Road		Builth Wells
	Moorswater	86H	Aberbeeg	89C	Machynlleth
83F	Truro	86J	Aberdare		Aberayron
83G	Penzance	86K	Abergavenny		Aberystwyth
	Helston		Tredegar		Aberystwyth (V. of R.)
	St. Ives				Portmadoc
					Pwllheli

SUMMARY OF WESTERN REGION STEAM LOCOMOTIVE CLASSES

WITH HISTORICAL NOTES AND DIMENSIONS

In this list the classes are arranged by wheel arrangement in the following order: 4-6-0, 4-4-0, 2-8-0, 2-6-0, 2-4-0, 0-6-0, 2-8-2T, 2-8-0T, 2-6-2T, 0-6-2T, 0-6-0T, 0-4-2T, 0-4-0T. Codes in small bold type at the head of each class denote B.R. power classification.

4-6-0   6MT   1000 Class "County"

Introduced 1945: Hawksworth design

Weights: Loco. 76 tons 17 cwt.
         Tender 49 tons 0 cwt.
Pressure: 280 lb. Su.
Cyls.: (O) 18½" × 30"
Driving Wheels: 6' 3"
T.E.: 32,580 lb.
P.V.

1000–29   Total 30

4-6-0   4P   2900 Class "Saint"

Introduced 1903: Churchward design, developed from No. 2900 (originally No 100, introduced 1902).

Weights: Loco. 72 tons 0 cwt.
         Tender 40 tons 0 cwt.
Pressure: 225 lb. Su.
Cyls.: (O) 18½" × 30"
Driving Wheels: 6' 8½"
T.E.: 24,395 lb.
P.V.

2920   Total 1

4-6-0   5P   4000 Class "Star"

Introduced 1907: Churchward design, developed from No. 4000 (originally No. 40, introduced 1906 as a 4-4-2) earlier locomotives subsequently fitted with new boilers and superheaters, remainder built as such.

Weights: Loco. 75 tons 12 cwt.
         Tender 46 tons 14 cwt.
Pressure: 225 lb. Su.
Cyls.: (4) 15" × 26"
Driving Wheels: 6' 8½"
T.E.: 27,800 lb.
Inside Walschaerts gear and rocking shafts.   P.V.

4053 6/61/2   Total 4

4-6-0   7P   4073 Class "Castle"

Introduced 1923: Collett design, developed from "Star" (4000/37, 5083-92 converted from "Star")

Weights: Loco. 79 tons 17 cwt.
         Tender 46 tons 14 cwt.
Pressure: 225 lb. Su.
Cyls.: (4) 16" × 26"
Driving Wheels: 6' 8½"
T.E.: 31,625 lb.
Inside Walschaerts gear and rocking shafts.   P.V.

4000/37/73–99, 5000–99,
 7000–37   Total 167

Above: Ex-S.H.T. 0-4-0ST No. 1144. [*A. Delicata*

Right: Ex-Car.R. 0-4-0ST No. 1338. [*R. S. Potts*

Below: 1101 Class 0-4-0T No. 1103. [*J. N. Westwood*

Ex-R.R. "R1" Class 0-6-2T No. 42. [R. C. Riley

Ex-R.R. "A1" Class 0-6-2T No. 65. [C. G. Pearson

Ex-B. & M. 0-6-2T No. 434. [R. C. Riley

Ex-T.V. "A" Class 0-6-2T No. 351. [A. Delicata

Ex-T.V. "O4" Class 0-6-2T No. 210. [C. G. Pearson

5600 Class 0-6-2T No. 5618 [R. S. Potts

Above: Ex-R.R. "S1" Class 0-6-0T No. 90.
[C. G. Pearson

Left: 1361 Class 0-6-0ST No. 1362.
[B. Owen

Below: Ex-L.M.M. 0-6-0ST No. 359 Hilda.
[T. J. Saunders

Above: Ex-C.M.D.P. 0-6-0PT No. 28.
[*A. Delicata*

Right: 1366 Class 0-6-0PT No. 1369.
[*P. Ransome-Wallis*

Below: Ex-A.D. 2-6-2T No. 1205.
[*R. C. Riley*

Ex-Car. R. 0-6-0PT No. 682. [R. C. Riley

2021 Class 0-6-0PT No. 2053. [R. K. Evans

850 Class 0-6-0PT No. 2012. [A. Delicata

Above: 7400 Class 0-6-0PT No. 7433.
[*R. S. Potts*

Right: 5400 Class 0-6-0PT No. 5422.
[*R. H. Simpson*

Below: 1600 Class 0-6-0PT No. 1601.
[*P. Ransome-Wallis*

Above: 5700 Class 0-6-0PT No. 4673.
[*A. R. Carpenter*

Left: 5700 Class 0-6-0PT No. 9702 (with condensing apparatus).
[*C. G. Pearson*

Below: 5700 Class 0-6-0PT No. 7730 (with earlier type of cab).
[*A. R. Carpenter*

4-6-0 5MT 4900 Class "Hall"

*Introduced 1924: Collett rebuild with 6' driving wheels of "Saint" (built 1907).
†Introduced 1928: Modified design for new construction, with higher-pitched boiler, modified footplating and detail differences.

Weights: Loco. $\begin{cases} 72 \text{ tons } 10 \text{ cwt.}^* \\ 75 \text{ tons } 0 \text{ cwt.}^† \end{cases}$
 Tender 46 tons 14 cwt.
Pressure: 225 lb. Su.
Cyls.: (O) 18½" × 30"
Driving Wheels: 6' 0"
T.E.: 27,275 lb.

*4900
†4901-10/2-99, 5900-99, 6900-58   **Total 258**

4-6-0 8P 6000 Class "King"

*Introduced 1927: Collett design.
†Introduced 1947. Fitted with high superheat.

Weights: Loco. 89 tons 0 cwt.
 Tender 46 tons 14 cwt.
Pressure: 250 lb. Su.
Cyls.: (4) 16¼" × 28"
Driving Wheels: 6' 6"
T.E.: 40,285 lb.
Inside Walschaerts gear and rocking shafts. P.V.

*6002/4/7-9/12/4/8/9/21/3/4/6/7/9
†6000/1/3/5/6/10/1/3/5-7/20/2/5/8
    Total 30

4-6-0 5MT 6800 Class "Grange"

Introduced 1936: Collett design, variation of "Hall" with smaller wheels, incorporating certain parts of withdrawn 4300 2-6-0 locos.

Weights: Loco. 74 tons 0 cwt.
 Tender 40 tons 0 cwt.
Pressure: 225 lb. Su
Cyls.: (O) 18½" × 30"
Driving Wheels: 5' 8"
T.E.: 28,875 lb.
P.V.

6800-79   **Total 80**

4-6-0 5MT 6959 Class "Modified Hall"

Introduced 1944: Hawksworth development of "Hall," with larger superheater, one-piece " main frames and plate framed bogie.

Weights: Engine 75 tons 16 cwt.
 Tender 46 tons 14 cwt.
Pressure: 225 lb. Su.
Cyls.: (O) 18½" × 30"
Driving Wheels: 6' 0"
T.E.: 27,275 lb.
P.V.

6959-99, 7900-29   **Total 71**

4-6-0 5MT 7800 Class "Manor"

Introduced 1938: Collett design for secondary lines, incorporating certain parts of withdrawn 4300 2-6-0 locos.

Weights: Loco. 68 tons 18 cwt.
 Tender 40 tons 0 cwt.
Pressure: 225 lb. Su.
Cyls.: (O) 18" × 30"
Driving Wheels: 5' 8"
T.E.: 27,340 lb.
P.V.

7800-29   **Total 30**

4-4-0 2P 9000 Class

Introduced 1936: Collett rebuild, incorporating "Duke" type boiler and "Bulldog" frames, for light lines.

Weights: Loco. 49 tons 0 cwt.
 Tender $\begin{cases} 40 \text{ tons } 0 \text{ cwt.} \\ 36 \text{ tons } 15 \text{ cwt.} \end{cases}$
Pressure: 180 lb. Su.
Cyls.: 18" × 26"
Driving Wheels: 5' 8"
T.E.: 18,955 lb.

9000-5/8-18/20-8   **Total 26**

2-8-0 8F 2800 Class

*Introduced 1903: Churchward design, earlier locos. subsequently fitted with new boilers and superheaters.
†Introduced 1938: Collett locos., with side window cabs and detail alterations.

Weights: Loco. { 75 tons 10 cwt.*
                 76 tons 5 cwt.†
         Tender 40 tons 0 cwt.

Pressure: 225 lb. Su.
Cyls.: (O) 18½" × 30"
Driving Wheels: 4' 7½"
T.E.: 35,380 lb.
P.V.

*2800–2883
†2884–99, 3800–66

Total 167

2-8-0 7F R.O.D. Class

Introduced 1911: Robinson G. C. design (L.N.E.R. O4), built from 1917 for Railway Operating Division, R.E., taken into G.W. stock from 1919, and subseqently fitted with G.W. boiler mountings and details.

Weights: Loco. 73 tons 11 cwt
         Tender 47 tons 16 cwt.

Pressure: 185 lb. Su
Cyls.: (O) 21" × 26"
Driving Wheels: 4' 8"
T.E.: 32,200 lb.
P.V.

3010–2/4–8/20/2–6/8/9/31/2/6/8/40–4/8

Total 26

2-8-0 7F 4700 Class

Introduced 1919: Churchward mixed traffic design (4700 built with smaller boiler and later rebuilt).

Weights: Loco. 82 tons 0 cwt.
         Tender 46 tons 14 cwt.

Pressure: 225 lb. Su.
Cyls.: (O) 19" × 30"
Driving Wheels: 5' 8"
T.E.: 30,460 lb.
P.V.

4700–8

Total 9

2-6-0 4MT 4300 Class

*Introduced 1911: Churchward design.
†Introduced 1925: Locos. with detail alterations affecting weight.
‡Introduced 1932: Locos. with side window cabs and detail alterations.

Weights: Loco. { 62 tons 0 cwt.*
                 64 tons 0 cwt.†
                 65 tons 6 cwt.‡
         Tender 40 tons 0 cwt.

Pressure: 200 lb. Su.
Cyls.: (O) 18½" × 30"
Driving Wheels: 5' 8"
T.E.: 25,670 lb.
P.V

*4326/58/75/7, 5306/7/10–9/21–8/30–9/41/4/5/7/50/1/3/5–8/60–2/7–72/5–82/4–6/8/90–9, 6300–14/6–99, 7305–21
†7300–4
‡9300–19

Total 217

2-4-0 1MT MSWJ

Introduced 1894: Dubs design for M.S.W.J., reboilered by G.W.

Weights: Loco. 35 tons 5 cwt.
         Tender 30 tons 5 cwt.

Pressure: 165 lb.
Cyls.: 17" × 24"
Driving Wheels: 5' 6"
T.E.: 13,400 lb.

1336

Total 1

0-6-0 3MT 2251 Class

Introduced 1930: Collett design.

Weights:
  Loco.   43 tons 8 cwt.
  Tender { 36 tons 15 cwt.
           47 tons 6 cwt. (ex-R.O.D tender from 3000 Class 2-8-0).

Pressure: 200 lb. Su.
Cyls.: 17½" × 24"
Driving Wheels: 5' 2"
T.E.: 20,155 lb.

2200–99, 3200–19

Total 120

0-6-0 2MT 2301 Class

Introduced 1883: Dean design, later fitted with superheaters.
Weights: Loco. 36 tons 16 cwt.
　　　　　Tender 34 tons 5 cwt.
Pressure: 180 lb. Su.
Cyls.: $\begin{cases} 17'' \times 24'' \\ 17\frac{1}{2}'' \times 24'' \end{cases}$
Driving Wheels: 5' 2"
T.E.: $\begin{cases} 17,120 \text{ lb.} \\ 18,140 \text{ lb.} \end{cases}$

2340, 2411/26/58/60/74/84, 2513/6/32/8/41/51/78/9

Total 15

0-6-0 2MT Cam.

Introduced 1903: Jones Cambrian "89" class, reboilered by G.W. from 1924.
Weights: Loco. 38 tons 17 cwt.
　　　　　Tender 31 tons 13 cwt.
Pressure: 160 lb. SS.
Cyls.: 18" × 26"
Driving Wheels: 5' 1½"
T.E.: 18,625 lb.

844/9/55/73/95

Total 5

2-8-2T 8F 7200 Class

Introduced 1934: Collett rebuild with extended bunker and trailing wheels of Churchward 4200 class 2-8-0T.
Weight: 92 tons 2 cwt.
Pressure: 200 lb. Su.
Cyls.: (O) 19" × 30"
Driving Wheels: 4' 7½"
T.E.: 33,170 lb.
P.V.

7200–53

Total 54

2-8-0T $\begin{cases} \text{7F*} \\ \text{8F†} \end{cases}$ 4200 Class

*Introduced 1910: Churchward design.
†Introduced 1923: 5205 class, with enlarged cyls. and detail alterations.
Weight $\begin{cases} 81 \text{ tons } 12 \text{ cwt.*} \\ 82 \text{ tons } 2 \text{ cwt.†} \end{cases}$
Pressure: 200 lb. Su.
Cyls.: $\begin{cases} \text{(O) } 18\frac{1}{2}'' \times 30''* \\ \text{(O) } 19'' \times 30''† \end{cases}$
Driving Wheels: 4' 7½"
T.E.: $\begin{cases} 31,450 \text{ lb.*} \\ 33,170 \text{ lb.†} \end{cases}$
P.V.
*4200/1/3/6–8/11–5/7/8/21–33/5–8/41–3/6–8/50–99, 5200–4
†5205–64

Total 151

2-6-2T 4MT 3100 Class

Introduced 1938: Collett rebuild with higher pressure and smaller wheels of Churchward 3150 class (introduced 1906).
Weight: 81 tons 9 cwt.
Pressure: 225 lb. Su.
Cyls.: (O) 18½" × 30"
Driving Wheels: 5' 3"
T.E.: 31,170 lb.
P.V.

3100–4

Total 5

2-6-2T 4MT 3150 Class

Introduced 1906: Churchward design, developed from his original 3103 class of 1903, but with larger boiler, subsequently fitted with superheaters.
Weight: 81 tons 12 cwt.
Pressure: 200 lb. Su.
Cyls.: (O) 18½" × 30"
Driving Wheels: 5' 8"
T.E.: 25,670 lb
P.V.

3150/63/4/70–2/4/6/7/80/3/5–7/90

Total 15

2-6-2T 3MT 4400 Class

Introduced 1904: Churchward design for light branches, subsequently fitted with superheaters.
Weight: 56 tons 13 cwt.
Pressure: 180 lb. Su.
Cyls.: (O) 17" × 24"
Driving Wheels: 4' 1½"
T.E.: 21,440 lb.
P.V.

4401/5/6/10

Total 4

2-6-2T 4MT 4500 Class

*Introduced 1906: Churchward design for light branches, developed from 4400 class with larger wheels, earlier locos. subsequently fitted with superheaters.

†Introduced 1927: **4575 class** with detail alterations and increased weight.

‡Introduced 1953. Push-and-pull fitted

Weights $\begin{cases} 57 \text{ tons 0 cwt.*} \\ 61 \text{ tons 0 cwt.†} \end{cases}$

Pressure: 200 lb. Su.
Cyls.: (O) 17" × 24"
Driving Wheels: 4' 7½"
T.E.: 21,250 lb.
P.V.

*4505–8/11/9/21–4/6/30/2–42/5–74

†4575-7/9/80/2-8/90-9, 5500-10/2-23/5-8/30-3/6-44/6-54/6-8/61-7/9-71/3

‡4578/81/9, 5511/24/9/34/5/45/55/9/60/8/72/4   Total 153

2-6-2T 4MT 5100 & 6100 Classes

*5100 class. Introduced 1928: Collett rebuild with detail alterations and increased weight of Churchward 3100 class (introduced 1903 and subsequently fitted with superheaters).

†5101 class. Introduced 1929: Modified design for new construction.

‡6100 class. Introduced 1931: Locos. for London suburban area with increased boiler pressure.

Weights $\begin{cases} 75 \text{ tons 10 cwt.*} \\ 78 \text{ tons 9 cwt.†‡} \end{cases}$

Pressure $\begin{cases} 200 \text{ lb. Su.*†} \\ 225 \text{ lb. Su.‡} \end{cases}$

Cyls.: (O) 18" × 30"
Driving Wheels: 5' 8"
T.E. $\begin{cases} 24,300 \text{ lb.*†} \\ 27,340 \text{ lb.‡} \end{cases}$
P.V.

*5112/3/48
†4100-79, 5101-10/50-99
‡6100-69

Total 213

2-6-2T 4MT 8100 Class

Introduced 1938: Collett rebuild with higher pressure and smaller wheels of Churchward locos. in 5100 class
Weight: 76 tons 11 cwt.
Pressure: 225 lb. Su.
Cyls.: (O) 18" × 30"
Driving Wheels: 5' 6"
T.E.: 28,165 lb.
P.V.

8100–9   Total 10

2-6-2T 4MT AD

Introduced 1920: Hawthorn Leslie design for A.D. Railway.
Weight: 65 tons 0 cwt.
Pressure: 160 lb.
Cyls.: (O) 19" × 26"
Driving Wheels: 4' 7"
T.E.: 23,210 lb.

1205   Total 1

2-6-2T unclass. V of R

*Introduced 1902: Davies and Metcalfe design for V. of R. 1' 11¾" gauge.
†Introduced 1923: G.W. development of V. of R. design.
Weight: 25 tons 0 cwt.
Pressure: 165 lb.
Cyls. (O) $\begin{cases} 11" \times 17"* \\ 11\frac{1}{4}" \times 17"† \end{cases}$
Driving Wheels: 2' 6"
T.E. $\begin{cases} 9,615 \text{ lb.*} \\ 10,510 \text{ lb.†} \end{cases}$

*9
†7/8   Total 3

0-6-2T 5MT 5600 Class

*Introduced 1924: Collett design for service in Welsh valleys.
†Introduced 1927: Locos. with detail alterations.
Weights $\begin{cases} 68 \text{ tons 12 cwt.*} \\ 69 \text{ tons 7 cwt.†} \end{cases}$
Pressure: 200 lb. Su.
Cyls.: 18" × 26"
Driving Wheels: 4' 7½"
T.E.: 25,800 lb.
P.V.

*5600-99
†6600-99   Total 200

0-6-2T   3F   **B & M**

*Introduced 1926: Dunbar design for B. & M., reboilered by G.W. with taper boiler (introduced 1915).
†Reboilered by G.W.R. with ex-Rhymney boiler.
Weight: 59 tons 5 cwt.
Pressure $\begin{cases} 175 \text{ lb. Su.*} \\ 175 \text{ lb.†} \end{cases}$
Cyls.: 18″ × 26″
Driving Wheels: 5′ 0″
T.E.: 20,885 lb.

*431/4/5
†436   **Total 4**

0-6-2T   4F   **Cardiff Rly.**

Introduced 1928: G.W. rebuild with taper boiler of Ree Cardiff Railway design, introduced 1908.
Weight: 66 tons 12 cwt.
Pressure: 175 lb. Su.
Cyls.: 18″ × 26″
Driving Wheels: 4′ 6½″
T.E.: 22,990 lb.

155   **Total 1**

0-6-2T   4F   **Rhymney Rly.**

*Introduced 1921: Hurry Riches Rhymney "R1" class, development of "R." (Introduced 1907.)
†Introduced 1926: Reboilered by G.W. with superheated taper boiler.
Weights $\begin{cases} 66 \text{ tons } 0 \text{ cwt.*} \\ 62 \text{ tons } 10 \text{ cwt.†} \end{cases}$
Pressure $\begin{cases} 175 \text{ lb.*} \\ 200 \text{ lb. Su.†} \end{cases}$
Cyls.: 18½″ × 26″
Driving Wheels: 4′ 6″
T.E. $\begin{cases} 24,520 \text{ lb.*} \\ 28,015 \text{ lb.†} \end{cases}$

*35–8, 41–3
†39, 40/4   **Total 10**

4F

*Introduced 1914: Hurry Riches Rhymney Class "A1," built with Belpaire boiler.
†Introduced 1929: Reboilered by G.W. with superheated taper boiler.

Weights $\begin{cases} 64 \text{ tons } 3 \text{ cwt.*} \\ 63 \text{ tons } 0 \text{ cwt.†} \end{cases}$
Pressure $\begin{cases} 175 \text{ lb.*} \\ 175 \text{ lb. Su.†} \end{cases}$
Cyls.: 18″ × 26″*†
Driving Wheels: 4′ 4½″
T.E.: 23,870 lb.*†

*68
†56/8/9/65/6/9, 70/5   **Total 9**

3P

*Introduced 1926: G.W. rebuild with superheated taper boiler of Hurry Riches Rhymney "P" class.
†Introduced 1928: Rebuild of Rhymney "AP" class (superheated development of "P," introduced 1921).
Weights $\begin{cases} 58 \text{ tons } 19 \text{ cwt.*} \\ 63 \text{ tons } 0 \text{ cwt.†} \end{cases}$
Pressure: 175 lb. Su.
Cyls.: $\begin{cases} 18″ \times 26″* \\ 18½″ \times 26″† \end{cases}$
Driving Wheels: 5′ 0″
T.E.: $\begin{cases} 20,885 \text{ lb.*} \\ 21,700 \text{ lb.†} \end{cases}$

*82/3   †77–81   **Total 7**

0-6-2T   4F   **TV**

Introduced 1924: G.W. rebuild with superheated taper boiler of Hurry Riches T.V. "O4" class (introduced 1907).
Weight: 61 tons 0 cwt.
Pressure: 175 lb. Su
Cyls.: 17½″ × 26″
Driving Wheels: 4′ 6½″
T.E.: 21,730 lb.

204/5/8/10/1/5/6/79/82/90

           Total 10

For full details of
B.R. STANDARD LOCOMOTIVES
running on the Western Region,
see the
A.B.C. OF B.R. LOCOMOTIVES
PT. IV. Nos. 60000-99999

4P

Introduced 1924: G.W. rebuild with superheated taper boiler of Cameron T.V. "A" class (introduced 1914). Two sizes of cylinder.
Weight: 65 tons 14 cwt.
Pressure $\begin{cases} 175 \text{ lb. Su.*} \\ 200 \text{ lb. Su.†} \end{cases}$
Cyls. $\begin{cases} 18\frac{1}{2}'' \times 26''* \\ 17\frac{1}{2}'' \times 26''† \end{cases}$
Driving Wheels: 5' 3"
T.E.: $\begin{cases} 21,000 \text{ lb.*} \\ 21,480 \text{ lb.†} \end{cases}$

*307/8/22/35/49/52/60/1/6/70–2/80/7/8

†303–6/12/6/43/5–8/51/6/7/62/4/5/7/8/73–9/81–6/9–91/3/4/7–9

Total 55

0-6-0PT 2F 850 Class

Introduced 1910: Rebuilt with pannier tanks.
Weight: 36 tons 3 cwt.
Pressure: 165 lb.
Cyls.: 16" × 24"
Driving Wheels: 4' 1½"
T.E.: 17,410 lb.

1935, 2008/11/2

Total 4

0-6-0ST 0F 1361 Class

Introduced 1910: Churchward design for dock shunting.
Weight: 35 tons 4 cwt.
Pressure: 150 lb.
Cyls.: (O) 16" × 20"
Driving Wheels: 3' 8"
T.E.: 14,835 lb.

1361–5

Total 5

0-6-0PT 1F 1366 Class

Introduced 1934: Collett development of 1361 class, with pannier tanks.
Weight: 35 tons 15 cwt.
Pressure: 165 lb.
Cyls.: (O) 16" × 20"
Driving Wheels: 3' 8"
T.E.: 16,320 lb.

1366–71

Total 6

0-6-0PT 4F 1500 Class

Introduced 1949: Hawksworth short-wheelbase heavy shunting design.
Weight: 58 tons 4 cwt.
Pressure: 200 lb.
Cyls.: (O) 17½" × 24"
Driving Wheels: 4' 7½"
T.E.: 22,515 lb.
Walschaerts gear, P.V.

1500–9

Total 10

0-6-0PT 2F 1600 Class

Introduced 1949: Hawksworth light branch line and shunting design.
Weight: 41 tons 12 cwt
Pressure: 165 lb.
Cyls.: 16½" × 24"
Driving Wheels: 4' 1½"
T.E.: 18,515 lb.

1600–49

Total 50

0-6-0PT 2F 2021 & 2181 Classes

*2021 class. Introduced 1897: Dean saddletank, subsequently rebuilt with pannier tanks. Nos. 2101 onwards built with domeless Belpaire boilers, interchanged later throughout the class.

†2181 class. Introduced 1939: 2021 class modified with increased brake power for heavy gradients.

Weight: 39 tons 15 cwt.
Pressure: 165 lb.
Cyls.: 16½" × 24"
Driving Wheels: 4' 1½"
T.E.: 18,515 lb.

*2027/34/5/40/3/53/60/1/9/70/2/81/2/8/90/2/7/9, 2101/7/8/12/34/6/8/44/60

†2182/3/6

Totals : 2021 Class 27
2181 Class 3

0-6-0PT 1P 5400 Class

Introduced 1931: Collett design for light passenger work, push-and-pull fitted.
Weight: 46 tons 12 cwt.
Pressure: 165 lb.
Cyls.: 16½" × 24"
Driving Wheels: 5' 2"
T.E.: 14,780 lb.

5400-24

Total 25

0-6-0PT 3F 5700 Class

*Introduced 1929: Collett design for shunting and light goods work, developed from 2021 class.
†Introduced 1930: Locos. with steam brake and no A.T.C. fittings, for shunting only.
‡Introduced 1933: Locos. with condensing gear for working over L.T. Metropolitan line.
§Introduced 1933: Locos. with detail alterations, modified cab (except 8700) and increased weight.
**Introduced 1948: Steam brake locos. with increased weight.

Weights $\begin{cases} 47 \text{ tons } 10 \text{ cwt.}*† \\ 50 \text{ tons } 15 \text{ cwt.}‡ \\ 49 \text{ tons } 0 \text{ cwt.}§** \end{cases}$

Pressure: 200 lb.
Cyls.: 17½" × 24"
Driving Wheels: 4' 7½"
T.E.: 22,515 lb.

*5700-99, 7700-99, 8701-49
†6700-49
‡9700-10
§3600-3799, 4600-99, 8700/50-99, 9600-82, 9711-99
**6750-79

Total 863

0-6-0PT 2P* 2F†
6400 & 7400 Classes

*6400 class. Introduced 1932: Collett design for light passenger work, variation of 5400 class with smaller wheels, push-and-pull fitted

†7400 class. Introduced 1936: Non-push-and-pull fitted locos.

Weights $\begin{cases} 45 \text{ tons } 12 \text{ cwt.}* \\ 45 \text{ tons } 9 \text{ cwt.}† \end{cases}$

Pressure: 180 lb.
Cyls.: 16½" × 24"
Driving Wheels: 4' 7½"
T.E.: 18,010 lb.

*6400-39
†7400-49

Totals : 6400 Class 40
7400 Class 50

0-6-0PT 4F 9400 Class

*Introduced 1947: Hawksworth taper-boiler design for heavy shunting.
†Introduced 1949: Locos. with non-superheated boilers.
Weight: 55 tons 7 cwt.
Pressure: 200 lb. SS.
Cyls.: 17½" × 24"
Driving Wheels: 4' 7½"
T.E.: 22,515 lb.

*9400-9
†3400-9, 8400-99, 9410-99

N.B.—Locos. of this class are still being delivered.

0-6-0T 3F AD

Introduced 1917: Kerr Stuart design for Railway Operating Division, R.E., purchased by A.D. Railway 1919.
Weight: 50 tons 0 cwt.
Pressure: 160 lb.
Cyls.: (O) 17" × 24"
Driving Wheels: 4' 0"
T.E.: 19,650 lb.

666/7

Total 2

0-6-0T 1F BPGV

Introduced 1910: Hudswell Clarke design for B.P.G.V. rebuilt by G.W.R.
Weight: 37 tons 15 cwt.
Pressure: 165 lb.
Cyls: (O) 15" × 22"
Driving wheels: 3' 9"
T.E.: 15,430 lb.

2198   Total 1

2F

*Introduced 1912: Hudswell Clarke design for B.P.G.V.
†Rebuilt by G.W.R.
Weight: 37 tons 15 cwt.
Pressure: 160 lb.
Cyls: (O) 16" × 24"
Driving Wheels: 3' 9"
T.E.: 18,570 lb.

*2166
†2162/5/8   Total 4

0-6-0ST 1F BPGV

Introduced 1907: Avonside design for B.P.G.V., rebuilt by G.W.R.
Weight: 38 tons 5 cwt.
Pressure: 165 lb.
Cyls: (O) 15" × 22"
Driving Wheels: 3' 6"
T.E.: 16,530 lb.

2176   Total 1

1F

Introduced 1906: Avonside design for B.P.G.V.
Weight: 38 tons 0 cwt.
Pressure: 170 lb.
Cyls: (O) 15" × 22"
Driving Wheels: 3' 6"
T.E.: 17,030 lb.

2196   Total 1

0-6-0PT 4F Cardiff Rly.

Introduced 1920: Hope and Hudswell Clarke design for Cardiff Railway, reboilered by G.W. and fitted with pannier tanks.
Weight: 45 tons 6 cwt.
Pressure: 165 lb.
Cyls: 18" × 24"
Driving Wheels: 4' 1½"
T.E.: 22,030 lb.

681–4   Total 4

0-6-0PT 2F CMDP

Introduced 1905: M. Wardle saddle tank for C.M.D.P., reboilered by G.W. and fitted with pannier tanks.
Weight: 39 tons 18 cwt.
Pressure: 160 lb.
Cyls.: (O) 16" × 22"
Driving Wheels: 3' 6"
T.E.: 18,235 lb.

28/9   Total 2

0-6-0ST 1F LMM

Introduced 1912: Hudswell Clarke design for L.M.M., reboilered by G.W.
Weight: 34 tons 9 cwt.
Pressure: 160 lb.
Cyls.: (O) 15" × 22"
Driving Wheels: 3' 7½"
T.E.: 15,475 lb.

359   Total 1

0-6-0T 4F Rhymney Rly.

Introduced 1930: Hurry Riches Rhymney "S" class (introduced 1908), rebuilt by G.W. with taper boiler.
Weight: 54 tons 8 cwt.
Pressure: 175 lb.
Cyls.: 18" × 26"
Driving Wheels: 4' 4½"
T.E.: 23,870 lb.

93–6   Total 4

4F

Introduced 1920: Hurry Riches Rhymney "S1" class.
Weight: 56 tons 8 cwt.
Pressure: 175 lb.
Cyls. $\begin{cases} 18'' \times 26''* \\ 18\frac{1}{2}'' \times 26''† \end{cases}$
Driving Wheels: 4' 4½"
T.E. $\begin{cases} 23,870 \text{ lb.}* \\ 25,210 \text{ lb.}† \end{cases}$

*91/2 †90 **Total 3**

0-6-0T 1F TV

Introduced 1884: Hurry Riches T.V. "H" class with steeply tapered boiler for Pwllyrhebog incline, subsequently rebuilt twice.
Weight: 44 tons 15 cwt.
Pressure: 140 lb.
Cyls.: 17½" × 26"
Driving Wheels: 5' 3"
T.E.: 15,040 lb.

194 **Total 1**

0-6-0T 0F WCP

Introduced 1911: Marsh rebuild of Stroudley L.B.S.C. A1. (loco. built 1877, rebuilt to AIX 1919), purchased W.C.P. 1925, acquired by G.W. 1940
Weight: 28 tons 5 cwt.
Pressure: 150 lb.
Cyls.: 12" × 20"
Driving Wheels: 4' 0"
T.E.: 7,650 lb.

5 **Total 1**

0-6-0T Unclass W & L

Introduced 1902: Beyer Peacock design for 2' 6½" gauge W. & L. Section, Cam. Railways.
Weight: 19 tons 18 cwt.
Gauge: 2' 6½"
Pressure: 150 lb.
Cyls.: (O) 11½" × 16"
Driving Wheels: 2' 9"
T.E.: 8,175 lb.

822/3 **Total 2**

0-4-2T 1P
1400 & 5800 Classes

*1400 class introduced 1932: Collett design for light branch work (originally designated 4800 class). Push-and-pull fitted.
†5800 class introduced 1933: Non push-and-pull fitted locos.
Weight: 41 tons 6 cwt.
Pressure: 165 lb.
Cyls. 16" × 24"
Driving Wheels: 5' 2"
T.E.: 13,900 lb.

*1400–74 †5800–19 **Total 95**

0-4-0T 3F 1101 Class

Introduced 1926: Avonside Engine Co., design to G.W. requirements for dock shunting.
Weight: 38 tons 4 cwt.
Pressure: 170 lb.
Cyls.: (O) 16" × 24"
Driving Wheels: 3' 9½"
T.E.: 19,510 lb.
Walschaerts gear.

1101–6 **Total 6**

0-4-0ST 0F Car.R

Introduced 1898: Kitson design for Cardiff Railway.
Weight: 25 tons 10 cwt.
Pressure: 160 lb.
Cyls.: (O) 14" × 21"
Driving Wheels: 3' 2¼"
T.E.: 14,540 lb.
Hawthorn Kitson valve gear.

1338 **Total 1**

0-4-0ST 0F P & M

Introduced 1907: Peckett design for P. & M.
Weight: 33 tons 10 cwt.
Pressure: 150 lb.
Cyls.: (O) 15" × 21"
Driving Wheels: 3' 7" T.E.: 14,010 lb.

1151/2 **Total 2**

Introduced 1903: Hawthorn Leslie design for P. & M., reboilered by G.W.R.
Weight: 26 tons 13 cwt.
Pressure: 120 lb
Cyls.: (O) 14″ × 20″
Driving Wheels: 3′ 6″ T.E.: 9,520 lb.

1153 **Total 1**

0-4-0ST OF SHT

Introduced 1905: Barclay design for S.H.T.
Weight: 28 tons 0 cwt.
Pressure: 160 lb.
Cyls.: (O) 14″ × 22″
Driving Wheels: 3′ 5″ T.E.: 14,305 lb.

1140 **Total 1**

Introduced 1906: Peckett design for S.H.T. (similar to 1151-12).
Weight: 33 tons 10 cwt.
Pressure: 150 lb.
Cyls.: (O) 15″ × 21″
Driving Wheels: 3′ 7″
T.E.: 14,010 lb.

1143/5 **Total 2**

Introduced 1909: Hawthorn Leslie design for S.H.T.
Weight: 26 tons 17 cwt.
Pressure: 150 lb.
Cyls.: (O) 14″ × 22″
Driving Wheels: 3′ 6″
T.E.: 13,090 lb.

1144 **Total 1**

Introduced 1911: Hudswell Clarke design for S.H.T.
Weight: 28 tons 15 cwt.
Pressure: 160 lb.
Cyls.: (O) 15″ × 22″
Driving Wheels: 3′ 4″
T.E.: 16,830 lb.

1142 **Total 1**

LOCOMOTIVE SUPERINTENDENTS AND CHIEF MECHANICAL ENGINEERS OF THE G.W.R. & W.R.

Sir Daniel Gooch	1837—1864
Joseph Armstrong	1854—1864*
	1864—1877
George Armstrong	1864—
(*Bro. of J. Armstrong*)	1877—1892*
William Dean	—1877*
	1877—1902
G. J. Churchward	1902—1921
Charles B. Collett	1922—1941
F. W. Hawksworth	1941—

* In charge of standard gauge locomotives at Stafford Road Works, Wolverhampton, with wide powers in design and construction. The exact dates of Geo. Armstrong's and Dean's terms of service there cannot be definitely ascertained from existing records.

NUMERICAL LIST OF WESTERN REGION STEAM LOCOMOTIVES

Locomotives are of G.W. origin except where indicated by initials

0-6-0T   **WCP**

5 Portishead

2-6-2T   **V of R**

| 7 | 8 | 9 |

0-6-0PT   **CMDP**

| 28 | 29 |

0-6-2T   **RR**

35	42	66	79
36	43	68	80
37	44	69	81
38	56	70	82
39	58	75	83
40	59	77	
41	65	78	

0-6-0T   **RR**

| 90 | 92 | 94 | 96 |
| 91 | 93 | 95 | |

0-6-2T   **Car.R.**

155

0-6-0T   **TV**

194

0-6-2T   **TV**

204	282	312	347
205	290	316	348
208	303	322	349
210	304	335	351
211	305	343	352
215	306	345	356
216	307	346	357
279	308		

0-6-0T   **LMM**

359 Hilda

0-6-2T   **TV**

360	371	380	389
361	372	381	390
362	373	382	391
364	374	383	393
365	375	384	394
366	376	385	397
367	377	386	398
363	378	387	399
370	379	388	

0-6-2T   **BM**

| 431 | 434 | 435 | 436 |

0-6-0T   **AD**

| 666 | 667 |

0-6-0PT   **Car.R.**

| 681 | 682 | 683 | 684 |

822-1459

0-6-0T	W & L.
822	823

0-6-0	Cam.R.
844	855	873	895
849			

4-6-0 — 1000 Class "County"

1000 County of Middlesex
1001 County of Bucks
1002 County of Berks
1003 County of Wilts
1004 County of Somerset
1005 County of Devon
1006 County of Cornwall
1007 County of Brecknock
1008 County of Cardigan
1009 County of Carmarthen
1010 County of Caernarvon
1011 County of Chester
1012 County of Denbigh
1013 County of Dorset
1014 County of Glamorgan
1015 County of Gloucester
1016 County of Hants
1017 County of Hereford
1018 County of Leicester
1019 County of Merioneth
1020 County of Monmouth
1021 County of Montgomery
1022 County of Northampton
1023 County of Oxford
1024 County of Pembroke
1025 County of Radnor
1026 County of Salop
1027 County of Stafford
1028 County of Warwick
1029 County of Worcester

0-4-0T — 1101 Class

| 1101 | 1103 | 1105 |
| 1102 | 1104 | 1106 |

0-4-0T — SHT

| 1140 | 1143 | 1145 |
| 1142 | 1144 | |

0-4-0T — PM

| 1151 | 1152 | 1153 |

2-6-2T — AD

1205

2-4-0 — MSWJ

1336

0-4-0ST — Car.R.

1338

0-6-0ST — 1361 Class

| 1361 | 1363 | 1365 |
| 1362 | 1364 | |

0-6-0PT — 1366 Class

| 1366 | 1368 | 1370 |
| 1367 | 1369 | 1371 |

0-4-2T — 1400 Class

1400	1415	1430	1445
1401	1416	1431	1446
1402	1417	1432	1447
1403	1418	1433	1448
1404	1419	1434	1449
1405	1420	1435	1450
1406	1421	1436	1451
1407	1422	1437	1452
1408	1423	1438	1453
1409	1424	1439	1454
1410	1425	1440	1455
1411	1426	1441	1456
1412	1427	1442	1457
1413	1428	1443	1458
1414	1429	1444	1459

1460-2299

1460	1464	1468	1472
1461	1465	1469	1473
1462	1466	1470	1474
1463	1467	1471	

0-6-0PT   1500 Class

1500	1503	1506	1509
1501	1504	1507	
1502	1505	1508	

0-6-0PT   1600 Class

1600	1613	1626	1639
1601	1614	1627	1640
1602	1615	1628	1641
1603	1616	1629	1642
1604	1617	1630	1643
1605	1618	1631	1644
1606	1619	1632	1645
1607	1620	1633	1646
1608	1621	1634	1647
1609	1622	1635	1648
1610	1623	1636	1649
1611	1624	1637	
1612	1625	1638	

0-6-0PT   850 Class

| 1935 | 2008 | 2011 | 2012 |

0-6-0PT   2021 Class

2027	2061	2090	2112
2034	2069	2092	2134
2035	2070	2097	2136
2040	2072	2099	2138
2043	2081	2101	2144
2053	2082	2107	2160
2060	2088	2108	

0-6-0T   BPGV Rly.

| 2162 | 2165 | 2166 | 2168 |

0-6-0ST   BPGV Rly.

2176

0-6-0PT   2181 Class

| 2182 | 2183 | 2186 |

0-6-0ST   BPGV Rly.

2196 Gwendraeth

0-6-0T   BPGV Rly.

2198

0-6-0   2251 Class

2200	2225	2250	2275
2201	2226	2251	2276
2202	2227	2252	2277
2203	2228	2253	2278
2204	2229	2254	2279
2205	2230	2255	2280
2206	2231	2256	2281
2207	2232	2257	2282
2208	2233	2258	2283
2209	2234	2259	2284
2210	2235	2260	2285
2211	2236	2261	2286
2212	2237	2262	2287
2213	2238	2263	2288
2214	2239	2264	2289
2215	2240	2265	2290
2216	2241	2266	2291
2217	2242	2267	2292
2218	2243	2268	2293
2219	2244	2269	2294
2220	2245	2270	2295
2221	2246	2271	2296
2222	2247	2272	2297
2223	2248	2273	2298
2224	2249	2274	2299

2340-3635

0-6-0 2301 Class

2340	2460	2516	2551
2411	2474	2532	2578
2426	2484	2538	2579
2458	2513	2541	

2-8-0 R.O.D. Class

3010	3018	3028	3041
3011	3020	3029	3042
3012	3022	3031	3043
3014	3023	3032	3044
3015	3024	3036	3048
3016	3025	3038	
3017	3026	3040	

2-8-0 2800 Class

2800	2825	2850	2875
2801	2826	2851	2876
2802	2827	2852	2877
2803	2828	2853	2878
2804	2829	2854	2879
2805	2830	2855	2880
2806	2831	2856	2881
2807	2832	2857	2882
2808	2833	2858	2883
2809	2834	2859	2884
2810	2835	2860	2885
2811	2836	2861	2886
2812	2837	2862	2887
2813	2838	2863	2888
2814	2839	2864	2889
2815	2840	2865	2890
2816	2841	2866	2891
2817	2842	2867	2892
2818	2843	2868	2893
2819	2844	2869	2894
2820	2845	2870	2895
2821	2846	2871	2896
2822	2847	2872	2897
2823	2848	2873	2898
2824	2849	2874	2899

2-6-2T 3100 Class

3100	3102	3103	3104
3101			

2-6-2T 3150 Class

3150	3171	3177	3186
3163	3172	3180	3187
3164	3174	3183	3190
3170	3176	3185	

0-6-0 2251 Class

3200	3205	3210	3215
3201	3206	3211	3216
3202	3207	3212	3217
3203	3208	3213	3218
3204	3209	3214	3219

0-6-0PT 9400 Class

3400	3403	3406	3408
3401	3404	3407	3409
3402	3305		

0-6-0PT 5700 Class

3600	3609	3618	3627
3601	3610	3619	3628
3602	3611	3620	3629
3603	3612	3621	3630
3604	3613	3622	3631
3605	3614	3623	3632
3606	3615	3624	3633
3607	3616	3625	3634
3608	3617	3626	3635

4-6-0 2900 Class
" Saint "

2920 Saint David

3636-4080

3636	3677	3718	3759	3812	3826	3840	3854
3637	3678	3719	3760	3813	3827	3841	3855
3638	3679	3720	3761	3814	3828	3842	3856
3639	3680	3721	3762	3815	3829	3843	3857
3640	3681	3722	3763	3816	3830	3844	3858
3641	3682	3723	3764	3817	3831	3845	3859
3642	3683	3724	3765	3818	3832	3846	3860
3643	3684	3725	3766	3819	3833	3847	3861
3644	3685	3726	3767	3820	3834	3848	3862
3645	3686	3727	3768	3821	3835	3849	3863
3646	3687	3728	3769	3822	3836	3850	3864
3647	3688	3729	3770	3823	3837	3851	3865
3648	3689	3730	3771	3824	3838	3852	3866
3649	3690	3731	3772	3825	3839	3853	
3650	3691	3732	3773				
3651	3692	3733	3774				
3652	3693	3734	3775				
3653	3694	3735	3776	**4-6-0**			**4073 Class**
3654	3695	3736	3777				
3655	3696	3737	3778			**" Castle "**	
3656	3697	3738	3779				
3657	3698	3739	3780	4000 North Star			
3658	3699	3740	3781	4037 The South Wales Borderers			
3659	3700	3741	3782				
3660	3701	3742	3783				
3661	3702	3743	3784	**4-6-0**			**4000 Class**
3662	3703	3744	3785				
3663	3704	3745	3786			**" Star "**	
3664	3705	3746	3787				
3665	3706	3747	3788	4053 Princess Alexandra			
3666	3707	3748	3789	4056 Princess Margaret			
3667	3708	3749	3790	4061 Glastonbury Abbey			
3668	3709	3750	3791	4062 Malmesbury Abbey			
3669	3710	3751	3792				
3670	3711	3752	3793				
3671	3712	3753	3794	**4-6-0**			**4073 Class**
3672	3713	3754	3795				
3673	3714	3755	3796			**" Castle "**	
3674	3715	3756	3797				
3675	3716	3757	3798	4073 Caerphilly Castle			
3676	3717	3758	3799	4074 Caldicot Castle			

4075 Cardiff Castle
4076 Carmarthen Castle

2-8-0			**2800 Class**
3800	3803	3806	3809
3801	3804	3807	3810
3802	3805	3808	3811

4077 Chepstow Castle
4078 Pembroke Castle
4079 Pendennis Castle
4080 Powderham Castle

4081-4524

4081 Warwick Castle
4082 Windsor Castle
4083 Abbotsbury Castle
4084 Aberystwyth Castle
4085 Berkeley Castle
4086 Builth Castle
4087 Cardigan Castle
4088 Dartmouth Castle
4089 Donnington Castle
4090 Dorchester Castle
4091 Dudley Castle
4092 Dunraven Castle
4093 Dunster Castle
4094 Dynevor Castle
4095 Harlech Castle
4096 Highclere Castle
4097 Kenilworth Castle
4098 Kidwelly Castle
4099 Kilgerran Castle

2-8-0T   4200 Class

4200	4230	4258	4280
4201	4231	4259	4281
4203	4232	4260	4282
4206	4233	4261	4283
4207	4235	4262	4284
4208	4236	4263	4285
4211	4237	4264	4286
4212	4238	4265	4287
4213	4241	4266	4288
4214	4242	4267	4289
4215	4243	4268	4290
4217	4246	4269	4291
4218	4247	4270	4292
4221	4248	4271	4293
4222	4250	4272	4294
4223	4251	4273	4295
4224	4252	4274	4296
4225	4253	4275	4297
4226	4254	4276	4298
4227	4255	4277	4299
4228	4256	4278	
4229	4257	4279	

2-6-2T   5100 Class

4100	4120	4140	4160
4101	4121	4141	4161
4102	4122	4142	4162
4103	4123	4143	4163
4104	4124	4144	4164
4105	4125	4145	4165
4106	4126	4146	4166
4107	4127	4147	4167
4108	4128	4148	4168
4109	4129	4149	4169
4110	4130	4150	4170
4111	4131	4151	4171
4112	4132	4152	4172
4113	4133	4153	4173
4114	4134	4154	4174
4115	4135	4155	4175
4116	4136	4156	4176
4117	4137	4157	4177
4118	4138	4158	4178
4119	4139	4159	4179

2-6-0   4300 Class

4326	4358	4375	4377

2-6-2T   4400 Class

4401	4405	4406	4410

2-6-2T   4500 Class

4505	4508	4521	4523
4506	4511	4522	4524
4507	4519		

Top: 1500 Class 0-6-0PT No. 1505.
  [*A. R. Carpenter*

Centre: 9400 Class 0-6-0PT No. 8469.
  [*R. C. Riley*

Right: 1400 Class 0-4-2T No. 1453.
  [*R. S. Potts*

6000 Class 4-6-0 No. 6021 *King Richard II.* [G. R. Wheeler

4073 Class 4-6-0 No. 5079 *Lysander.* [G. R. Wheeler

1000 Class 4-6-0 No. 1024 *County of Pembroke.* [E. Treacy

4000 Class 4-6-0 No. 4062 *Malmesbury Abbey* (with " elbow " steam pipes). [R. C. Riley

4000 Class 4-6-0 No. 4053 *Princess Alexandra* (with " Castle " steam pipes)
[G. R. Wheeler

4900 Class 4-6-0 No. 4921 *Eaton Hall*. [Dr. G. D. Parkes

Right: Gas Turbine A-1-A-A-1-A No. 18000.
[J. Johnstone

(For details see Part II of this book.)

Left: Gas Turbine Co-Co No. 18100. [R. H. G. Simpson

(For details see Part II of this book.)

4526	4550	4568	4586
4530	4551	4569	4587
4532	4552	4570	4588
4533	4553	4571	4589
4534	4554	4572	4590
4535	4555	4573	4591
4536	4556	4574	4592
4537	4557	4575	4593
4538	4558	4576	4594
4539	4559	4577	4595
4540	4560	4578	4596
4541	4561	4579	4597
4542	4562	4580	4598
4545	4563	4581	4599
4546	4564	4582	
4547	4565	4583	
4548	4566	4584	
4549	4567	4585	

0-6-0PT   5700 Class

4600	4623	4646	4669
4601	4624	4647	4670
4602	4625	4648	4671
4603	4626	4649	4672
4604	4627	4650	4673
4605	4628	4651	4674
4606	4629	4652	4675
4607	4630	4653	4676
4608	4631	4654	4677
4609	4632	4655	4678
4610	4633	4656	4679
4611	4634	4657	4680
4612	4635	4658	4681
4613	4636	4659	4682
4614	4637	4660	4683
4615	4638	4661	4684
4616	4639	4662	4685
4617	4640	4663	4686
4618	4641	4664	4687
4619	4642	4665	4688
4620	4643	4666	4689
4621	4644	4667	4690
4622	4645	4668	4691
4692	4694	4696	4698
4693	4695	4697	4699

2-8-0   4700 Class

4700	4703	4705	4707
4701	4704	4706	4708
4702			

4-6-0 "Hall" 4900 Classs

4900 Saint Martin
4901 Adderley Hall
4902 Aldenham Hall
4903 Astley Hall
4904 Binnegar Hall
4905 Barton Hall
4906 Bradfield Hall
4907 Broughton Hall
4908 Broome Hall
4909 Blakesley Hall
4910 Blaisdon Hall
4912 Berrington Hall
4913 Baglan Hall
4914 Cranmore Hall
4915 Condover Hall
4916 Crumlin Hall
4917 Crosswood Hall
4918 Dartington Hall
4919 Donnington Hall
4920 Dumbleton Hall
4921 Eaton Hall
4922 Enville Hall
4923 Evenley Hall
4924 Eydon Hall
4925 Eynsham Hall
4926 Fairleigh Hall
4927 Farnborough Hall
4928 Gatacre Hall
4929 Goytrey Hall
4930 Hagley Hall
4931 Hanbury Hall
4932 Hatherton Hall
4933 Himley Hall
4934 Hindlip Hall
4935 Ketley Hall
4936 Kinlet Hall
4937 Lanelay Hall

4938-5026

4938 Liddington Hall
4939 Littleton Hall
4940 Ludford Hall
4941 Llangedwyn Hall
4942 Maindy Hall
4943 Marrington Hall
4944 Middleton Hall
4945 Milligan Hall
4946 Moseley Hall
4947 Nanhoran Hall
4948 Northwick Hall
4949 Packwood Hall
4950 Patshull Hall
4951 Pendeford Hall
4952 Peplow Hall
4953 Pitchford Hall
4954 Plaish Hall
4955 Plaspower Hall
4956 Plowden Hall
4957 Postlip Hall
4958 Priory Hall
4959 Purley Hall
4960 Pyle Hall
4961 Pyrland Hall
4962 Ragley Hall
4963 Rignall Hall
4964 Rodwell Hall
4965 Rood Ashton Hall
4966 Shakenhurst Hall
4967 Shirenewton Hall
4968 Shotton Hall
4969 Shrugborough Hall
4970 Sketty Hall
4971 Stanway Hall
4972 Saint Brides Hall
4973 Sweeney Hall
4974 Talgarth Hall
4975 Umberslade Hall
4976 Warfield Hall
4977 Watcombe Hall
4978 Westwood Hall
4979 Wootton Hall
4980 Wrottesley Hall
4981 Abberley Hall
4982 Acton Hall
4983 Albert Hall
4984 Albrighton Hall
4985 Allesley Hall
4986 Aston Hall
4987 Brockley Hall
4988 Bulwell Hall
4989 Cherwell Hall
4990 Clifton Hall
4991 Cobham Hall
4992 Crosby Hall
4993 Dalton Hall
4994 Downton Hall
4995 Easton Hall
4996 Eden Hall
4997 Elton Hall
4998 Eyton Hall
4999 Gopsal Hall

4-6-0 "Castle" 4073 Class

5000 Launceston Castle
5001 Llandovery Castle
5002 Ludlow Castle
5003 Lulworth Castle
5004 Llanstephan Castle
5005 Manorbier Castle
5006 Tregenna Castle
5007 Rougemont Castle
5008 Raglan Castle
5009 Shrewsbury Castle
5010 Restormel Castle
5011 Tintagel Castle
5012 Berry Pomeroy Castle
5013 Abergavenny Castle
5014 Goodrich Castle
5015 Kingswear Castle
5016 Montgomery Castle
5017 St. Donats Castle
5018 St. Mawes Castle
5019 Treago Castle
5020 Trematon Castle
5021 Whittington Castle
5022 Wigmore Castle
5023 Brecon Castle
5024 Carew Castle
5025 Chirk Castle
5026 Criccieth Castle

5027-5199

5027 Farleigh Castle	5074 Hampden
5028 Llantilio Castle	5075 Wellington
5029 Nunney Castle	5076 Gladiator
5030 Shirburn Castle	5077 Fairey Battle
5031 Totnes Castle	5078 Beaufort
5032 Usk Castle	5079 Lysander
5033 Broughton Castle	5080 Defiant
5034 Corfe Castle	5081 Lockheed Hudson
5035 Coity Castle	5082 Swordfish
5036 Lyonshall Castle	5083 Bath Abbey
5037 Monmouth Castle	5084 Reading Abbey
5038 Morlais Castle	5085 Evesham Abbey
5039 Rhuddlan Castle	5086 Viscount Horne
5040 Stokesay Castle	5087 Tintern Abbey
5041 Tiverton Castle	5088 Llanthony Abbey
5042 Winchester Castle	5089 Westminster Abbey
5043 Earl of Mount Edgcumbe	5090 Neath Abbey
5044 Earl of Dunraven	5091 Cleeve Abbey
5045 Earl of Dudley	5092 Tresco Abbey
5046 Earl Cawdor	5093 Upton Castle
5047 Earl of Dartmouth	5094 Tretower Castle
5048 Earl of Devon	5095 Barbury Castle
5049 Earl of Plymouth	5096 Bridgwater Castle
5050 Earl of St. Germans	5097 Sarum Castle
5051 Earl Bathurst	5098 Clifford Castle
5052 Earl of Radnor	5099 Compton Castle
5053 Earl Cairns	
5054 Earl of Ducie	
5055 Earl of Eldon	
5056 Earl of Powis	
5057 Earl Waldegrave	
5058 Earl of Clancarty	
5059 Earl St. Aldwyn	
5060 Earl of Berkeley	
5061 Earl of Birkenhead	
5062 Earl of Shaftesbury	
5063 Earl Baldwin	
5064 Bishop's Castle	
5065 Newport Castle	
5066 Wardour Castle	
5067 St. Fagans Castle	
5068 Beverston Castle	
5069 Isambard Kingdom Brunel	
5070 Sir Daniel Gooch	
5071 Spitfire	
5072 Hurricane	
5073 Blenheim	

2-6-2T   5100 Class

5101	5153	5169	5185
5102	5154	5170	5186
5103	5155	5171	5187
5104	5156	5172	5188
5105	5157	5173	5189
5106	5158	5174	5190
5107	5159	5175	5191
5108	5160	5176	5192
5109	5161	5177	5193
5110	5162	5178	5194
5112	5163	5179	5195
5113	5164	5180	5196
5148	5165	5181	5197
5150	5166	5182	5198
5151	5167	5183	5199
5152	5168	5184	

5200-5607

2-8-0T   4200 Class

5200	5217	5234	5251
5201	5218	5235	5252
5202	5219	5236	5253
5203	5220	5237	5254
5204	5221	5238	5255
5205	5222	5239	5256
5206	5223	5240	5257
5207	5224	5241	5258
5208	5225	5242	5259
5209	5226	5243	5260
5210	5227	5244	5261
5211	5228	5245	5262
5212	5229	5246	5263
5213	5230	5247	5264
5214	5231	5248	
5215	5232	5249	
5216	5233	5250	

2-6-0   4300 Class

5306	5327	5353	5379
5307	5328	5355	5380
5310	5330	5356	5381
5311	5331	5357	5382
5312	5332	5358	5384
5313	5333	5360	5385
5314	5334	5361	5386
5315	5335	5362	5388
5316	5336	5367	5390
5317	5337	5368	5391
5318	5338	5369	5392
5319	5339	5370	5393
5321	5341	5371	5394
5322	5344	5372	5395
5323	5345	5375	5396
5324	5347	5376	5397
5325	5350	5377	5398
5326	5351	5378	5399

0-6-0PT   5400 Class

5400	5404	5408	5412
5401	5405	5409	5413
5402	5406	5410	5414
5403	5407	5411	5415
5416	5419	5421	5423
5417	5420	5422	5424
5418			

2-6-2T   4500 Class

5500	5519	5538	5557
5501	5520	5539	5558
5502	5521	5540	5559
5503	5522	5541	5560
5504	5523	5542	5561
5505	5524	5543	5562
5506	5525	5544	5563
5507	5526	5545	5564
5508	5527	5546	5565
5509	5528	5547	5566
5510	5529	5548	5567
5511	5530	5549	5568
5512	5531	5550	5569
5513	5532	5551	5570
5514	5533	5552	5571
5515	5534	5553	5572
5516	5535	5554	5573
5517	5536	5555	5574
5518	5537	5556	

0-6-2T   5600 Class

5600	5602	5604	5606
5601	5603	5605	5607

For full details of

GAS TURBINE & DIESEL LOCOS.
running on the Western Region
see the

A.B.C. OF B.R. LOCOMOTIVES
PT. II Nos. 10000-39999

For full details of

B. R. STANDARD LOCOMOTIVES
and CLASS " WD " 2-8-0s
running on the Western Region
see the

A.B.C. OF B.R. LOCOMOTIVES
PT. IV. Nos. 60000-99999

5608	5631	5654	5677
5609	5632	5655	5678
5610	5633	5656	5679
5611	5634	5657	5680
5612	5635	5658	5681
5613	5636	5659	5682
5614	5637	5660	5683
5615	5638	5661	5684
5616	5639	5662	5685
5617	5640	5663	5686
5618	5641	5664	5687
5619	5642	5665	5688
5620	5643	5666	5689
5621	5644	5667	5690
5622	5645	5668	5691
5623	5646	5669	5692
5624	5647	5670	5693
5625	5648	5671	5694
5626	5649	5672	5695
5627	5650	5673	5696
5628	5651	5674	5697
5629	5652	5675	5698
5630	5653	5676	5699

0-6-0PT   5700 Class

5700	5721	5742	5763
5701	5722	5743	5764
5702	5723	5744	5765
5703	5724	5745	5766
5704	5725	5746	5767
5705	5726	5747	5768
5706	5727	5748	5769
5707	5728	5749	5770
5708	5729	5750	5771
5709	5730	5751	5772
5710	5731	5752	5773
5711	5732	5753	5774
5712	5733	5754	5775
5713	5734	5755	5776
5714	5735	5756	5777
5715	5736	5757	5778
5716	5737	5758	5779
5717	5738	5759	5780
5718	5739	5760	5781
5719	5740	5761	5782
5720	5741	5762	5783
5784	5788	5792	5796
5785	5789	5793	5797
5786	5790	5794	5798
5787	5791	5795	5799

0-4-2T   1400 Class

5800	5805	5810	5815
5801	5806	5811	5816
5802	5807	5812	5817
5803	5808	5813	5818
5804	5809	5814	5819

4-6-0   4900 Class
" Hall "

5900 Hinderton Hall
5901 Hazel Hall
5902 Howick Hall
5903 Keele Hall
5904 Kelham Hall
5905 Knowsley Hall
5906 Lawton Hall
5907 Marble Hall
5908 Moreton Hall
5909 Newton Hall
5910 Park Hall
5911 Preston Hall
5912 Queen's Hall
5913 Rushton Hall
5914 Ripon Hall
5915 Trentham Hall
5916 Trinity Hall
5917 Westminster Hall
5918 Walton Hall
5919 Worsley Hall
5920 Wycliffe Hall
5921 Bingley Hall
5922 Caxton Hall
5923 Colston Hall
5924 Dinton Hall
5925 Eastcote Hall
5926 Grotrian Hall
5927 Guild Hall
5928 Haddon Hall
5929 Hanham Hall
5930 Hannington Hall
5931 Hatherley Hall

5932 Haydon Hall
5933 Kingsway Hall
5934 Kneller Hall
5935 Norton Hall
5936 Oakley Hall
5937 Stanford Hall
5938 Stanley Hall
5939 Tangley Hall
5940 Whitbourne Hall
5941 Campion Hall
5942 Doldowlod Hall
5943 Elmdon Hall
5944 Ickenham Hall
5945 Leckhampton Hall
5946 Marwell Hall
5947 Saint Benet's Hall
5948 Siddington Hall
5949 Trematon Hall
5950 Wardley Hall
5951 Clyffe Hall
5952 Cogan Hall
5953 Dunley Hall
5954 Faendre Hall
5955 Garth Hall
5956 Horsley Hall
5957 Hutton Hall
5958 Knolton Hall
5959 Mawley Hall
5960 Saint Edmund Hall
5961 Toynbee Hall
5962 Wantage Hall
5963 Wimpole Hall
5964 Wolseley Hall
5965 Woollas Hall
5966 Ashford Hall
5967 Bickmarsh Hall
5968 Cory Hall
5969 Honington Hall
5970 Hengrave Hall
5971 Merevale Hall
5972 Olton Hall
5973 Rolleston Hall
5974 Wallsworth Hall
5975 Winslow Hall
5976 Ashwicke Hall
5977 Beckford Hall
5978 Bodinnick Hall
5979 Cruckton Hall
5980 Dingley Hall
5981 Frensham Hall
5982 Harrington Hall
5983 Henley Hall
5984 Linden Hall
5985 Mostyn Hall
5986 Arbury Hall
5987 Brocket Hall
5988 Bostock Hall
5989 Cransley Hall
5990 Dorford Hall
5991 Gresham Hall
5992 Horton Hall
5993 Kirby Hall
5994 Roydon Hall
5995 Wick Hall
5996 Mytton Hall
5997 Sparkford Hall
5998 Trevor Hall
5999 Wollaton Hall

4-6-0   6000 Class
" King "

6000 King George V
6001 King Edward VII
6002 King William IV
6003 King George IV
6004 King George III
6005 King George II
6006 King George I
6007 King William III
6008 King James II
6009 King Charles II
6010 King Charles I
6011 King James I
6012 King Edward VI
6013 King Henry VIII
6014 King Henry VII
6015 King Richard III
6016 King Edward V
6017 King Edward IV
6018 King Henry VI
6019 King Henry V
6020 King Henry IV

6021 King Richard II
6022 King Edward III
6023 King Edward II
6024 King Edward I
6025 King Henry III
6026 King John
6027 King Richard I
6028 King George VI
6029 King Edward VIII

2-6-2T 6100 Class

6100	6118	6136	6153
6101	6119	6137	6154
6102	6120	6138	6155
6103	6121	6139	6156
6104	6122	6140	6157
6105	6123	6141	6158
6106	6124	6142	6159
6107	6125	6143	6160
6108	6126	6144	6161
6109	6127	6145	6162
6110	6128	6146	6163
6111	6129	6147	6164
6112	6130	6148	6165
6113	6131	6149	6166
6114	6132	6150	6167
6115	6133	6151	6168
6116	6134	6152	6169
6117	6135		

2-6-0 4300 Class

6300	6313	6327	6340
6301	6314	6328	6341
6302	6316	6329	6342
6303	6317	6330	6343
6304	6318	6331	6344
6305	6319	6332	6345
6306	6320	6333	6346
6307	6321	6334	6347
6308	6322	6335	6343
6309	6323	6336	6349
6310	6324	6337	6350
6311	6325	6338	6351
6312	6326	6339	6352

6353	6365	6377	6389
6354	6366	6378	6390
6355	6367	6379	6391
6356	6368	6380	6392
6357	6369	6381	6393
6358	6370	6382	6394
6359	6371	6383	6395
6360	6372	6384	6396
6361	6373	6385	6397
6362	6374	6386	6398
6363	6375	6387	6399
6364	6376	6388	

0-6-0PT 6400 Class

6400	6410	6420	6430
6401	6411	6421	6431
6402	6412	6422	6432
6403	6413	6423	6433
6404	6414	6424	6434
6405	6415	6425	6435
6406	6416	6426	6436
6407	6417	6427	6437
6408	6418	6428	6438
6409	6419	6429	6439

0-6-2T 5600 Class

6600	6620	6640	6660
6601	6621	6641	6661
6602	6622	6642	6662
6603	6623	6643	6663
6604	6624	6644	6664
6605	6625	6645	6665
6606	6626	6646	6666
6607	6627	6647	6667
6608	6628	6648	6668
6609	6629	6649	6669
6610	6630	6650	6670
6611	6631	6651	6671
6612	6632	6652	6672
6613	6633	6653	6673
6614	6634	6654	6674
6615	6635	6655	6675
6616	6636	6656	6676
6617	6637	6657	6677
6618	6638	6658	6678
6619	6639	6659	6679

6680-6860

6680	6685	6690	6695
6681	6686	6691	6696
6682	6687	6692	6697
6683	6688	6693	6698
6684	6689	6694	6699

0-6-0PT   5700 Class

6700	6720	6740	6760
6701	6721	6741	6761
6702	6722	6742	6762
6703	6723	6743	6763
6704	6724	6744	6764
6705	6725	6745	6765
6706	6726	6746	6766
6707	6727	6747	6767
6708	6728	6748	6768
6709	6729	6749	6769
6710	6730	6750	6770
6711	6731	6751	6771
6712	6732	6752	6772
6713	6733	6753	6773
6714	6734	6754	6774
6715	6735	6755	6775
6716	6736	6756	6776
6717	6737	6757	6777
6718	6738	6758	6778
6719	6739	6759	6779

4-6-0   6800 Class
" Grange "

6800 Arlington Grange
6801 Aylburton Grange
6802 Bampton Grange
6803 Bucklebury Grange
6804 Brockington Grange
6805 Broughton Grange
6806 Blackwell Grange
6807 Birchwood Grange
6808 Beenham Grange
6809 Burghclere Grange
6810 Blakemere Grange
6811 Cranbourne Grange
6812 Chesford Grange
6813 Eastbury Grange
6814 Enborne Grange
6815 Frilford Grange
6816 Frankton Grange
6817 Gwenddwr Grange
6818 Hardwick Grange
6819 Highnam Grange
6820 Kingstone Grange
6821 Leaton Grange
6822 Manton Grange
6823 Oakley Grange
6824 Ashley Grange
6825 Llanvair Grange
6826 Nannerth Grange
6827 Llanfrechfa Grange
6828 Trellech Grange
6829 Burmington Grange
6830 Buckenhill Grange
6831 Bearley Grange
6832 Brockton Grange
6833 Calcot Grange
6834 Dummer Grange
6835 Eastham Grange
6836 Estevarney Grange
6837 Forthampton Grange
6838 Goodmoor Grange
6839 Hewell Grange
6840 Hazeley Grange
6841 Marlas Grange
6842 Nunhold Grange
6843 Poulton Grange
6844 Penhydd Grange
6845 Paviland Grange
6846 Ruckley Grange
6847 Tidmarsh Grange
6848 Toddington Grange
6849 Walton Grange
6850 Cleeve Grange
6851 Hurst Grange
6852 Headbourne Grange
6853 Morehampton Grange
6854 Roundhill Grange
6855 Saighton Grange
6856 Stowe Grange
6857 Tudor Grange
6858 Woolston Grange
6859 Yiewsley Grange
6860 Aberporth Grange

6861 Crynant Grange
6862 Derwent Grange
6863 Dolhywel Grange
6864 Dymock Grange
6865 Hopton Grange
6866 Morfa Grange
6867 Peterston Grange
6868 Penrhos Grange
6869 Resolven Grange
6870 Bodicote Grange
6871 Bourton Grange
6872 Crawley Grange
6873 Caradoc Grange
6874 Haughton Grange
6875 Hindford Grange
6876 Kingsland Grange
6877 Llanfair Grange
6878 Longford Grange
6879 Overton Grange

4-6-0   4900 Class
"Hall"

6900 Abney Hall
6901 Arley Hall
6902 Butlers Hall
6903 Belmont Hall
6904 Charfield Hall
6905 Claughton Hall
6906 Chicheley Hall
6907 Davenham Hall
6908 Downham Hall
6909 Frewin Hall
6910 Gossington Hall
6911 Holker Hall
6912 Helmster Hall
6913 Levens Hall
6914 Langton Hall
6915 Mursley Hall
6916 Misterton Hall
6917 Oldlands Hall
6918 Sandon Hall
6919 Tylney Hall
6920 Barningham Hall
6921 Borwick Hall
6922 Burton Hall
6923 Croxteth Hall
6924 Grantley Hall
6925 Hackness Hall
6926 Holkham Hall
6927 Lilford Hall
6928 Underley Hall
6929 Whorlton Hall
6930 Aldersey Hall
6931 Aldborough Hall
6932 Burwarton Hall
6933 Birtles Hall
6934 Beachamwell Hall
6935 Browsholme Hall
6936 Breccles Hall
6937 Conyngham Hall
6938 Corndean Hall
6939 Calveley Hall
6940 Didlington Hall
6941 Fillongley Hall
6942 Eshton Hall
6943 Farnley Hall
6944 Fledborough Hall
6945 Glasfryn Hall
6946 Heatherden Hall
6947 Helmingham Hall
6948 Holbrooke Hall
6949 Haberfield Hall
6950 Kingsthorpe Hall
6951 Impney Hall
6952 Kimberley Hall
6953 Leighton Hall
6954 Lotherton Hall
6955 Lydcott Hall
6956 Mottram Hall
6957 Norcliffe Hall
6958 Oxburgh Hall

4-6-0   6959 Class
"Modified Hall"

6959 Peatling Hall
6960 Raveningham Hall
6961 Stedham Hall
6962 Soughton Hall
6963 Throwley Hall
6964 Thornbridge Hall
6965 Thirlestaine Hall
6966 Witchingham Hall

6967 Willesley Hall
6968 Woodcock Hall
6969 Wraysbury Hall
6970 Whaddon Hall
6971 Athelhampton Hall
6972 Beningbrough Hall
6973 Bricklehampton Hall
6974 Bryngwyn Hall
6975 Capesthorne Hall
6976 Graythwaite Hall
6977 Grundisburgh Hall
6978 Haroldstone Hall
6979 Helperly Hall
6980 Llanrumney Hall
6981 Marbury Hall
6982 Melmerby Hall
6983 Otterington Hall
6984 Owsden Hall
6985 Parwick Hall
6986 Rydal Hall
6987 Shervington Hall
6988 Swithland Hall
6989 Wightwick Hall
6990 Witherslack Hall
6991 Acton Burnell Hall
6992 Arborfield Hall
6993 Arthog Hall
6994 Baggrave Hall
6995 Benthall Hall
6996 Blackwell Hall
6997 Bryn-Ivor Hall
6998 Burton Agnes Hall
6999 Capel Dewi Hall

4-6-0   4073 Class
"Castle"

7000 Viscount Portal
7001 Sir James Milne
7002 Devizes Castle
7003 Elmley Castle
7004 Eastnor Castle
7005 Lamphey Castle
7006 Lydford Castle
7007 Great Western
7008 Swansea Castle
7009 Athelney Castle
7010 Avondale Castle
7011 Banbury Castle
7012 Barry Castle
7013 Bristol Castle
7014 Caerhays Castle
7015 Carn Brea Castle
7016 Chester Castle
7017 G. J. Churchward
7018 Drysllwyn Castle
7019 Fowey Castle
7020 Gloucester Castle
7021 Haverfordwest Castle
7022 Hereford Castle
7023 Penrice Castle
7024 Powis Castle
7025 Sudeley Castle
7026 Tenby Castle
7027 Thornbury Castle
7028 Cadbury Castle
7029 Clun Castle
7030 Cranbrook Castle
7031 Cromwell's Castle
7032 Denbigh Castle
7033 Hartlebury Castle
7034 Ince Castle
7035 Ogmore Castle
7036 Taunton Castle
7037 Swindon

2-8-2T   7200 Class

7200	7214	7228	7242
7201	7215	7229	7243
7202	7216	7230	7244
7203	7217	7231	7245
7204	7218	7232	7246
7205	7219	7233	7247
7206	7220	7234	7248
7207	7221	7235	7249
7208	7222	7236	7250
7209	7223	7237	7251
7210	7224	7238	7252
7211	7225	7239	7253
7212	7226	7240	
7213	7227	7241	

7300-7904

2-6-0			4300 Class
7300	7306	7312	7318
7301	7307	7313	7319
7302	7308	7314	7320
7303	7309	7315	7321
7304	7310	7316	
7305	7311	7317	

0-6-0PT			7400 Class
7400	7413	7426	7433
7401	7414	7427	7439
7402	7415	7428	7440
7403	7416	7429	7441
7404	7417	7430	7442
7405	7418	7431	7443
7406	7419	7432	7444
7407	7420	7433	7445
7408	7421	7434	7446
7409	7422	7435	7447
7410	7423	7436	7448
7411	7424	7437	7449
7412	7425		

0-6-0PT			5700 Class
7700	7721	7742	7763
7701	7722	7743	7764
7702	7723	7744	7765
7703	7724	7745	7766
7704	7725	7746	7767
7705	7726	7747	7768
7706	7727	7748	7769
7707	7728	7749	7770
7708	7729	7750	7771
7709	7730	7751	7772
7710	7731	7752	7773
7711	7732	7753	7774
7712	7733	7754	7775
7713	7734	7755	7776
7714	7735	7756	7777
7715	7736	7757	7778
7716	7737	7758	7779
7717	7738	7759	7780
7718	7739	7760	7781
7719	7740	7761	7782
7720	7741	7762	7783
7784	7788	7792	7796
7785	7789	7793	7797
7786	7790	7794	7798
7787	7791	7795	7799

4-6-0   7800 Class
"Manor"

7800 Torquay Manor
7801 Anthony Manor
7802 Bradley Manor
7803 Barcote Manor
7804 Baydon Manor
7805 Broome Manor
7806 Cockington Manor
7807 Compton Manor
7808 Cookham Manor
7809 Childrey Manor
7810 Draycott Manor
7811 Dunley Manor
7812 Erlestoke Manor
7813 Freshford Manor
7814 Fringford Manor
7815 Fritwell Manor
7816 Frilsham Manor
7817 Garsington Manor
7818 Granville Manor
7819 Hinton Manor
7320 Dinmore Manor
7821 Ditcheat Manor
7822 Foxcote Manor
7823 Hook Norton Manor
7824 Iford Manor
7825 Lechlade Manor
7826 Longworth Manor
7827 Lydham Manor
7828 Odney Manor
7829 Ramsbury Manor

4-6-0   6959 Class
"Modified Hall"

7900 St. Peter's Hall
7901 Dodington Hall
7902 Eaton Mascot Hall
7903 Foremarke Hall
7904 Fountains Hall

7905-9028

7905 Fowey Hall
7906 Fron Hall
7907 Hart Hall
7908 Henshall Hall
7909 Heveningham Hall
7910 Hown Hall
7911 Lady Margaret Hall
7912 Little Linford Hall
7913 Little Wyrley Hall
7914 Lleweni Hall
7915 Mere Hall
7916 Mobberley Hall
7917 North Aston Hall
7918 Rhose Wood Hall
7919 Runter Hall
7920 Coney Hall
7921 Edstone Hall
7922 Salford Hall
7923 Speke Hall
7924 Thornycroft Hall
7925 Westol Hall
7926 Willey Hall
7927 Willington Hall
7928 Wolf Hall
7929 Wyke Hall

2-6-2T   8100 Class

8100	8103	8106	8108
8101	8104	8107	8109
8102	8105		

0-6-0PT   9400 Class

8400	8414	8428	8442
8401	8415	8429	8443
8402	8416	8430	8444
8403	8417	8431	8445
8404	8418	8432	8446
8405	8419	8433	8447
8406	8420	8434	8448
8407	8421	8435	8449
8408	8422	8436	8450
8409	8423	8437	8451
8410	8424	8438	8452
8411	8425	8439	8453
8412	8426	8440	8454
8413	8427	8441	8455
8456	8467	8478	8489
8457	8468	8479	8490
8458	8469	8480	8491
8459	8470	8481	8492
8460	8471	8482	8493
8461	8472	8483	8494
8462	8473	8484	8495
8463	8474	8485	8496
8464	8475	8486	8497
8465	8476	8487	8498
8466	8477	8488	8499

0-6-0PT   5700 Class

8700	8725	8750	8775
8701	8726	8751	8776
8702	8727	8752	8777
8703	8728	8753	8778
8704	8729	8754	8779
8705	8730	8755	8780
8706	8731	8756	8781
8707	8732	8757	8782
8708	8733	8758	8783
8709	8734	8759	8784
8710	8735	8760	8785
8711	8736	8761	8786
8712	8737	8762	8787
8713	8738	8763	8788
8714	8739	8764	8789
8715	8740	8765	8790
8716	8741	8766	8791
8717	8742	8767	8792
8718	8743	8768	8793
8719	8744	8769	8794
8720	8745	8770	8795
8721	8746	8771	8796
8722	8747	8772	8797
8723	8748	8773	8798
8724	8749	8774	8799

4-4-0   9000 Class

9000	9009	9016	9024
9001	9010	9017	9025
9002	9011	9018	9026
9003	9012	9020	9027
9004	9013	9021	9028
9005	9014	9022	
9008	9015	9023	

2-6-0   4300 Class

9300	9305	9310	9315
9301	9306	9311	9316
9302	9307	9312	9317
9303	9308	9313	9318
9304	9309	9314	9319

0-6-0PT   9400 Class

9400	9425	9450	9475
9401	9426	9451	9476
9402	9427	9452	9477
9403	9428	9453	9478
9404	9429	9454	9479
9405	9430	9455	9480
9406	9431	9456	9481
9407	9432	9457	9482
9408	9433	9458	9483
9409	9434	9459	9484
9410	9435	9460	9485
9411	9436	9461	9486
9412	9437	9462	9487
9413	9438	9463	9488
9414	9439	9464	9489
9415	9440	9465	9490
9416	9441	9466	9491
9417	9442	9467	9492
9418	9443	9468	9493
9419	9444	9469	9494
9420	9445	9470	9495
9421	9446	9471	9496
9422	9447	9472	9497
9423	9448	9473	9498
9424	9449	9474	9499

0-6-0PT   5700 Class

9600	9611	9622	9633
9601	9612	9623	9634
9602	9613	9624	9635
9603	9614	9625	9636
9604	9615	9626	9637
9605	9616	9627	9638
9606	9617	9628	9639
9607	9618	9629	9640
9608	9619	9630	9641
9609	9620	9631	9642
9610	9621	9632	9643
9644	9679	9731	9766
9645	9680	9732	9767
9646	9681	9733	9768
9647	9682	9734	9769
9648	9700	9735	9770
9649	9701	9736	9771
9650	9702	9737	9772
9651	9703	9738	9773
9652	9704	9739	9774
9653	9705	9740	9775
9654	9706	9741	9776
9655	9707	9742	9777
9656	9708	9743	9778
9657	9709	9744	9779
9658	9710	9745	9780
9659	9711	9746	9781
9660	9712	9747	9782
9661	9713	9748	9783
9662	9714	9749	9784
9663	9715	9750	9785
9664	9716	9751	9786
9665	9717	9752	9787
9666	9718	9753	9788
9667	9719	9754	9789
9668	9720	9755	9790
9669	9721	9756	9791
9670	9722	9757	9792
9671	9723	9758	9793
9672	9724	9759	9794
9673	9725	9760	9795
9674	9726	9761	9796
9675	9727	9762	9797
9676	9728	9763	9798
9677	9729	9764	9799
9678	9730	9765	

For full details of
B.R. CLASS "WD" 2-8-0s
running on the Western Region

see the

A.B.C. OF B.R. LOCOMOTIVES
PT. IV. Nos. 60000-99999

STREAM-LINED DIESEL RAIL-CARS

Car No.	Date	Engines	Total b.h.p.	Seats	Car No	Date	Engines	Total b.h.p.	Seats
1	1934	1	121	69	18§	1937	2	242	70
2-4*	1934	2	242	44	19-21/3-32	1940	2	210	48
5-7	1935	2	242	70	33	1941	2	210	48
8	1936	2	242	70	34‡	1941	2	210	—
10-12†	1936	2	242	63	35, 36§	1941	4	420	104
13-16	1936	2	242	70	22, 38§	1942	4	420	104
17‡	1936	2	242	—					

* Buffet and lavatory facilities.
† Lavatory facilities.
‡ Parcels cars.
§ Experimentally geared to haul trailer car, became prototype of subsequent designs.

§ Twin-coach units with buffet and lavatory facilities. Adjoining statistics apply per 2-car unit. When new, some of these units worked as 3-car rakes by the addition of an ordinary 70 ft. corridor coach.

1	5	10	14	18	22	26	30	34
2	6	11	15	19	23	27	31	35
3	7	12	16	20	24	28	32	36
4	8	13	17	21	25	29	33	38

SERVICE LOCOS

0-4-0ST Steam. YTW

Introduced 1900: Peckett design supplied to Ystalyfera Tin Works.
Weight: 23 tons 0 cwt.
Pressure: 146 lb.
Cyls.: (O) $14\frac{1}{2}'' \times 20''$
Driving Wheels: 3' 2"
T.E.: 13,000 lb.

1   Total 1

Petrol

22, 23, 24, 26 and 27

Total 5

POWER AND WEIGHT CLASSIFICATION

Since 1920 Western Region locomotives have been classified for power and weight by a letter on a coloured disc on the cab side. The letter represents the power of the locomotive, and is approximately proportional to the tractive effort as under

Power class	Tractive effort lb.	Power class	Tractive effort lb.
Special	Over 38,000	B	18,501-20,500
E	33,001-38,000	A	16,500-18,500
D	25,001-33,000	Un-grouped	Below 16,500
C	20,501-25,000		

The colour of the circle represents the routes over which the engine may work. Red engines are limited to the main lines and lines capable of carrying the heaviest locomotives; blue engines are allowed over additional routes; yellow engines over nearly the whole system and uncoloured engines are more or less unrestricted. The double red circles on the "King" class represent special restrictions for these engines.

APPLICATION TO JOIN THE LOCOSPOTTERS CLUB

YOUR PROMISE...

I, the undersigned, do hereby make application to join the Ian Allan Locospotters Club, and undertake on my honour, if this application is accepted, to keep the rule of the Club; I understand that if I break this rule in any way I cease to be a member and forfeit the right to wear the badge and take part in the Club's activities.

Date.............................195...   Signed...

These details to be completed in BLOCK LETTERS :

SURNAME..............................DATE OF BIRTH........................19...

CHRISTIAN NAMES..

ADDRESS ....

....

....

You can order any or all of the MEMBERSHIP BADGES listed below *when you apply to join.* Please mark your requirements and send the remittance to cover. Put a cross (X) against the region and type of badges you want, and write the amount due in the end columns.

	Standard (celluloid) type, 6d.	De luxe (chrome plated) type*, 1/3.	s.	d.
Western Region ... ... Brown				
Southern Region ... ... Green				
London Midland Region ... ... Red				
Eastern Region ... ... Dark Blue				
North-Eastern Region ... Tangerine				
Scottish Region ... ... Light Blue				
MEMBERSHIP ENTRANCE FEE† :				9
Postal order enclosed :				

Notes :

*De luxe badges are normally sent with stud (button-hole) fitting. Pin fittings are available on red, dark blue, tangerine and light blue badges if specially requested.

† This amount must be paid before badge orders can be accepted. If already a member, don't use this form for extra badges, but send a Member's Order Form or an ordinary letter, quoting your membership number.

DON'T FORGET YOU <u>MUST</u> SEND A STAMPED ADDRESSED ENVELOPE!

TI
DIRECT SUBSCRIPTION SERVICE

By placing a subscription order with the Publisher, a copy of TRAINS ILLUSTRATED printed on art paper will be posted to you direct to reach you on the first of each month. ART PAPER copies are available only by direct subscription.

RATES : Yearly 18/- : 6 months 9/-

NO EXTRA CHARGE IS MADE FOR POSTAGE

* * *

Please supply Trains Illustrated by direct mail for ……… issues, for which I enclose remittance for £ : s. d.

Name ……………………………………………………

Address ………………………………………………

………………………………………………

………………………………………………

Ian Allan Ltd

**CRAVEN HOUSE
HAMPTON COURT
SURREY**

Above: 6800 Class
4-6-0 No. 6873
Caradoc Grange.
[*R. C. Riley*

Right: 7800 Class
4-6-0 No. 7822
Foxcote Manor.
[*A. Delicata*

Below: 6959 Class
4-6-0 No. 7929
Wyke Hall.
[*R. C. Riley*

4700 Class 2-8-0 No. 4701. [A. R. Carpenter

R.O.D. Class 2-8-0 No. 3011. [R. J. Buckley

4300 Class 2-6-0 No. 5326. [M. P. Mileham

2800 Class 2-8-0 No. 3804 (with side window cab). [J. Davenport

2800 Class 2-8-0 No. 2877. [N. E. Mitchell

Above: 4400 Class 2-6-2T No. 4406.
[*R. J. Buckley*

Left: 4500 Class 2-6-2T No. 4517 (now withdrawn)
[*R. H. G. Simpson*

Below: 4575 Class 2-6-2T No. 5574.
[*P. I. Lynch*

Right: 3100 Class 2-6-2T No. 3103.
[*R. J. Buckley*

Below: 6100 Class 2-6-2T No. 6123.
[*R. C. Riley*

Right: 3150 Class 2-6-2T No. 3163.
[*Dr. G. D. Parkes*

2251 Class 0-6-0 No. 2249. [N. E. Mitchell]

4200 Class 2-8-0T No. 5261. [A. Delicata]

7200 Class 2-8-2T No. 7203. [H. D. Carter]

Above: 9000 Class 4-4-0 No. 9001 (with tall chimney).
[*P. M. Alexander*

Right: Ex-Cam. 0-6-0 No. 855.
[*J. N. Westward*

Below: 2301 Class 0-6-0 No. 2426.
[*R. K. Richardson*

Diesel Railcar No. 33. [C. G. Pearson

Diesel parcels Railcar No. 17. [R. Eckersley

Diesel parcels Railcar No. 34. [A. R. Carpenter

PRINCIPAL DIMENSIONS OF WESTERN REGION LOCOMOTIVES

(Tractive Effort calculated to the nearest 5 lb.)   Su=Superheated.   SS=Some Superheated

In the "Class" column, numbers in brackets refer to the lowest number in those classes which are not officially designated by a general class number.

Class	Designer	Original Owning Co. (if other than G.W.)	Building or Rebuilding Date	Weight of Loco.	Boiler Pressure	Cylinders	Driving Wheels	Tractive Effort at 85% B.P.	Power Class	Route Restriction Colour
4-6-0				T. Cwt.						
1000	Hawksworth	—	1945-7	76 17	280 Su.	(0) 18¼ × 30	6' 3"	32,580	D	Red
2900	Churchward	—	1903-13	72 0	225 Su.	18½ × 30	6' 8½"	24,395	C	Red
4000	Churchward	—	1907-14	75 12	225 Su.	(4) 15 × 26	6' 8½"	27,800	D	Red
4073	Collett	—	1923-50	79 17	225 Su.	(4) 16 × 26	6' 8½"	31,625	D	Red
4900	Churchward (1907) reb. Collett	—	1924	72 0	225 Su.	(0) 18½ × 30	6' 0"	27,275	D	Red Double
6000	Collett	—	1928-43	75 0	250 Su.	(4) 16¼ × 28	6' 6"	40,285	Special	Red
6800	Collett	—	1927-30	89 0	225 Su.	(0) 18½ × 30	5' 8"	28,875	D	Red
6959	Hawksworth	—	1944-51	74 0	225 Su.	(0) 18½ × 30	6' 0"	27,275	D	Red
7800	Collett	—	1938-51	75 16	225 Su.	(0) 18 × 30	5' 8"	27,340	D	Blue
				68 18						
4-4-0										
9000	Dean (189 57) reb. Collett	—	1936-9	49 0	180 SS.	18 × 26	5' 8"	18,955	B	Yellow
2-8-0										
2800	Churchward Collett	—	1903-19 1938-42	75 10 76 5	225 Su.	(0) 18½ × 30	4' 7½"	35,380	E	Blue
R.O.D.	Robinson (G.C.)	—	1917-20	73 0	185 Su.	(0) 21 × 26	4' 8"	32,200	D	Blue
4700	Churchward	—	1919-23	82 0	225 Su.	(0) 19 × 30	5' 8"	30,460	D	Red

Class	Designer	Original Owning Co. (if other than G.W.)	Building or Rebuilding Date	Weight of Loco	Boiler Pressure	Cylinders	Driving Wheels	Tractive Effort at 85% B.P.	Power Class	Route Restriction Colour
2-6-0 4300	Churchward / Collett	— / —	1911–25 / 1932	T. Cwt. 62 0 / 64 0 / 65 6*	200 Su.	(O) 18½ × 30	5′ 8″	25,670	D	Blue / Red*
2-4-0 (1336)	Dubs.	M.S.W.J.	1894	35 5	165	17 × 24	5′ 6″	13,400	A	—
0-6-0 2251	Collett	—	1930–48	43 8	200 Su.	17½ × 24	5′ 2″	20,155	B	Yellow
2301	Dean	—	1884–99	36 16	180 Su.	17½ × 24	5′ 2″	17,120	A	—
(844)	Jones, reb. G.W. from 1924	Cam.	1903–18	38 17	160 SS.	18 × 26	5′ 1½″	18,140 / 18,625	A	Yellow
2-8-2T 7200	Churchward (1913–30) reb. Collett	—	1934–9	92 2	200 Su.	(O) 19 × 30	4′ 7½″	33,170	E	Red
2-8-0T 4200	Churchward	—	1910–40	81 12 / 82 2	200 Su.	(O) 18½ × 30 / (O) 19 × 30	4′ 7½″	31,450 / 33,170	E	Red
2-6-2T 3100	Churchward (1907) reb. Collett	—	1938–9	81 9	225 Su.	(O) 18½ × 30	5′ 3″	31,170	E	Red
3150	Churchward	—	1906–3	81 12	200 Su.	(O) 18½ × 30	5′ 8″	25,670	D	Red
4400	Churchward	—	1904	56 13	180 Su.	(O) 17 × 24	4′ 1½″	21,440	C	—
4500	Churchward / Collett	—	1906–24 / 1927–9	57 0 / 61 0	200 Su.	(O) 17 × 24	4′ 7½″	21,250	C	Yellow

* Nos. 9300-19

5100	Churchward (1905-6) reb. Collett	—	1928-30	75 10 }	200 Su.	(0) 18 × 26	5' 8"	24,300	D	Blue
6100	Collett	—	1929-49	78 9	225 Su.	(0) 18 × 30	5' 8"	27,340	D	Blue
8100	Collett Churchward (1903-6) reb. Collett	—	1931-5 1938-9	78 9 76 11	225 Su.	(0) 18 × 30	5' 6"	28,165	D	Blue
(1205)	Hawthorn Leslie	A.D.	1920	65 0	160	(0) 19 × 26	4' 7"	23,210	C	Yellow
(7)*	Davies & Metcalfe Collett	V. of R.	1902 1923	25 0	165	(0) 11¼ × 17	2' 6" }	9,615 10,510	—	—
0-6-2T										
5600	Collett	—	1924-6 1927-8 }	68 12 69 7 }	200 Su.	18 × 26	4' 7½"	25,800	D	Red
(431)	Dunbar, reb. G.W. Reb. G.W. from 1926	B. & M.	1915-20	59 5	175 Su.	18 × 26	5' 0"	20,885	B	Blue
(155)	Ree, reb. G.W. 1928 Hurry Riches	Car. Rhym.	1908 1921	66 12 66 0	175 Su. 175	18½ × 26 18½ × 26	4' 6½" 4' 6"	22,990 24,520	C D	Red Red
(35)	Hurry Riches reb. G.W. from 1926	Rhym.	1907-21	62 10	200 Su.	18½ × 26	4' 6"	28,015	D	Red
(56)	Hurry Riches reb. G.W. from 1929	Rhym.	1910-8	64 3	175	18 × 26	4' 4½"	23,870	C	Blue
(82)	Hurry Riches reb. G.W. 1926	Rhym	1910-8	63 0	175 Su.	18 × 26	4' 4½"	23,870	C	Blue
(77)	Hurry Riches reb. G.W. from 1928	Rhym	1909	58 19	175 Su.	18 × 26	5' 0"	20,885	B	Blue
(204)	Hurry Riches	T.V.	1909-21	63 0	175 Su.	18½ × 26	5' 0"	21,700	C	Blue
(303)	Cameron (1914-21) reb. G.W.	T.V.	1924-31	61 0	175 Su.	17½ × 26	4' 6½"	21,730	B	Blue
			1924-48	65 14	175 Su. 200 Su. }	18½ × 26 17½ × 26	5' 3" }	21,000 21,480	C	Red
0-6-0T										
850	Dean reb. Churchward	—	1875-95	36 3	165	16 × 24	4' 1½"	17,410	—	—

*1' 11½" gauge.

59

0-6-0T

Class	Designer	Original Owning Co. (if other than G.W.)	Building or Rebuilding Date	Weight of Loco. T. Cwt.	Boiler Pressure	Cylinders	Driving Wheels	Tractive Effort at 85% B.P.	Power Class	Route Restriction Colour
1361	Churchward	—	1910	35 5	150	(O) 16 × 20	3' 8"	14,835	—	—
1366	Collett	—	1934	35 15	165	(O) 16 × 20	3' 8"	16,320	—	—
1500	Hawksworth	—	1949	58 4	200	(O) 17½ × 24	4' 7½"	22,515	C	Red
1600	Hawksworth	—	1949-51	41 12	165	(O) 16½ × 24	4' 1½"	18,515	A	—
2021	Dean	—	1897-1905							
	reb. Churchward	—		39 15	165	16½ × 24	4' 1½"	18,515	—	—
2181	Dean, mod. Collett	—	1939-40							
5400	Collett	—	1931-2	46 12	165	16½ × 24	5' 2"	14,780	—	Yellow
5700	Collett	—	1929-31	47 10						Yellow
			1933	50 15*	200	17½ × 24	4' 7½"	22,515	C	Blue*
6400 & 7400 }	Collett	—	1933-49	49 0	180	16½ × 24	4' 7½"	18,010	A	Yellow
			1932-7	45 12						
			1936-50	45 9						
9400	Hawksworth	—	1947-53	55 7	200 S.S.	17½ × 24	4' 7½"	22,515	C	Red
(666)	Kerr Stuart	A.-D.	1917	50 0	160	(O) 17 × 24	4' 0"	19,650	B	Blue
(2196)	Avonside	B.P.G.V.	1906-8	38 0	170	(O) 15 × 22	3' 6"	17,033	A	—
(2176)	Avonside reb. G.W.	B.P.G.V.	1907	38 5	165	(O) 15 × 22	3' 6"	16,530	A	—
(2198)	Hudswell Clarke reb. G.W.		1910	37 15	165	15 × 22	3' 9"	15,430	—	—
(2162)	Hudswell Clarke	B.P.G.V.	1912-9	{ 44 0 44 }	160	(O) 16 × 24	3' 9"	18,570	A	Yellow
(681)	Hope reb. G.W.	Car.	1920	45 6	165	18 × 24	4' 1½"	22,030	C	Yellow
(28)	M. Wardle reb. G.W.	C.M.D.P.	1905	39 18	160	(O) 16 × 22	3' 6"	18,235	A	Yellow

* Nos. 9700-10.

THE **ABC** OF
BRITISH RAILWAYS LOCOMOTIVES

PART 2—Nos. 10000-39999

also S.R. Electric Train Units.

WINTER 1953/4 EDITION

LONDON:

Ian Allan Ltd

BRITISH RAILWAYS
MOTIVE POWER DEPOTS AND CODES
(ALL B.R. LOCOMOTIVES CARRY THE CODE OF THEIR HOME DEPOT ON SMALL PLATES AFFIXED TO THEIR SMOKEBOX DOORS.)

LONDON MIDLAND REGION

1A	**Willesden**	9B	Stockport	19A	**Sheffield**
1B	Camden		(Edgeley)	19B	Millhouses
1C	Watford	9C	Macclesfield	19C	Canklow
1D	Devons Road (Bow)	9D	Buxton	20A	**Leeds (Holbeck)**
1E	Bletchley	9E	Trafford Park	20B	Stourton
2A	**Rugby**	9F	Heaton Mersey	20C	Royston
2B	Nuneaton	9G	Northwich	20D	Normanton
2C	Warwick	10A	**Springs Branch**	20E	Manningham
2D	Coventry		**(Wigan)**	20F	Skipton
2E	Northampton	10B	Preston	20G	Hellifield
3A	**Bescot**	10C	Patricroft	21A	**Saltley**
3B	Bushbury	10D	Plodder Lane	21B	Bournville
3C	Walsall	10E	Sutton Oak	21C	Bromsgrove
3D	Aston	11A	**Carnforth**	22A	**Bristol**
3E	Monument Lane	11B	Barrow	22B	Gloucester
5A	**Crewe North**	11C	Oxenholme	24A	**Accrington**
5B	Crewe South	11D	Tebay	24B	Rose Grove
5C	Stafford	11E	Lancaster	24C	Lostock Hall
5D	Stoke	12A	**Carlisle**	24D	Lower Darwen
5E	Alsager		**(Upperby)**	24E	Blackpool
5F	Uttoxeter	12C	Penrith	24F	Fleetwood
6A	**Chester**	12D	Workington	25A	**Wakefield**
6B	Mold Junction	12E	Moor Row	25B	Huddersfield
6C	Birkenhead	14A	**Cricklewood**	25C	Goole
6D	Chester	14B	Kentish Town	25D	Mirfield
	(Northgate)	14C	St. Albans	25E	Sowerby Bridge
6E	Wrexham	15A	**Wellingborough**	25F	Low Moor
6F	Bidston	15B	Kettering	25G	Farnley Junction
6G	Llandudno	15C	Leicester	26A	**Newton Heath**
	Junction	15D	Bedford	26B	Agecroft
6H	Bangor	16A	**Nottingham**	26C	Bolton
6J	Holyhead	16C	Kirkby	26D	Bury
6K	Rhyl	16D	Mansfield	26E	Bacup
8A	**Edge Hill**	17A	**Derby**	26F	Lees
8B	Warrington	17B	Burton	26G	Belle Vue
8C	Speke Junction	17C	Coalville	27A	**Bank Hall**
8D	Widnes	17D	Rowsley	27B	Aintree
8E	Brunswick (L'pool)	18A	**Toton**	27C	Southport
8F	**Warrington**	18B	Westhouses	27D	Wigan (L. & Y.)
	(C.L.C.)	18C	Hasland	27E	Walton
9A	**Longsight**	18D	Staveley		

EASTERN REGION

30A	**Stratford**	31C	Kings Lynn	32E	Yarmouth
30B	Hertford East	31D	South Lynn		(Vauxhall)
30C	Bishops Stortford	31E	Bury St. Edmunds	32F	Yarmouth Beach
30D	Southend (Victoria)	32A	**Norwich**	32G	Melton Constable
30E	Colchester	32B	Ipswich	33A	**Plaistow**
30F	Parkeston	32C	Lowestoft	33B	Tilbury
31A	**Cambridge**	32D	Yarmouth	33C	Shoeburyness
31B	March		(South Town)	34A	**Kings Cross**

MOTIVE POWER DEPOTS AND CODES—continued
EASTERN REGION—continued

34B	Hornsey	36C	Frodingham	38E	Woodford Halse
34C	Hatfield	36D	Barnsley	39A	**Gorton**
34D	Hitchin	36E	Retford	39B	Sheffield (Darnall)
34E	Neasden	37A	Ardsley	40A	**Lincoln**
35A	**New England**	37B	Copley Hill	40B	Immingham
35B	Grantham	37C	Bradford	40C	Louth
35C	Peterborough	38A	Colwick	40D	Tuxford
	(Spital)	38B	Annesley	40E	Langwith Junction
36A	**Doncaster**	38C	Leicester	40F	Boston
36B	Mexborough	38D	Staveley		

NORTH EASTERN REGION

50A	**York**	51E	Stockton	52F	North Blyth
50B	Leeds (Neville Hill)	51F	West Auckland	53A	**Hull**
50C	Selby	51G	Haverton Hill		(Dairycoates)
50D	Starbeck	51H	Kirkby Stephen	53B	Hull
50E	Scarborough	51J	Northallerton		(Botanic Gardens)
50F	Malton	51K	Saltburn	53C	Hull (Springhead)
50G	Whitby	52A	**Gateshead**	53D	Bridlington
51A	**Darlington**	52B	Heaton	54A	**Sunderland**
51B	Newport	52C	Blaydon	54B	Tyne Dock
51C	West Hartlepool	52D	Tweedmouth	54C	Borough Gardens
51D	Middlesbrough	52E	Percy Main	54D	Consett

SCOTTISH REGION

60A	**Inverness**	63E	Oban	65H	Helensburgh
60B	Aviemore	64A	**St. Margarets**	65 I	Balloch
60C	Helmsdale		**(Edinburgh)**	66A	**Polmadie**
60D	Wick	64B	Haymarket		**(Glasgow)**
60E	Forres	64C	Dalry Road	66B	Motherwell
61A	**Kittybrewster**	64D	Carstairs	66C	Hamilton
61B	Aberdeen	64E	Polmont	66D	Greenock
	(Ferryhill)	64F	Bathgate	67A	**Corkerhill**
61C	Keith	64G	Hawick		**(Glasgow)**
62A	**Thornton**	65A	**Eastfield**	67B	Hurlford
62B	Dundee		**(Glasgow)**	67C	Ayr
	(Tay Bridge)	65B	St. Rollox	67D	Ardrossan
62C	Dunfermline	65C	Parkhead	68A	**Carlisle**
	(Upper)	65D	Dawsholm		**(Kingmoor)**
63A	**Perth South**	65E	Kipps	68B	Dumfries
63B	Stirling	65F	Grangemouth	68C	Stranraer
63C	Forfar	65G	Yoker	68D	Beattock
63D	Fort William			68E	Carlisle (Canal)

SOUTHERN REGION

70A	**Nine Elms**	71F	Ryde (I.O.W.)	72E	Barnstaple Junction
70B	Feltham	71G	Bath (S. & D.)	72F	Wadebridge
70C	Guildford	71H	Templecombe	73A	**Stewarts Lane**
70D	Basingstoke	71 I	Southampton	73B	Bricklayers Arms
70E	Reading	71J	Highbridge	73C	Hither Green
71A	**Eastleigh**	72A	**Exmouth**	73D	Gillingham (Kent)
71B	Bournemouth		**Junction**	73E	Faversham
71C	Dorchester	72B	Salisbury	74A	**Ashford (Kent)**
71D	Fratton	72C	Yeovil	74B	Ramsgate
71E	Newport (I.O.W.)	72D	Plymouth	74C	Dover

MOTIVE POWER DEPOTS AND CODES—continued

SOUTHERN REGION—continued

74D	Tonbridge	75B	Redhill	75E	Three Bridges
74E	St. Leonards	75C	Norwood Junction	75F	Tunbridge Wells
75A	**Brighton**	75D	Horsham		West

WESTERN REGION

81A	**Old Oak Common**	84B	Oxley	86J	Aberdare
		84C	Banbury	86K	Abergavenny
81B	Slough	84D	Leamington Spa	87A	**Neath**
81C	Southall	84E	Tyseley	87B	Duffryn Yard
81D	Reading	84F	Stourbridge	87C	Danygraig
81E	Didcot	84G	Shrewsbury	87D	Swansea
81F	Oxford	84H	Wellington (Salop)		East Dock
82A	**Bristol (Bath Rd.)**	84J	Croes Newydd	87E	Landore
82B	Bristol	84K	Chester	87F	Llanelly
	(St. Philip's Marsh)	85A	**Worcester**	87G	Carmarthen
82C	Swindon	85B	Gloucester	87H	Neyland
82D	Westbury	85C	Hereford	87J	Goodwick
82E	Yeovil	85D	Kidderminster	87K	Swansea (Victoria)
82F	Weymouth	86A	**Newport**	88A	**Cardiff (Cathays)**
83A	**Newton Abbot**		(Ebbw Jcn.)	88B	Cardiff East Dock
83B	Taunton	86B	Newport (Pill)	88C	Barry
83C	Exeter	86C	Cardiff (Canton)	88D	Merthyr
83D	Laira (Plymouth)	86D	Llantrisant	88E	Abercynon
83E	St. Blazey	86E	Severn Tunnel	88F	Treherbert
83F	Truro		Junction	89A	**Oswestry**
83G	Penzance	86F	Tondu	89B	Brecon
84A	**Wolverhampton**	86G	Pontypool Road	89C	Machynlleth
	(Stafford Road)	86H	Aberbeeg		

BRITISH RAILWAYS NON-STEAM LOCOMOTIVE CLASSES

INTERNAL COMBUSTION LOCOMOTIVES

Co-Co Diesel Electric

Introduced 1947: English Electric Co. and H. A. Ivatt, main line passenger design for L.M.S.R.
Weight: 121 tons 10 cwt.
Driving Wheels: 3′ 6″.
T.E.: 41,400 lb.
Engine: English Electric Co. 16 cyls. 1,600 h.p.
Motors: Six nose-suspended motors, single reduction gear drive.

10000 10001 **Total 2**

4-8-4 Diesel Mechanical

H. G. Ivatt and Fell design for L.M.S.R.
Engines: Four 500 h.p., 12-cylinder.
Transmission: Fell patent differential drive and fluid couplings.
Weight: 120 tons.
Driving Wheels: 4′ 3″.
T.E.: 25,000 lb.

10100 **Total 1**

Above: Class B4 0-4-0T No. 30088.
[*P. Ransome-Wallis*

Right: Class O2 0-4-4T No. 30230.
[*E. D. Bruton*

Below: Class M7 0-4-4T No. 30479.
[*P. C. Short*

Class T9 4-4-0 No. 30300. [L. Elsey

Class S11 4-4-0 No. 30400. [G. R. Wheeler

Class D15 4-4-0 No. 30467. [P. Ransome-Wallis

Class D 4-4-0 No. 31577. [R. C. Riley

Class E 4-4-0 No. 31166. [A. R. Carpenter

Class L 4-4-0 No. 31777. [F. W. Day

Above: Class D1 4-4-0 No. 31727.
[F. J. Saunders

Left: Class L1 4-4-0 No. 31782.
[A. R. Carpenter

Below: Class N 2-6-0 No. 31860.
[R. S. Potts

Above: Class U 2-6-0 No. 31617.
[*G. D. Parkes*

Right: Class U 2-6-0 No. 31807 (rebuilt from "River" Class 2-6-4T).
[*R. S. Potts*

Below: Class N1 2-6-0 No. 31880.
[*C. G. Pearson*

Top: Class H15 4-6-0 No. 30490 (Urie design).
[*C. G. Pearson*

Centre: Class H15 4-6-0 No. 30491 (rebuild of Urie loco. with N15 class boiler).
[*B. E. Morrison*

Left: Class H15 4-6-0 No. 30333 (rebuilt from Drummond Class F13 4-6-0).
[*P. Ransome-Wallis*

Top: Class H15 4-6-0 No. 30476 (Maunsell design).
[*P. Ransome-Wallis*

Centre: Class S15 4-6-0 No. 30504 (Urie design).
[*P. Ransome-Wallis*

Right: Class S15 4-6-0 No. 30843 (Maunsell design).
[*F. R. Hebron*

Class N15 4-6-0 No. 30749 *Iseult* (with electric lighting). [*C. G. Pearson*

Class N15 4-6-0 No. 30765 *Sir Gareth* (with later type cab). [*G. R. Wheeler*

Class N15 4-6-0 No. 30794 *Sir Ector de Maris* (with six-wheel tender). [*P. C. Short*

1 Co-Co 1   Diesel Elec.

English Electric Co. and Bulleid main line passenger design for S.R.
Engine : English Electric Co. 16 cyls. 1,750 h.p.
Weight : 135 tons.
Driving Wheels : 3' 7".
T.E. : 48,000 lb.

10201   10202   10203

N.B.—Locos of this type are still being delivered

Bo-Bo   Diesel Electric

Introduced 1950: N.B. Loco. Co., B.T.H. Co. and H. A. Ivatt, branch line design for L.M.S.R.
Weight: 69 tons 16 cwt.
Driving Wheels: 3' 6".
T.E.: 34,500 lb.
Engine: Davey Paxman 16 cyls. 827 h.p.
Motors: Four nose-suspended motors, single reduction gear drive.

10800   **Total 1**

0-6-0   Diesel Mechanical

Introduced 1950: Bulleid S.R. design for shunting and transfer work.
Weight: 49 tons 9 cwt.
Driving Wheels: 4' 6".
T.E.: 33,500 lb. (max. in lowgear).
Engine: Davey Paxman 12 cyls. 500 h.p.
Transmission: S.S.S. Powerflow three-speed gearbox and fluid coupling.

11001   **Total 1**

0-6-0   Diesel Mech. DMSI

Introduced 1952 : 200 h.p. locomotives to replace ex-L.N.E.R. tram engines.
Weight : 29 tons 15 cwt.
Driving Wheels : 3' 3"
T.E. : 16,850 lb.
Engine : Gardner 8L3 type.

11100	11105	11109	11113
11101	11106	11110	11114
11102	11107	11111	11115
11103	11108	11112	

N.B.—Locos of this type are still being delivered.

10201-12032

0-4-0   Diesel Mechanical

To be introduced 1953. 153 h.p. locomotives for E.R. and S.R.

11500   11501   11502   11503

                                   Total 4

0-4-0   Diesel Hydraulic

Introduced 1953 : N.B. Loco. Co. for North Eastern Region.
Engine : Davey Paxman G.R.P.H.L. 200 h.p.
Weight : 32 tons
Driving Wheels : 3' 6".
T.E. : 22,000 lb.

11700   **Total 1**

0-6-0   Diesel Electric

Introduced 1936: English Electric-Hawthorn Leslie design for L.M.S.R.
Weight: { 51 tons.*
           47 tons.†
Driving Wheels: 4' 0½".
T.E.: 30,000 lb.
Engine: English Electric 6 cyls. 350 h.p.
Motors: Two nose-suspended motors, single reduction gear drive.

12000* 12001* 12002† **Total 3**

0-6-0   Diesel Electric

Introduced 1939: English Electric and Stanier design for L.M.S.R., development of previous design with jackshaft drive.
Weight: 54 tons 16 cwt.
Driving Wheels: 4' 3"
T.E.: 33,000 lb.
Engine: English Electric, 6 cyls. 350 h.p.
Motors: Single motor; jackshaft drive.

12003	12011	12019	12027
12004	12012	12020	12028
12005	12013	12021	12029
12006	12014	12022	12030
12007	12015	12023	12031
12008	12016	12024	12032
12009	12017	12025	
12010	12018	12026	

                                   Total 30

12033-15003

0-6-0 Diesel Electric

Introduced 1945: English Electric and Fairburn design for L.M.S.R., development of previous design with double reduction gear drive.

Weight: 50 tons.

Driving Wheels: 4' 0½".

T.E.: 33,000 lb.

Engine: English Electric, 6 cyls. 350 h.p.

Motors: Two nose-suspended motors double reduction gear drive.

12033	12060	12087	12114
12034	12061	12088	12115
12035	12062	12089	12116
12036	12063	12090	12117
12037	12064	12091	12118
12038	12065	12092	12119
12039	12066	12093	12120
12040	12067	12094	12121
12041	12068	12095	12122
12042	12069	12096	12123
12043	12070	12097	12124
12044	12071	12098	12125
12045	12072	12099	12126
12046	12073	12100	12127
12047	12074	12101	12128
12048	12075	12102	12129
12049	12076	12103	12130
12050	12077	12104	12131
12051	12078	12105	12132
12052	12079	12106	12133
12053	12080	12107	12134
12054	12081	12108	12135
12055	12082	12109	12136
12056	12083	12110	12137
12057	12084	12111	12133
12058	12085	12112	Total
12059	12086	12113	106

0-6-0 Diesel Electric

Introduced 1953. B.R. standard design.
Weight : 49 tons.
Driving Wheels : 4' 6".
T.E.: 35,000 lb.
Engine : English Electric 6 cyls. 400 h.p.
Motors : Two nose-suspended motors, double reduction gear drive.

13000	13021	13042	13063
13001	13022	13043	13064
13002	13023	13044	13065
13003	13024	13045	13066
13004	13025	13046	13067
13005	13026	13047	13068
13006	13027	13048	13069
13007	13028	13049	13070
13008	13029	13050	13071
13009	13030	13051	13072
13010	13031	13052	13073
13011	13032	13053	13074
13012	13033	13054	13075
13013	13034	13055	13076
13014	13035	13056	13077
13015	13036	13057	13078
13016	13037	13058	13079
13017	13038	13059	13080
13018	13039	13060	13081
13019	13040	13061	
13020	13041	13062	

N.B.—Locos of this class are still being delivered.

0-6-0 Diesel Electric DES 1

Introduced 1944: English Electric and Thompson design for L.N.E.R., (L.N.E.R. version of L.M.S. 12033 series).
Weight: 51 tons.
Driving Wheels: 4' 0".
T.E.: 32,000 lb.
Engine: English Electric, 6 cyls. 350 h.p.
Motors: Two nose-suspended motors, double reduction gear drive.

15000   15001   15002   15003
Total 4

15004–18000

0-6-0 Diesel Electric DES 2
Introduced 1949: Brush design for E.R.
Weight: 51 tons.
Driving Wheels: 4' 0".
T.E.: 32,000 lb.
Engine: Petter 4 cyls. 360 h.p.

15004   Total 1

0-4-0 Petrol Class Y11
Introduced 1921: Motor, Rail and Tram Car Co., design (purchased by N.B.R. and L.N.E.R.).
Weight: 8 tons.
Driving Wheels: 3' 1".
Engine: 4 cyls. 40 h.p. petrol.
Drive: Chains and two-speed gear box.

15098   15099   Total 2

0-6-0 Diesel Electric
Introduced 1936: Hawthorn Leslie and English Electric design for G.W.R. (G.W.R. version of L.M.S.R. Nos. 12000/1).
Weight: 51 tons 10 cwt.
Driving Wheels: 4' 1".
T.E.: 30,000 lb.
Engine: English Electric 6 cyls. 350 h.p.
Motors: Two nose-suspended motors, single reduction gear drive.

15100   Total 1

0-6-0 Diesel Electric
Introduced 1948: English Electric and Hawksworth design for Western Region (W.R. version of L.M.S. 12033 series).
Weight: 46 tons 9 cwt.
Driving Wheels: 4' 0½".
T.E.: 33,500 lb.
Engine: English Electric 6 cyls. 350 h.p.
Motors: Two nose-suspended motors, single reduction gear drive.

| 15101 | 15103 | 15105 | |
| 15102 | 15104 | 15106 | Total 6 |

0-6-0 Diesel Electric
Introduced 1949: Brush design for W.R.

15107   Total 1

0-6-0 Diesel Electric
Introduced 1937: English Electric and Bulleid design for S.R.
Weight: 55 tons 5 cwt.
Driving Wheels: 4' 6".
T.E.: 30,000 lb.
Engine: English Electric 6 cyls. 350 h.p.
Motors: Two nose-suspended motors, single reduction gear drive.

15201   15202   15203   **Total 3**

0-6-0 Diesel Electric
Introduced 1949: English Electric and Bulleid design for S.R. (S.R. version of L.M.S.R. 12033 series, but designed for higher speeds).
Weight: 49 tons.
Driving Wheels: 4' 6".
T.E.: 24,000 lb.
Engine: English Electric 6 cyls. 350 h.p.
Motors: Two nose-suspended motors, double reduction gear drive.

15211	15218	15225	15232
15212	15219	15226	15233
15213	15220	15227	15234
15214	15221	15228	15235
15215	15222	15229	15236
15216	15223	15230	
15217	15224	15231	

Total 26

A-1-A-A-1-A Gas Turbine
Introduced 1949: Brown Boveri (Switzerland) design for W.R.
Weight: 115 tons.
Driving Wheels: 4' 0½".
T.E.: 31,500 lb. at 21 m.p.h.
Engine: 2,500 h.p. gas turbine.
Motors: Four independently mounted motors with spring drive.

18000   Total 1

18100-27026

Co-Co   Gas Turbine

Introduced 1951.
Metropolitan-Vickers and Hawksworth design for G.W.R.
Weight: 129 tons 10 cwt.
Driving Wheels: 3' 8".

T.E.: maximum 60,000 lb. Continuous rating: 30,000 lb
Motors: Six nose-suspended motors with single reduction gear drive.

| 18100 | | | **Total 1** |

ELECTRIC LOCOMOTIVES

Co-Co   Class CC

*Introduced 1941: Raworth & Bulleid design for S.R
†Introduced 1948. Later design with detail differences.
Weight: 99 tons 14 cwt.*
        104 tons 14 cwt.†
Driving Wheels: 3' 7".
T.E.: 40,000 lb.*
     45,000 lb.†
Voltage: 660 D.C.
Current Collection: Overhead and third rail, with flywheel-driven generator for gaps in third rail.

20001*	20002*	20003†
		Total 3

Bo-Bo   Class EM1

*Introduced 1941: Metropolitan-Vickers and Gresley design for L.N.E.R.
Remainder. Introduced 1950. Production design with detail alterations.
Weight: 87 tons 18 cwt.
Driving Wheels: 4' 2".
T.E.: 45,000 lb.   Voltage: 1,500 D.C.
Current Collection : overhead.

26000*	26015	26030	26045
26001	26016	26031	26046
26002	26017	26032	26047
26003	26018	26033	26048
26004	26019	26034	26049
26005	26020	26035	26050
26006	26021	26036	26051
26007	26022	26037	26052
26008	26023	26038	26053
26009	26024	26039	26054
26010	26025	26040	26055
26011	26026	26041	26056
26012	26027	26042	26057
26013	26028	26043	**Total**
26014	26029	26044	**58**

Bo-Bo   Class ES1

Built 1902: Brush & Thomson-Houston shunting design for N.E.R.
Weight: 46 tons.
Voltage: 600 D.C.   T.E.: 25,000 lb.

| 26500 | 26501 | **Total 2** |

Bo-Bo   Class EB1

EB1 Introduced 1946: L.N.E.R. rebuild of N.E.R. Raven freight design (Introduced 1914) for banking work on Manchester-Wath line.
Weight: 74 tons 8 cwt.
Driving Wheels: 4' 0".
T.E.: 37,600 lb.   Voltage: 1,500 D.C.
Current collection: overhead.

| 26510 | | **Total 1** |

Co - Co

Under construction: Metropolitan-Vickers and L.N.E.R. design, development of E.M.1. with six axles and higher speed range.
Weight: 102 tons.
Driving Wheels: 4' 2".
T.E.: 45,000 lb.   Voltage: 1,500 D.C.
Current Collection: Overhead.

27000	27007	27014	27021
27001	27008	27015	27022
27002	27009	27016	27023
27003	27010	27017	27024
27004	27011	27018	27025
27005	27012	27019	27026
27006	27013	27020	

NOTE: Locomotives of this class are still being delivered.

SUMMARY OF SOUTHERN REGION STEAM LOCOMOTIVE CLASSES
IN ALPHABETICAL ORDER
WITH HISTORICAL NOTES AND DIMENSIONS

Classes
0-6-0T OP A1 & AIX

*A1 Introduced 1872: Stroudley L.B.S.C. "Terrier," later fitted with Marsh boiler, retaining original type smokebox.

†AIX Introduced 1911: Rebuild of A1 with Marsh boiler and extended smokebox.

‡AIX Loco. with increased cylinder diameter.

Weight: { 27 tons 10 cwt.*
{ 28 tons 5 cwt.†‡
Pressure: 150 lb. Cyls. { 12" × 20"*†
{ 14$\frac{3}{16}$" × 20"‡

Driving Wheels: 4' 0".
T.E.: { 7,650 lb.*†
{ 10,695 lb.‡

*DS680
†DS377 DS681, 32640/6/50/5/61/2/70/7/8.
‡32636

Totals: A1 1
         AIX 12

0-4-0T OF Class B4

*Introduced 1891: Adams L.S.W. design for dock shunting.
†Introduced 1908: Drummond K14 locos., with smaller boiler and detail alterations.
‡Adams locos. fitted with Drummond boiler.
§Drummond loco. fitted with Adams boiler.

Weight: { 33 tons 9 cwt.*‡
{ 32 tons 18 cwt.†§
Pressure: 140 lb. Cyls. (O): 16" × 22".
Driving Wheels: 3' 9¾".
T.E.: 14,650 lb.

*30086/7/9/93/4/6, 30102.
†30082/3   ‡30088   §30084

Total 11

0-6-0 3F Class C

Introduced 1900: Wainwright S.E.C. design.
Weight: Loco. 43 tons 16 cwt.
Pressure: 160 lb. Cyls.: 18½" × 26"
Driving Wheels: 5' 2".
T.E.: 19,520 lb.

31004/18/33/7/8/54/9/61/3/8,71 86, 31102/3/3/50/91, 31218/9 /21/3/5/7/9/42 — 5/52/3/5/6/67 /8/70–2/7/80/7/93/4/7/8, 31317, 31461/80/1/95/8, 31508/10/3/72 /3/5/6/8/9/81–5/8–90/2/3,31681 –4/6–95, 31711–25.

Total 98

0-6-0 3F Class C2X

C2X Introduced 1908: Marsh rebuild of R. J. Billinton L.B.S.C. C.2 with larger C3-type boiler, extended smokebox, etc.
Weight: Loco. 45 tons 5 cwt.
Pressure: 170 lb.
Cyls.: 17½" × 26".
Driving Wheels: 5' 0".
T.E.: 19,175 lb.

32434/7/8/40–51, 32521–9/32/4–41/3–54.

Total 45

0-4-0T OP Class C14

Introduced 1923: Urie rebuild as shunting locos. of Drummond L.S.W. motor-train 2-2-0T (originally introduced 1906).
Weight: 25 tons 15 cwt.
Pressure: 150 lb.
Cyls.: (O) 14" × 14".
Driving Wheels: 3' 0".
T.E.: 9,720 lb.
Walschaerts gear.

DS77, 30588/9.   Total 3

17

Classes D–E1/R

Classes D & D1

4-4-0 {1P D / 2P D1}

*****D** Introduced 1901: Wainwright S.E.C. design, with round-top fire box, some later fitted with extended smokebox.
†**D1** Introduced 1921: Maunsell rebuild of Class D, with superheated Belpaire boiler, and long-travel piston valves.
Weights: ⎰ 50 tons.*
⎱ 52 tons 4 cwt.†
Pressure: ⎰ 175 lb.*
⎱ 180 lb. Su.†
Cyls.: 19″ × 26″.
Driving Wheels: 6′ 8″.
T.E.: ⎰ 17,450 lb.*
⎱ 17,950 lb.†

*31075, 31488/93/6, 31549/74/7/86/91, 31729/33/4/7/46.

†31145, 31246/7, 31470/87/9/92/4, 31505/9/45, 31727/35/9/41/3/9.

Totals: Class D 14
Class D1 17

0-4-4T 1P Class D3

Introduced 1892: R. J. Billinton L.B.S.C. design, later reboilered by Marsh and fitted from 1934 for push-and-pull working.
Weight: 52 tons.
Pressure: 170 lb. Cyls.: 17½″ × 26″.
Driving Wheels: 5′ 6″.
T.E.: 17,435 lb.

32384/90.

Total 2

4-4-0 3P Class D15

Introduced 1912: Drummond L.S.W. design, superheated by Urie from 1915.
Weight: Loco. 61 tons 11 cwt.
Pressure: 180 lb. Su.
Cyls.: 20″ × 26″.
Driving Wheels: 6′ 7″.
T.E.: 20,140 lb.
Walschaerts gear, P.V.

30464/5/7/71. Total 4

Classes E & E1

4-4-0 {1P E / 2P E1}

*****E** Introduced 1905: Wainwright S.E.C. design with Belpaire boiler.
‡**E1** Introduced 1919: Maunsell rebuild of E. with larger superheated Belpaire boiler and long-travel piston valves.
Weight: Loco. ⎰ 52 tons 5 cwt.*
⎱ 53 tons 9 cwt.‡

Pressure: 180 lb.
Cyls.: 19″ × 26″.
Driving Wheels: 6′ 6″.
T.E.: 18,410 lb.

*31166, 31315.
‡31019/67, 31165, 31497, 31504/6/7.

Totals: Class E 2
Class E1 7

0-6-0T 2F Class E1

Introduced 1874: Stroudley L.B.S.C. design, reboilered by Marsh.
Weight: 44 tons 3 cwt.
Pressure: 170 lb. Cyls.: 17″ × 24″.
Driving Wheels: 4′ 6″.
T.E.: 18,560 lb.

32113/38/9/51 32606/89/94.
(W) 1–4.

Total 11

0-6-2T 2MT Class E1/R

Introduced 1927: Maunsell rebuild of Stroudley E1, with radial trailing axle and larger bunker for passenger service in West of England.
Weight: 50 tons 5 cwt.
Pressure: 170 lb. Cyls.: 17″ × 24″.
Driving Wheels: 4′ 6″.
T.E.: 18,560 lb.

32094–6, 32124/35, 32608/10/95 –7.

Total 10

0-6-0T 3F Class E2

*Introduced 1913: L. B. Billinton L.B.S.C. design.
†Introduced 1915: Later locos. with tanks extended further forward.

Weight: $\begin{cases} 52 \text{ tons } 15 \text{ cwt.*} \\ 53 \text{ tons } 10 \text{ cwt.†} \end{cases}$
Pressure: 170 lb. Cyls.: $17\frac{1}{2}'' \times 26''$
Driving Wheels: 4' 6".
T.E.: 21,305 lb.

*32100-4.
†32105-9.

Total 10

0-6-2T 3F Class E3

Introduced 1894: R. J. Billinton L.B.S.C. design, development of Stroudley "West Brighton" (introduced 1891), reboilered and fitted with extended smokebox, 1918 onwards; cylinder diameter reduced from 18" by S.R.
Weight: 56 tons 10 cwt.
Pressure: $\begin{cases} 160 \text{ lb.} \\ 170 \text{ lb.*} \end{cases}$
Cyls.: $17\frac{1}{2}'' \times 26''$.
Driving Wheels: 4' 6".
T.E.: $\begin{cases} 20,055 \text{ lb.} \\ 21,305 \text{ lb.*} \end{cases}$

*32165-70.
32453-6/8-62

Total 15

0-6-2T 2MT Classes E4 & E4X

*E4 Introduced 1910: R. J. Billinton L.B.S.C. design, development of E3 with larger wheels, reboilered with Marsh boiler and extended smokebox, cylinder diameter reduced from 18" by S.R.
†E4X Introduced 1909: E4 reboilered with larger 12 4-4-2T type boiler.
Weights: $\begin{cases} 57 \text{ tons } 10 \text{ cwt.*} \\ 59 \text{ tons } 5 \text{ cwt.†} \end{cases}$
Pressure: 170 lb. Cyls.: $17\frac{1}{2}'' \times 26''$
Driving Wheels: 5' 0".
T.E.: 19,175 lb.

Classes E2–E6 & E6X

*32463-5/7-76/9-82/4-8/90-9, 32500-20/56-66/77-82.
†32466/77/8/89.

Totals: E4 70
E4X 4

0-6-2T 2MT Classes E5 & E5X

*‡E5 Introduced 1902: R. J. Billinton L.B.S.C. design, development of E4 with larger wheels and firebox, cylinder diameter reduced from 13" by S.R.
†E5X Introduced 1911: E5 reboilered with larger C3-type boiler.
Weights: $\begin{cases} 60 \text{ tons.*} \\ 64 \text{ tons } 5 \text{ cwt.†} \end{cases}$
Pressure: $\begin{cases} 160 \text{ lb.*} \\ 175 \text{ lb.‡} \\ 170 \text{ lb.†} \end{cases}$
Cyls.: $17\frac{1}{2}'' \times 26''$.
Driving Wheels: 5' 6".
T.E.: $\begin{cases} 16,410 \text{ lb.*} \\ 17,945 \text{ lb.‡} \\ 17,435 \text{ lb.†} \end{cases}$

*‡32568/71/83/5/7/8/91/3.
†32401, 32570/6/86.

Totals: E5 8
E5X 4

0-6-2T 4F Classes E6 & E6X

*‡E6 Introduced 1904: R. J. Billinton L.B.S.C. design, development of E5 with smaller wheels.
†E6X Introduced 1911: E6 reboilered with larger C3-type boiler.
Weights: $\begin{cases} 61 \text{ tons.*} \\ 63 \text{ tons.†} \end{cases}$
Pressure: $\begin{cases} 160 \text{ lb.*} \\ 175 \text{ lb.‡} \\ 170 \text{ lb.†} \end{cases}$
Cyls.: $18'' \times 26''$.
Driving Wheels: 4' 6".
T.E.: $\begin{cases} 21,215 \text{ lb.*} \\ 23,205 \text{ lb.‡} \\ 22,540 \text{ lb.†} \end{cases}$

*‡32408-10/2-8. †32407/11.

Totals: E6 10
E6X 2

Classes G6–H15

0-6-0T 2F Class G6

*Introduced 1894: Adams L.S.W. design, later additions by Drummond, but with Adams type boiler.
†Introduced 1925: Fitted with Drummond type boiler.
Weight: 47 tons 13 cwt.
Pressure: 160 lb. Cyls.: 17½″ × 24″.
Driving Wheels: 4′ 10″.
T.E.: 17,235 lb.

*30162, 30238/58/60/6/70/7, 30349, DS3152
†30160, 30274.

Total 11

4-8-0T 7F Class G16

Introduced 1921: Urie L.S.W. "Hump" loco.
Weight: 95 tons 2 cwt.
Pressure: 180 lb. Su.
Cyls. (O): 22″ × 28″
Driving Wheels: 5′ 1″
T.E.: 33,990 lb.
Walschaerts gear, P.V

30492–5

Total 4

0-4-4T 1P Class H

Introduced 1904. Wainwright S.E.C. design.
*Introduced 1949. Fitted for push-and-pull working.
Weight: 54 tons 8 cwt.
Pressure: 160 lb. Cyls.: 18″ × 26″.
Driving Wheels: 5′ 6″
T.E.: 17,360 lb.

31005,   31259/61/3/5/6/9/76/8, 31305-11/20/1/4/6/8/9, 31500/3/30/1/3/40/2-4/50-3.

*31158/61/2/4/77/84/93, 31239/74/9/95, 31319/22/7, 31512/7–23/48/54.

Total 59

4-4-2 4P Class H2

Introduced 1911: Marsh L.B.S.C. design, superheated development of H1 with larger cylinders.
Weight: Loco. 68 tons 5 cwt.
Pressure: 200 lb. Su.
Cyls.: (O) 21″ × 26″.
Driving Wheels: 6′ 7½″.
T.E.: 24,520 lb.
P.V.

32421/2/4–6.

Total 5

4-6-0 4MT Class H15

*Introduced 1914: Urie L.S.W. design, fitted with "Maunsell" superheater from 1927, replacing earlier types (30490 built saturated).

†Introduced 1915: Urie rebuild with two outside cylinders of Drummond E14, 4 cyl. 4–6–0 introduced 1907, retaining original boiler retubed and fitted with superheater.

‡Introduced 1924: Maunsell locos. with N15 type boiler and smaller tenders.

§Introduced 1924: Maunsell rebuild of Drummond F13 4-cyl. 4-6-0 introduced 1905, with detail differences from rebuild of E14.

¶Introduced 1927: Urie loco. (built 1914 saturated) rebuilt with later N15 class boiler, with smaller firebox.

Weight: Loco. { 81 tons 5 cwt.*
                82 tons 1 cwt.†
                79 tons 19 cwt.‡¶
                80 tons 11 cwt.§
Pressure: { 180 lb. Su.*‡¶
            175 lb. Su.†§
Cyls.: 21″ × 28″
Driving Wheels: 6′ 0″.
T.E.: { 26,240 lb.*‡¶
        25,510 lb.†§
Walschaerts gear, P.V

*30482–90
†30335
‡30473–8, 30521–4
§30330–4
¶30491

Total 26

Classes H16–M7

4-6-2T 5F Class H16

Introduced 1921: Urie L.S.W. design for heavy freight traffic.
Weight: 96 tons 8 cwt.
Pressure: 180 lb. Su.
Cyls.: (O) 21" × 28".
Driving Wheels: 5' 7".
T.E.: 28,200 lb.
Walschaerts valve gear, P.V.

30516–20   **Total 5**

2-6-0 4MT Class K

Introduced 1913: L. B. Billinton L.B.S.C. design.
Weight: Loco. 63 tons 15 cwt.
Pressure: 180 lb. Su.
Cyls.: (O) 21" × 26".
Driving Wheels: 5' 6".
T.E.: 26,580 lb.
P.V.

32337–53   **Total 17**

4-4-0 2P Class L

Introduced 1914: Wainwright S.E.C. design, with detail alterations by Maunsell.
Weight: Loco. 57 tons 9 cwt.
Pressure: 160 lb. Su.
Cyls.: 20½" × 26".
Driving Wheels: 6' 8".
T.E.: 18,575 lb.
P.V.

31760–81   **Total 22**

4-4-0 2P Class L1

Introduced 1926: Post-grouping development of L, with long-travel valves, side window cab and detail alterations.
Weight: Loco. 57 tons 16 cwt.
Pressure: 180 lb. Su.
Cyls: 19½" × 26".
Driving Wheels: 6' 8".
T.E.: 18,910 lb.
P.V.

31753–9/82–9   **Total 15**

4-4-0 2P Class L12

Introduced 1904: Drummond L.S.W. design, development of T9 with larger boiler, superheated from 1915.
Weight: Loco. 55 tons 5 cwt.
Pressure: 175 lb. Su.
Cyls.: 19" × 26".
Driving Wheels: 6' 7".
T.E.: 17,675 lb.

30434

Total 1

4-6-0 7P Class LN

*Introduced 1926: Maunsell design, cylinders and tender modified by Bulleid from 1938, and fitted with multiple-jet blastpipes and large chimney.
†Introduced 1929: Loco. fitted experimentally with smaller driving wheels.
‡Introduced 1929: Loco. fitted experimentally with longer boiler.
Weights: Loco. { 83 tons 10 cwt.*†
                84 tons 16 cwt.‡
Pressure: 220 lb. Su.
Cyls.: (4) 16½" × 26".*
Driving Wheels: { 6' 7" *‡
                 6' 3" †
T.E.: { 33,510 lb.*‡
       35 300 lb.†
Walschaerts gear, P.V.

*30850–8/61–5.
†30859   ‡30860

Total 16

0-4-4T 2P Class M7

*Introduced 1897: Drummond L.S.W. M7 design.
†Introduced 1903: Drummond X14 design, with increased front overhang, steam reverser and detail alterations, now classified M7 (30254 originally M7).

Classes M7–N15

‡Introduced 1925 X14 design fitted for push-and-pull working.

Weights: { 60 tons 4 cwt.*
60 tons 3 cwt.†
62 tons 0 cwt.‡

Pressure: 175 lb.
Cyls.: 18½" × 26".
Driving Wheels: 5' 7".
T.E.: 19,755 lb.

*30022–6/31–44, 30112, 30241–53/5/6, 30318–24/56/7, 30667–71/3–6.

†30030, 30123/4/7/30/2/3, 30254, 30374–8, 30479.

‡30021/7/8/9/45–60, 30104–11/25/8/9/31, 30328/79, 30480/1.

Total 103

4-6-2 8P Class MN

*Introduced 1941: Bulleid design.
†Introduced 1951: Modified with single blastpipe and chimney.
Weight: Loco. 94 tons 15 cwt.
Pressure: 280 lb. Su.
Cyl.: (3) 18" × 24".
Driving Wheels: 6' 2".
T.E.: 37,515 lb.
Bulleid valve gear, P.V.

*35001–18/20–30
†35019   **Total 30**

2-6-0 4MT Classes N & N1

*N Introduced 1917: Maunsell S.E.C. mixed traffic design.
†N1 Introduced 1922: 3-cylinder development of N.
Weight: Loco. { 61 tons 4 cwt.*
64 tons 5 cwt.†
Pressure: 200 lb. Su.
Cyls.: { (O) 19" × 28"*
(3) 16" × 28"†
Driving Wheels: 5' 6"

T.E.: { 26,035 lb.*
27,695 lb.†
Walschaerts gear, P.V.

*31400–14, 31810–21/3–75
†31822/76–80

**Totals: Class N 80
Class N1 6**

4-6-0 5P Class N15

*Introduced 1918: Urie L.S.W. design.
†Introduced 1928: Urie Locos. modified with cylinders of reduced diameter.
‡Introduced 1925: Maunsell Locos. with long-travel valves, increased boiler pressure, smaller fireboxes, and tenders from Drummond G14 4-6-0's.
§Introduced 1925: Later locos. with detail alterations and increased weight.
‖Introduced 1925: Locos. with modified cabs to suit Eastern Section and new bogie tenders.
¶Introduced 1926: Locos. with detail alterations and six-wheeled tenders for Central Section.

Weight: Loco. { 80 tons 7 cwt.*†
79 tons 18 cwt.‡
80 tons 19 cwt.§
81 tons 17 cwt.¶

Pressure: { 180 lb. Su.*†
200 lb. Su.‡§‖¶

Cyls.: { (O) 22" × 28"*
(O) 21" × 28"†
(O) 20½" × 28"‡§‖¶

Driving Wheels: 6' 7"

T.E.: { 26,245 lb.*
23,915 lb.†
25,320 lb.‡§‖¶

Walschaerts gear, P.V

NOTE: Nos. 30736/7/41/52/5 are fitted with multiple jet blastpipe and large diameter chimney.

*30755   †30736–53
‡30453–7   §30448–52
‖30763–92   ¶30793–30806

Total 73

4-6-0   4P   Class N15X

Introduced 1934: Maunsell rebuild of L. B. Billinton L.B.S.C. Class L 4-6-4T (introduced 1914).
Weight: Loco. 73 tons 2 cwt.
Pressure: 180 lb. Su.
Cyls.: (O) 21" × 28".
Driving Wheels: 6' 9".
T.E.: 23,325 lb.
Walschaerts gear, P.V.

32327-33   **Total 7**

0-6-0   1F   Class O1

*Introduced 1903: Wainwright rebuild with domed boiler and new cab of Stirling S.E.R. Class O 0-6-0 (introduced 1878).
†Introduced 1903: Locos. with smaller driving wheels.
Weight: Loco. 41 tons 1 cwt.
Pressure: 150 lb. Cyls.: 18" × 26"
Driving Wheels: $\begin{cases} 5' 2"* \\ 5' 1"† \end{cases}$
T.E.: $\begin{cases} 17,325 \text{ lb.}* \\ 17,610 \text{ lb.}† \end{cases}$

*31064/5,   31258,   31370, 31425/30/4
†31043

                                           Total 8

0-4-4T   1P   Class O2

*Introduced 1889: Adams L.S.W. design.
Introduced 1923: Fitted with Westinghouse brake for I.O.W., bunkers enlarged from 1932.
‡Fitted with Drummond-type boiler.
§Fitted for push-and-pull working.
Weight: $\begin{cases} 46 \text{ tons } 18 \text{ cwt.}*‡ \\ 48 \text{ tons } 8 \text{ cwt.}† \end{cases}$
Pressure: 160 lb. Cyls.: 17½" × 24".
Driving Wheels: 4' 10".
T.E.: 17,235 lb.

*30177/9/92/3/9,   30200/12/6/24/9/30/2/6.
† (W)14-34 †§ (W)35/6.
‡30203/23/33.
‡§30182/3, 30207/25.   **Total 43**

Classes N15X-R & R1

0-6-0T   0F   Class P

Introduced 1909: Wainwright S.E.C. design for push-and-pull work, now used for shunting.
Weight: 28 tons 10 cwt.
Pressure: 160 lb. Cyls.: 12" × 18".
Driving Wheels: 3' 9⅝".
T.E.: 7,810 lb.

31027, 31178, 31323/5, 31555-8.

                                           Total 8

0-6-0   4F   Class Q

Introduced 1938: Maunsell design, later fitted with multiple-jet blastpipe and large chimney.
Weight: Loco. 49 tons 10 cwt.
Pressure: 200 lb. Su.
Cyls.: 19" × 26".
Driving Wheels: 5' 1".
T.E.: 26,160 lb.
P.V.

30530-49   **Total 20**

0-6-0   5F   Class Q1

Introduced 1942: Bulleid " Austerity " design.
Weight: Loco. 51 tons 5 cwt.
Pressure: 230 lb. Su.
Cyls.: 19" × 26".
Driving Wheels: 5' 1".
T.E.: 30,080 lb.
P.V.

33001-40   **Total 40**

0-4-4T   1P   Classes R & R1

*R Introduced 1891: Kirtley L.C.D. design, since rebuilt with H. class boiler.
†R1 Introduced 1900: Locos. built for S.E.C. with enlarged bunkers, since rebuilt with H class boiler

Classes R & R1–U & U1

‡Fitted for push-and-pull working.
Weight: { 48 tons 15 cwt.*
{ 52 tons 3 cwt.†
Pressure: 160 lb. Cyls.: 17½" × 24".
Driving Wheels: 5' 6".
T.E.: 15,145 lb.

*31661.
†31698.
*‡31660/2/6/71.
‡†31703/4.

Totals: Class R 5
Class R1 3

0-6-0T   2F   Class R1

*Introduced 1888: Stirling S.E. design, later rebuilt with domed boiler.
†Introduced 1938: Fitted with Urie type short chimney for Whitstable branch, and fitted with or retaining original Stirling-type cab.
‡ Introduced 1952. Rebuilt with domed boiler but retaining Stirling Cab.
Weight: { 46 tons 15 cwt.*
{ 46 tons 8 cwt.†‡
Pressure: 160 lb. Cyls.: 18" × 26".
Driving Wheels: { 5' 2"*
{ 5' 1"†‡
T.E.: { 18,480 lb.*
{ 18,780 lb.†‡

*31047, 31128/54/74, 31335/7/40
†31010, 31107/47, 31339.
‡31069

Total 12

4-4-0   2P   Class S11

Introduced 1903: Drummond L.S.W. design, development of T9 with larger boiler and smaller wheels for West of England, superheated from 1920.
Weight: Loco. 53 tons, 15 cwt.
Pressure: 175 lb. Su.
Cyls.: 19" × 26".
Driving Wheels: 6' 0".
T.E.: 19,390 lb.

30400

Total 1

4-6-0   6F   Class S15

*Introduced 1920: Urie L.S.W. design, development of N15 for mixed traffic work.
†Introduced 1927: Post-grouping locos. with higher pressure, smaller grate, modified footplating and other detail differences. 30833-7 with 6-wheel tenders for Central Section.
‡Introduced 1936: Later locos. with detail differences and reduced weight.
Weight Loco. { 79 tons 16 cwt.*
{ 80 tons 14 cwt.†
{ 79 tons 5 cwt.‡
Pressure: { 180 lb. Su.*
{ 200 lb. Su.†‡
Cyls.: { (O) 21" × 28"*
{ (O) 20½" × 28"†‡
Driving Wheels: 5' 7"
T.E.: { 28,200 lb.*
{ 29,855 lb.†‡
Walschaerts gear, P.V.

*30496–30515   †30823-37
‡30838-47

Total 45

4-4-0   2P   Class T9

*Introduced 1899: Drummond L.S.W. design, fitted with superheater and larger cylinders by Urie from 1922.
†Introduced 1899: Locos. with detail differences (originally fitted with firebox watertubes).
‡Introduced 1900: Locos. with wider cab and splashers, and without coupling rod splashers (originally fitted with firebox watertubes.)
Weight: Loco. { 51 tons 18 cwt.*
{ 51 tons 16 cwt.†
{ 51 tons 7 cwt.‡
Pressure: 175 lb. Su.
Cyls.: 19" × 26".
Driving Wheels: 6' 7".
T.E.: 17,675 lb.

*30117/20, 30282-5/7-9
†30702/5-12/5/7-9/21/4/6-30/2
‡30300/1/4/10/3/37/8

Total 37

2-6-0   4MT   Classes U & U1

*U Introduced 1928: Rebuild of Maunsell S.E.C. Class K (" River ") 2–6–4T (introduced 1917).
†U Introduced 1928: Locos. built as Class U, with smaller splashers and detail alterations.

Classes U & U1-Z, 700

‡U1 Introduced 1928: 3-cylinder development of Class U (prototype 31890, rebuilt from Class N1 2-6-0, originally built 1925).
Weight: Loco. { 63 tons*
{ 62 tons 6 cwt.†
{ 65 tons 6 cwt.‡
Pressure: 200 lb. Su.
Cyls.: { (O) 19" × 28"*†
{ (3) 16" × 28"‡
Driving Wheels: 6' 0".
T.E.: { 23,865 lb.*†
{ 25,385 lb.‡
Walschaerts gear, P.V.

*31790–31809   †31610–39
‡31890–31910

Totals: Class U 50
Class U1 21

0-6-0T 3F Class USA

Introduced 1942: U.S. Army Transportation Corps design, purchased by S.R. 1946, and fitted with modified cab and bunker and other detail alterations.
Weight: 46 tons 10 cwt.
Pressure: 210 lb.
Cyls.: (O) 16½" × 24".
Driving Wheels: 4' 6".
T.E.: 21,600 lb.
Walschaerts gear, P.V.

30061–74   Total 14

4-4-0 5P Class V

*Introduced 1930: Maunsell design.
†Introduced 1938: Fitted with multiple jet blastpipe and larger chimney by Bulleid.
Weight: Loco. 67 tons 2 cwt.
Pressure: 220 lb. Su.
Cyls.: (3) 16¼" × 26".
Driving Wheels: 6' 7".
T.E.: 25,135 lb.
Walschaerts gear, P.V.

*30902–6/8/10–2/6/22/3/5–8/32/5/6.
†30900/1/7/9/13–5/7–21/4/29–31/3/4/7–9.

Total 40

2-6-4T 5F Class W

Introduced 1931: Maunsell design, developed from Class N1 2-6-0.
Weight: 90 tons 14 cwt.
Pressure: 200 lb. Su.
Cyls.: (3) 16½" × 28".
Driving Wheels: 5' 6".
T.E.: 29,450 lb.
Walschaerts gear, P.V.

31911–25   Total 15

4-6-2 6MT Classes WC & BB

*Introduced 1945: Bulleid " West Country " Class.
†Introduced 1946: Bulleid " Battle of Britain " Class.
‡Introduced 1948: Locos. with larger tenders.
Weight: Loco. 86 tons 0 cwt.
Pressure: 280 lb. Su.
Cyls.: (3) 16⅜" × 24".
Driving Wheels: 6' 2".
T.E.: 31,050 lb.
Bulleid valve gear, P.V.

*34001–48   †34049–70
†‡34071–90, 34109/10
*‡34091–34108   Total 110

0-8-0T 7F Class Z

Introduced 1929: Maunsell design for heavy shunting.
Weight: 71 tons 12 cwt.
Pressure: 180 lb. Cyls.: (3) 16" × 18".
Driving Wheels: 4' 8".
T.E.: 29,375 lb.
Walschaerts gear, P.V.

30950–7   Total 8

0-6-0 4F Class 700

Introduced 1897: Drummond L.S.W. design, superheated from 1921.
Weight: Loco. 46 tons 14 cwt.
Pressure: 180 lb. Su.
Cyls.: 19" × 26".
Driving Wheels: 5' 1".
T.E.: 23,540 lb.

30306/8/9/15–7/25–7/39/46/50/2/5/68, 30687–30701.

Total 30

Classes 757–0458

0-6-2T IMT Class 757

Introduced 1907: Hawthorn Leslie design for P.D.S.W.J.
Weight: 49 tons 19 cwt.
Pressure: 170 lb.
Cyls.: (O) 16" × 24".
Driving Wheels: 4' 0".
T.E.: 18,495 lb.

30757–8   Total 2

2-4-0WT CP Class 0298

Introduced 1874: Beattie L.S.W. design, rebuilt by Adams (1884-92), Urie (1921-2) and Maunsell (1931-5)
Weight: 37 tons 16 cwt.
Pressure: 160 lb.
Cyls.: (O) 16½" × 20".
Driving Wheels: 5' 7".
T.E.: 11,050 lb.

30585–7   Total 3

0-6-0 IF Class 0395

*Introduced 1881: Adams L.S.W. design.
†Introduced 1885: Adams "496" class with longer front overhang.
‡Introduced 1928: Reboilered with ex-S.E.C. Class M3 4-4-0 boiler.
§Fitted with Drummond type boiler.
Weight: Loco. ⎧ 37 tons 12 cwt.*
                  ⎩ 38 tons 14 cwt.†
Pressure: ⎧ 140 lb.*
              ⎩ 150 lb.†

Driving Wheels: 5' 1".
T.E.: ⎧ 15,535 lb.*
         ⎩ 16,645 lb†.

*30568–70/2/4/5/7/8
†30566/79   *‡30573
*§30567   †‡30580   †§30564

                               Total 14

4-4-2T IP Class 0415

Introduced 1882: Adams L.S.W. design later reboilered.
Weight: 55 tons 2 cwt.
Pressure: 160 lb.
Cyls.: (O) 17½" × 24".
Driving Wheels: 5' 7".
T.E.: 14,920 lb.

30582–4   Total 3

0-4-0ST OF Class 0458

Introduced 1890: Hawthorn Leslie design for Southampton Docks Co., absorbed by L.S.W., 1892.
Weight: 21 tons 2 cwt.
Pressure: 120 lb
Cyls.: (O) 12" × 20".
Driving Wheels: 3' 2".
T.E.: 7,730 lb.

30458   Total 1

You have bought your ABC and now, to be the complete railway enthusiast, you MUST get

TRAINS ILLUSTRATED
monthly

THE RAILFAN'S OWN MAGAZINE

BRITISH RAILWAYS' LOCOMOTIVES
Nos. 30021-35030, W1-36

Named Engines are indicated by an Asterisk (*)

No.	Class	No.	Class	No.	Class	No.	Class
30021	M7	30056	M7*	30109	M7	30232	O2
30022	M7	30057	M7	30110	M7	30233	O2
30023	M7	30058	M7	30111	M7	30236	O2
30024	M7	30059	M7	30112	M7	30238	G6
30025	M7	30060	M7	30117	T9	30241	M7
30026	M7	30061	U.S.A.	30120	T9	30242	M7
30027	M7	30062	U.S.A.	30123	M7	30243	M7
30028	M7	30063	U.S.A.	30124	M7	30244	M7
30029	M7	30064	U.S.A.	30125	M7	30245	M7
30030	M7	30065	U.S.A.	30127	M7	30246	M7
30031	M7	30066	U.S.A.	30128	M7	30247	M7
30032	M7	30067	U.S.A.	30129	M7	30248	M7
30033	M7	30068	U.S.A.	30130	M7	30249	M7
30034	M7	30069	U.S.A.	30131	M7	30250	M7
30035	M7	30070	U.S.A.	30132	M7	30251	M7
30036	M7	30071	U.S.A.	30133	M7	30252	M7
30037	M7	30072	U.S.A.	30160	G6	30253	M7
30038	M7	30073	U.S.A.	30162	G6	30254	M7
30039	M7	30074	U.S.A.	30177	O2	30255	M7
30040	M7	30082	B4	30179	O2	30256	M7
30041	M7	30083	B4	30182	O2	30258	G6
30042	M7	30084	B4	30183	O2	30260	G6
30043	M7	30086	B4	30192	O2	30266	G6
30044	M7	30087	B4	30193	O2	30270	G6
30045	M7	30088	B4	30199	O2	30274	G6
30046	M7	30089	B4	30200	O2	30277	G6
30047	M7	30093	B4	30203	O2	30282	T9
30048	M7	30094	B4	30207	O2	30283	T9
30049	M7	30096	B4	30212	O2	30284	T9
30050	M7	30102	B4	30216	O2	30285	T9
30051	M7	30104	M7	30223	O2	30287	T9
30052	M7	30105	M7	30224	O2	30288	T9
30053	M7	30106	M7	30225	O2	30289	T9
30054	M7	30107	M7	30229	O2	30300	T9
30055	M7	30108	M7	30230	O2	30301	T9

30304-30695

No.	Class	No.	Class	No.	Class	No.	Class
30304	T9	30400	S11	30499	S15	30547	Q
30306	700	30434	L12	30500	S15	30548	Q
30308	700	30448*	N15	30501	S15	30549	Q
30309	700	30449*	N15	30502	S15	30564	0395
30310	T9	30450*	N15	30503	S15	30566	0395
30313	T9	30451*	N15	30504	S15	30567	0395
30315	700	30452*	N15	30505	S15	30568	0395
30316	700	30453*	N15	30506	S15	30569	0395
30317	700	30454*	N15	30507	S15	30570	0395
30318	M7	30455*	N15	30508	S15	30572	0395
30319	M7	30456*	N15	30509	S15	30573	0395
30320	M7	30457*	N15	30510	S15	30574	0395
30321	M7	30458*	0458	30511	S15	30575	0395
30322	M7	30464	D15	30512	S15	30577	0395
30323	M7	30465	D15	30513	S15	30578	0395
30324	M7	30467	D15	30514	S15	30579	0395
30325	700	30471	D15	30515	S15	30580	0395
30326	700	30473	H15	30516	H16	30582	0415
30327	700	30474	H15	30517	H16	30583	0415
30328	M7	30475	H15	30518	H16	30584	0415
30330	H15	30476	H15	30519	H16	30585	0298
30331	H15	30477	H15	30520	H16	30586	0298
30332	H15	30478	H15	30521	H15	30587	0298
30333	H15	30479	M7	30522	H15	30588	C14
30334	H15	30480	M7	30523	H15	30589	C14
30335	H15	30481	M7	30524	H15	30667	M7
30337	T9	30482	H15	30530	Q	30668	M7
30338	T9	30483	H15	30531	Q	30669	M7
30339	700	30484	H15	30532	Q	30670	M7
30346	700	30485	H15	30533	Q	30671	M7
30349	G6	30486	H15	30534	Q	30673	M7
30350	700	30487	H15	30535	Q	30674	M7
30352	700	30488	H15	30536	Q	30675	M7
30355	700	30489	H15	30537	Q	30676	M7
30356	M7	30490	H15	30538	Q	30687	700
30357	M7	30491	H15	30539	Q	30688	700
30368	700	30492	G16	30540	Q	30689	700
30374	M7	30493	G16	30541	Q	30690	700
30375	M7	30494	G16	30542	Q	30691	700
30376	M7	30495	G16	30543	Q	30692	700
30377	M7	30496	S15	30544	Q	30693	700
30378	M7	30497	S15	30545	Q	30694	700
30379	M7	30498	S15	30546	Q	30695	700

Class LN 4-6-0 No. 30859 *Lord Hood* (with 6' 3" driving wheels). [R. Russell

Class LN 4-6-0 No. 30860 *Lord Hawke* (with longer boiler) [F. W. Day

Class V 4-4-0 No. 30930 *Radley*. [R. C. Riley

Above: Class MN 4-6-2 No. 35004 *Cunard White Star* (with original design tender and modified front end). [*R. H. Tunstell*

Left: The latest style of MN Class tender paired with No. 35013 *Blue Funnel*. [*P. H. Wells*

Below: Class MN 4-6-2 No. 35025 *Brocklebank Line*, with unmodified tender as fitted to final batch of this type. [*R. Russell*

Class BB 4-6-2 No. 34049 *Anti-Aircraft Command.* [R. Russell

Class Q1 0-6-0 No. 33002. [P. H. Wells

Class Q 0-6-0 No. 30532. [M. P. Mileham

Class N15X 4-6-0 No. 32333 *Remembrance*. [B. E. Morrison

Class H2 4-4-2 No. 32421 *South Foreland*. [E. D. Bruton

Class K 2-6-0 No. 32339. [C. G. Pearson

30696–30938

No.	Class	No.	Class	No.	Class	No.	Class
30696	700	30752*	N15	30801*	N15	30862*	LN
30697	700	30753*	N15	30802*	N15	30863*	LN
30698	700	30755*	N15	30803*	N15	30864*	LN
30699	700	30757*	757	30804*	N15	30865*	LN
30700	700	30758*	757	30805*	N15	30900*	V
30701	700	30763*	N15	30806*	N15	30901*	V
30702	T9	30764*	N15	30823	S15	30902*	V
30705	T9	30765*	N15	30824	S15	30903*	V
30706	T9	30766*	N15	30825	S15	30904*	V
30707	T9	30767*	N15	30826	S15	30905*	V
30708	T9	30768*	N15	30827	S15	30906*	V
30709	T9	30769*	N15	30828	S15	30907*	V
30710	T9	30770*	N15	30829	S15	30908*	V
30711	T9	30771*	N15	30830	S15	30909*	V
30712	T9	30772*	N15	30831	S15	30910*	V
30715	T9	30773*	N15	30832	S15	30911*	V
30717	T9	30774*	N15	30833	S15	30912*	V
30718	T9	30775*	N15	30834	S15	30913*	V
30719	T9	30776*	N15	30835	S15	30914*	V
30721	T9	30777*	N15	30836	S15	30915*	V
30724	T9	30778*	N15	30837	S15	30916*	V
30726	T9	30779*	N15	30838	S15	30917*	V
30727	T9	30780*	N15	30839	S15	30918*	V
30728	T9	30781*	N15	30840	S15	30919*	V
30729	T9	30782*	N15	30841	S15	30920*	V
30730	T9	30783*	N15	30842	S15	30921*	V
30732	T9	30784*	N15	30843	S15	30922*	V
30736*	N15	30785*	N15	30844	S15	30923*	V
30737*	N15	30786*	N15	30845	S15	30924*	V
30738*	N15	30787*	N15	30846	S15	30925*	V
30739*	N15	30788*	N15	30847	S15	30926*	V
30740*	N15	30789*	N15	30850*	LN	30927*	V
30741*	N15	30790*	N15	30851*	LN	30928*	V
30742*	N15	30791*	N15	30852*	LN	30929*	V
30743*	N15	30792*	N15	30853*	LN	30930*	V
30744*	N15	30793*	N15	30854*	LN	30931*	V
30745*	N15	30794*	N15	30855*	LN	30932*	V
30746*	N15	30795*	N15	30856*	LN	30933*	V
30747*	N15	30796*	N15	30857*	LN	30934*	V
30748*	N15	30797*	N15	30858*	LN	30935*	V
30749*	N15	30798*	N15	30859*	LN	30936*	V
30750*	N15	30799*	N15	30860*	LN	30937*	V
30751*	N15	30800*	N15	30861*	LN	30938*	V

30939-31531

No.	Class	No.	Class	No.	Class	No.	Class
30939*	V	31162	H	31278	H	31409	N
30950	Z	31164	H	31279	H	31410	N
30951	Z	31165	E1	31280	C	31411	N
30952	Z	31166	E	31287	C	31412	N
30953	Z	31174	R1	31293	C	31413	N
30954	Z	31177	H	31294	C	31414	N
30955	Z	31178	P	31295	H	31425	O1
30956	Z	31184	H	31297	C	31430	O1
30957	Z	31191	C	31298	C	31434	O1
31004	C	31193	H	31305	H	31461	C
31005	H	31218	C	31306	H	31470	D1
31010	R1	31219	C	31307	H	31480	C
31018	C	31221	C	31308	H	31481	C
31019	E1	31223	C	31309	H	31487	D1
31027	P	31225	C	31310	H	31488	D
31033	C	31227	C	31311	H	31489	D1
31037	C	31229	C	31315	E	31492	D1
31038	C	31239	H	31317	C	31493	D
31047	R1	31242	C	31319	H	31494	D1
31048	O1	31243	C	31320	H	31495	C
31054	C	31244	C	31321	H	31496	D
31059	C	31245	C	31322	H	31497	E1
31061	C	31246	D1	31323	P	31498	C
31063	C	31247	D1	31324	H	31500	H
31064	O1	31252	C	31325	P	31503	H
31065	O1	31253	C	31326	H	31504	E1
31067	E1	31255	C	31327	H	31505	D1
31068	C	31256	C	31328	H	31506	E1
31069	R1	31258	O1	31329	H	31507	E1
31071	C	31259	H	31335	R1	31508	C
31075	D	31261	H	31337	R1	31509	D1
31086	C	31263	H	31339	R1	31510	C
31102	C	31265	H	31340	R1	31512	H
31107	R1	31266	H	31370	O1	31513	C
31112	C	31267	C	31400	N	31517	H
31113	C	31268	C	31401	N	31518	H
31128	R1	31269	H	31402	N	31519	H
31145	D1	31270	C	31403	N	31520	H
31147	R1	31271	C	31404	N	31521	H
31150	C	31272	C	31405	N	31522	H
31154	R1	31274	H	31406	N	31523	H
31158	H	31276	H	31407	N	31530	H
31161	H	31277	C	31408	N	31531	H

31533-31809

No.	Class	No.	Class	No.	Class	No.	Class
31533	H	31616	U	31698	R1	31767	L
31540	H	31617	U	31703	R1	31768	L
31542	H	31618	U	31704	R1	31769	L
31543	H	31619	U	31711	C	31770	L
31544	H	31620	U	31712	C	31771	L
31545	D1	31621	U	31713	C	31772	L
31548	H	31622	U	31714	C	31773	L
31549	D	31623	U	31715	C	31774	L
31550	H	31624	U	31716	C	31775	L
31551	H	31625	U	31717	C	31776	L
31552	H	31626	U	31718	C	31777	L
31553	H	31627	U	31719	C	31778	L
31554	H	31628	U	31720	C	31779	L
31555	P	31629	U	31721	C	31780	L
31556	P	31630	U	31722	C	31781	L
31557	P	31631	U	31723	C	31782	L1
31558	P	31632	U	31724	C	31783	L1
31572	C	31633	U	31725	C	31784	L1
31573	C	31634	U	31727	D1	31785	L1
31574	D	31635	U	31729	D	31786	L1
31575	C	31636	U	31733	D	31787	L1
31576	C	31637	U	31734	D	31788	L1
31577	D	31638	U	31735	D1	31789	L1
31578	C	31639	U	31737	D	31790	U
31579	C	31660	R	31739	D1	31791	U
31581	C	31661	R	31741	D1	31792	U
31582	C	31662	R	31743	D1	31793	U
31583	C	31666	R	31746	D	31794	U
31584	C	31671	R	31749	D1	31795	U
31585	C	31681	C	31753	L1	31796	U
31586	D	31682	C	31754	L1	31797	U
31588	C	31683	C	31755	L1	31798	U
31589	C	31684	C	31756	L1	31799	U
31590	C	31686	C	31757	L1	31800	U
31591	D	31687	C	31758	L1	31801	U
31592	C	31688	C	31759	L1	31802	U
31593	C	31689	C	31760	L	31803	U
31610	U	31690	C	31761	L	31804	U
31611	U	31691	C	31762	L	31805	U
31612	U	31692	C	31763	L	31806	U
31613	U	31693	C	31764	L	31807	U
31614	U	31694	C	31765	L	31808	U
31615	U	31695	C	31766	L	31809	U

31810–32421

No.	Class	No.	Class	No.	Class	No.	Class
31810	N	31853	N	31905	U1	32168	E3
31811	N	31854	N	31906	U1	32169	E3
31812	N	31855	N	31907	U1	32170	E3
31813	N	31856	N	31908	U1	32327*	N15X
31814	N	31857	N	31909	U1	32328*	N15X
31815	N	31858	N	31910	U1	32329*	N15X
31816	N	31859	N	31911	W	32330*	N15X
31817	N	31860	N	31912	W	32331*	N15X
31818	N	31861	N	31913	W	32332*	N15X
31819	N	31862	N	31914	W	32333*	N15X
31820	N	31863	N	31915	W	32337	K
31821	N	31864	N	31916	W	32338	K
31822	N1	31865	N	31917	W	32339	K
31823	N	31866	N	31918	W	32340	K
31824	N	31867	N	31919	W	32341	K
31825	N	31868	N	31920	W	32342	K
31826	N	31869	N	31921	W	32343	K
31827	N	31870	N	31922	W	32344	K
31828	N	31871	N	31923	W	32345	K
31829	N	31872	N	31924	W	32346	K
31830	N	31873	N	31925	W	32347	K
31831	N	31874	N	32094	E1/R	32348	K
31832	N	31875	N	32095	E1/R	32349	K
31833	N	31876	N1	32096	E1/R	32350	K
31834	N	31877	N1	32100	E2	32351	K
31835	N	31878	N1	32101	E2	32352	K
31836	N	31879	N1	32102	E2	32353	K
31837	N	31880	N1	32103	E2	32384	D3
31838	N	31890	U1	32104	E2	32390	D3
31839	N	31891	U1	32105	E2	32401	E5X
31840	N	31892	U1	32106	E2	32407	E6X
31841	N	31893	U1	32107	E2	32408	E6
31842	N	31894	U1	32108	E2	32409	E6
31843	N	31895	U1	32109	E2	32410	E6
31844	N	31896	U1	32113	E1	32411	E6X
31845	N	31897	U1	32124	E1/R	32412	E6
31846	N	31898	U1	32135	E1/R	32413	E6
31847	N	31899	U1	32138	E1	32414	E6
31848	N	31900	U1	32139	E1	32415	E6
31849	N	31901	U1	32151	E1	32416	E6
31850	N	31902	U1	32165	E3	32417	E6
31851	N	31903	U1	32166	E3	32418	E6
31852	N	31904	U1	32167	E3	32421*	H2

32422–33011

No.	Class	No.	Class	No.	Class	No.	Class
32422*	H2	32478	E4X	32522	C2X	32576	E5X
32424*	H2	32479	E4	32523	C2X	32577	E4
32425*	H2	32480	E4	32524	C2X	32578	E4
32426*	H2	32481	E4	32525	C2X	32579	E4
32434	C2X	32482	E4	32526	C2X	32580	E4
32437	C2X	32484	E4	32527	C2X	32581	E4
32438	C2X	32485	E4	32528	C2X	32582	E4
32440	C2X	32486	E4	32529	C2X	32583	E5
32441	C2X	32487	E4	32532	C2X	32585	E5
32442	C2X	32488	E4	32534	C2X	32586	E5X
32443	C2X	32489	E4X	32535	C2X	32587	E5
32444	C2X	32490	E4	32536	C2X	32588	E5
32445	C2X	32491	E4	32537	C2X	32591	E5
32446	C2X	32492	E4	32538	C2X	32593	E5
32447	C2X	32493	E4	32539	C2X	32606	E1
32448	C2X	32494	E4	32540	C2X	32608	E1/R
32449	C2X	32495	E4	32541	C2X	32610	E1/R
32450	C2X	32496	E4	32543	C2X	32636	A1X
32451	C2X	32497	E4	32544	C2X	32640	A1X
32453	E3	32498	E4	32545	C2X	32646	A1X
32454	E3	32499	E4	32546	C2X	32650	A1X
32455	E3	32500	E4	32547	C2X	32655	A1X
32456	E3	32501	E4	32548	C2X	32661	A1X
32458	E3	32502	E4	32549	C2X	32662	A1X
32459	E3	32503	E4	32550	C2X	32670	A1X
32460	E3	32504	E4	32551	C2X	32677	A1X
32461	E3	32505	E4	32552	C2X	32678	A1X
32462	E3	32506	E4	32553	C2X	32689	E1
32463	E4	32507	E4	32554	C2X	32694	E1
32464	E4	32508	E4	32556	E4	32695	E1/R
32465	E4	32509	E4	32557	E4	32696	E1/R
32466	E4X	32510	E4	32558	E4	32697	E1/R
32467	E4	32511	E4	32559	E4	33001	Q1
32468	E4	32512	E4	32560	E4	33002	Q1
32469	E4	32513	E4	32561	E4	33003	Q1
32470	E4	32514	E4	32562	E4	33004	Q1
32471	E4	32515	E4	32563	E4	33005	Q1
32472	E4	32516	E4	32564	E4	33006	Q1
32473	E4	32517	E4	32565	E4	33007	Q1
32474	E4	32518	E4	32566	E4	33008	Q1
32475	E4	32519	E4	32568	E4	33009	Q1
32476	E4	32520	E4	32570	E5X	33010	Q1
32477	E4X	32521	C2X	32571	E5	33011	Q1

33012-35030

No.	Class	No.	Class	No.	Class	No.	Class
33012	Q1	34015*	WC	34058*	BB	34101*	WC
33013	Q1	34016*	WC	34059*	BB	34102*	WC
33014	Q1	34017*	WC	34060*	BB	34103*	WC
33015	Q1	34018*	WC	34061*	BB	34104*	WC
33016	Q1	34019*	WC	34062*	BB	34105*	WC
33017	Q1	34020*	WC	34063*	BB	34106*	WC
33018	Q1	34021*	WC	34064*	BB	34107*	WC
33019	Q1	34022*	WC	34065*	BB	34108*	WC
33020	Q1	34023*	WC	34066*	BB	34109*	BB
33021	Q1	34024*	WC	34067*	BB	34110*	BB
33022	Q1	34025*	WC	34068*	BB	35001*	MN
33023	Q1	34026*	WC	34069*	BB	35002*	MN
33024	Q1	34027*	WC	34070*	BB	35003*	MN
33025	Q1	34028*	WC	34071*	BB	35004*	MN
33026	Q1	34029*	WC	34072*	BB	35005*	MN
33027	Q1	34030*	WC	34073*	BB	35006*	MN
33028	Q1	34031*	WC	34074*	BB	35007*	MN
33029	Q1	34032*	WC	34075*	BB	35008*	MN
33030	Q1	34033*	WC	34076*	BB	35009*	MN
33031	Q1	34034*	WC	34077*	BB	35010*	MN
33032	Q1	34035*	WC	34078*	BB	35011*	MN
33033	Q1	34036*	WC	34079*	BB	35012*	MN
33034	Q1	34037*	WC	34080*	BB	35013*	MN
33035	Q1	34038*	WC	34081*	BB	35014*	MN
33036	Q1	34039*	WC	34082*	BB	35015*	MN
33037	Q1	34040*	WC	34083*	BB	35016*	MN
33038	Q1	34041*	WC	34084*	BB	35017*	MN
33039	Q1	34042*	WC	34085*	BB	35018*	MN
33040	Q1	34043*	WC	34086*	BB	35019*	MN
34001*	WC	34044*	WC	34087*	BB	35020*	MN
34002*	WC	34045*	WC	34088*	BB	35021*	MN
34003*	WC	34046*	WC	34089*	BB	35022*	MN
34004*	WC	34047*	WC	34090*	BB	35023*	MN
34005*	WC	34048*	WC	34091*	WC	35024*	MN
34006*	WC	34049*	BB	34092*	WC	35025*	MN
34007*	WC	34050*	BB	34093*	WC	35026*	MN
34008*	WC	34051*	BB	34094*	WC	35027*	MN
34009*	WC	34052*	BB	34095*	WC	35028*	MN
34010*	WC	34053*	BB	34096*	WC	35029*	MN
34011*	WC	34054*	BB	34097*	WC	35030*	MN
34012*	WC	34055*	BB	34098*	WC		
34013*	WC	34056*	BB	34099*	WC		
34014*	WC	34057*	BB	34100*	WC		

Isle of Wight & Service Locos.
ISLE OF WIGHT LOCOMOTIVES

W1*	E1	W17*	O2	W24*	O2	W31*	O2
W2*	E1	W18*	O2	W25*	O2	W32*	O2
W3*	E1	W19*	O2	W26*	O2	W33*	O2
W4*	E1	W20*	O2	W27*	O2	W34*	O2
W14*	O2	W21*	O2	W28*	O2	W35*	O2
W15*	O2	W22*	O2	W29*	O2	W36*	O2
W16*	O2	W23*	O2	W30*	O2		

SOUTHERN REGION SERVICE LOCOMOTIVES

No.	Old No.	Class	Station
*DS 74	—	Bo-Bo	Durnsford Road Power Station
*DS 75	—	Bo	Waterloo & City
DS 77	0745	C14	Redbridge Sleeper Depot
†DS 377	2635	A1X	Brighton Works
DS 600	—	0-4-0 Diesel	Eastleigh Carriage Works
DS 680	L.B.S.C. 654 / S.E.C. 751	A 1	Lancing Carriage Works
DS 681	L.B.S.C. 659 / I.W.9	A1X	Lancing Carriage Works
DS 1173	2217	0-6-0 Diesel	Engineer's Department
DS 3152	30272	G 6	Meldon Quarry

* Electric † Repainted 1947 in Stroudley livery

SOUTHERN RAILWAY LOCOMOTIVE SUPERINTENDENTS AND CHIEF MECHANICAL ENGINEERS OF CONSTITUENT COMPANIES

LONDON & SOUTH WESTERN RAILWAY
J. Woods	1835–1841
J. V. Gooch	1841–1850
J. Beattie	1850–1871
W. G. Beattie	1871–1878
W. Adams	1878–1895
D. Drummond	1895–1912
R. W. Urie	1912–1922

LONDON, BRIGHTON AND SOUTH COAST RAILWAY
—. Statham	? –1845
J. Gray	1845–1847
S. Kirtley	1847
J. C. Craven	1847–1869
W. Stroudley	1870–1889
R. J. Billinton	1890–1904
D. Earle Marsh	1905–1911
L. B. Billinton	1911–1922

SOUTH EASTERN RAILWAY
B. Cubitt	? –1845
J. Cudworth	1845–1876
A. M. Watkin	1876
R. Mansell	1877–1878
J. Stirling	1878–1898

LONDON, CHATHAM AND DOVER RAILWAY
W. Cubitt	? –1860
W. Martley	1860–1874
W. Kirtley	1874–1898

SOUTH EASTERN AND CHATHAM RAILWAY
H. S. Wainwright	1899–1913
R. E. L. Maunsell	1913–1922

SOUTHERN RAILWAY
R. E. L. Maunsell	1923–1937
O. V. Bulleid	1937–1947

BRITISH RAILWAYS' LOCOMOTIVES

Nos. 26000-35030

NAMED LOCOMOTIVES

CLASS EM1 BO-BO ELECTRIC

26000 Tommy

CLASS N15 "KING ARTHUR" 4-6-0

30448	Sir Tristram	30453	King Arthur
30449	Sir Torre	30454	Queen Guinevere
30450	Sir Kay	30455	Sir Launcelot
30451	Sir Lamorak	30456	Sir Galahad
30452	Sir Meliagrance	30457	Sir Bedivere

CLASS 0458 0-4-0ST

30458 Ironside

CLASS N15 "KING ARTHUR" 4-6-0

30736	Excalibur	30746	Pendragon
30737	King Uther	30747	Elaine
30738	King Pellinore	30748	Vivien
30739	King Leodegrance	30749	Iseult
30740	Merlin	30750	Morgan le Fay
30741	Joyous Gard	30751	Etarre
30742	Camelot	30752	Linette
30743	Lyonnesse	30753	Melisande
30744	Maid of Astolat	30755	The Red Knight
30745	Tintagel		

CLASS 757 0-6-2T

30757 Earl of Mount Edgcumbe | 30758 Lord St. Levan

NAMED LOCOMOTIVES—cont.

CLASS N15 " KING ARTHUR " 4-6-0

30763	Sir Bors de Ganis	30785	Sir Mador de la Porte
30764	Sir Gawin	30786	Sir Lionel
30765	Sir Gareth	30787	Sir Menadeuke
30766	Sir Geraint	30788	Sir Urre of the Mount
30767	Sir Valence	30789	Sir Guy
30768	Sir Balin	30790	Sir Villiars
30769	Sir Balan	30791	Sir Uwaine
30770	Sir Prianius	30792	Sir Hervis de Revel
30771	Sir Sagramore	30793	Sir Ontzlake
30772	Sir Percivale	30794	Sir Ector de Maris
30773	Sir Lavaine	30795	Sir Dinadan
30774	Sir Gaheris	30796	Sir Dodinas le Savage
30775	Sir Agravaine	30797	Sir Blamor de Ganis
30776	Sir Galagars	30798	Sir Hectimere
30777	Sir Lamiel	30799	Sir Ironside
30778	Sir Pelleas	30800	Sir Meleaus de Lile
30779	Sir Colgrevance	30801	Sir Meliot de Logres
30780	Sir Persant	30802	Sir Durnore
30781	Sir Aglovale	30803	Sir Harry le Fise Lake
30782	Sir Brian	30804	Sir Cador of Cornwall
30783	Sir Gillemere	30805	Sir Constantine
30784	Sir Nerovens	30806	Sir Galleron

CLASS LN " LORD NELSON " 4-6-0

30850	Lord Nelson	30858	Lord Duncan
30851	Sir Francis Drake	30859	Lord Hood
30852	Sir Walter Raleigh	30860	Lord Hawke
30853	Sir Richard Grenville	30861	Lord Anson
30854	Howard of Effingham	30862	Lord Collingwood
30855	Robert Blake	30863	Lord Rodney
30856	Lord St. Vincent	30864	Sir Martin Frobisher
30857	Lord Howe	30865	Sir John Hawkins

CLASS V " SCHOOLS " 4-4-0

30900	Eton	30903	Charterhouse
30901	Winchester	30904	Lancing
30902	Wellington	30905	Tonbridge

NAMED LOCOMOTIVES—cont.

30906	Sherborne	30923	Bradfield
30907	Dulwich	30924	Haileybury
30908	Westminster	30925	Cheltenham
30909	St. Paul's	30926	Repton
30910	Merchant Taylors	30927	Clifton
30911	Dover	30928	Stowe
30912	Downside	30929	Malvern
30913	Christ's Hospital	30930	Radley
30914	Eastbourne	30931	King's Wimbledon
30915	Brighton	30932	Blundells
30916	Whitgift	30933	King's Canterbury
30917	Ardingly	30934	St. Lawrence
30918	Hurstpierpoint	30935	Sevenoaks
30919	Harrow	30936	Cranleigh
30920	Rugby	30937	Epsom
30921	Shrewsbury	30938	St. Olave's
30922	Marlborough	30939	Leatherhead

CLASS N15X "REMEMBRANCE" 4-6-0

32327	Trevithick	32331	Beattie
32328	Hackworth	32332	Stroudley
32329	Stephenson	32333	Remembrance
32330	Cudworth		

CLASS H2 4-4-2

32421	South Foreland	32425	Trevose Head
32422	North Foreland	32426	St. Alban's Head
32424	Beachy Head		

CLASSES WC & BB 4-6-2
"WEST COUNTRY" and "BATTLE OF BRITAIN"

34001	Exeter	34005	Barnstaple
34002	Salisbury	34006	Bude
34003	Plymouth	34007	Wadebridge
34004	Yeovil	34008	Padstow

NAMED LOCOMOTIVES—cont.

34009	Lyme Regis	34053	Sir Keith Park
34010	Sidmouth	34054	Lord Beaverbrook
34011	Tavistock	34055	Fighter Pilot
34012	Launceston	34056	Croydon
34013	Okehampton	34057	Biggin Hill
34014	Budleigh Salterton	34058	Sir Frederick Pile
34015	Exmouth	34059	Sir Archibald Sinclair
34016	Bodmin	34060	25 Squadron
34017	Ilfracombe	34061	73 Squadron
34018	Axminster	34062	17 Squadron
34019	Bideford	34063	229 Squadron
34020	Seaton	34064	Fighter Command
34021	Dartmoor	34065	Hurricane
34022	Exmoor	34066	Spitfire
34023	Blackmore Vale	34067	Tangmere
34024	Tamar Valley	34068	Kenley
34025	Whimple	34069	Hawkinge
34026	Yes Tor	34070	Manston
34027	Taw Valley	34071	601 Squadron
34028	Eddystone	34072	257 Squadron
34029	Lundy	34073	249 Squadron
34030	Watersmeet	34074	46 Squadron
34031	Torrington	34075	264 Squadron
34032	Camelford	34076	41 Squadron
34033	Chard	34077	603 Squadron
34034	Honiton	34078	222 Squadron
34035	Shaftesbury	34079	141 Squadron
34036	Westward Ho	34080	74 Squadron
34037	Clovelly	34081	92 Squadron
34038	Lynton	34082	615 Squadron
34039	Boscastle	34083	605 Squadron
34040	Crewkerne	34084	253 Squadron
34041	Wilton	34085	501 Squadron
34042	Dorchester	34086	219 Squadron
34043	Combe Martin	34087	45 Squadron
34044	Woolacombe	34088	213 Squadron
34045	Ottery St. Mary	34089	602 Squadron
34046	Braunton	34090	Sir Eustace Missenden, Southern Railway
34047	Callington		
34048	Crediton	34091	Weymouth
34049	Anti-Aircraft Command	34092	City of Wells
34050	Royal Observer Corps	34093	Saunton
34051	Winston Churchill	34094	Mortehoe
34052	Lord Dowding	34095	Brentor

NAMED LOCOMOTIVES—cont.

34096	Trevone	34104	Bere Alston
34097	Holsworthy	34105	Swanage
34098	Templecombe	34106	Lydford
34099	Lynmouth	34107	Blandford Forum
34100	Appledore	34108	Wincanton
34101	Hartland	34109	Sir Trafford Leigh-Mallory
34102	Lapford	34110	66 Squadron
34103	Calstock		

CLASS MN "MERCHANT NAVY" 4-6-2

35001	Channel Packet	35015	Rotterdam Lloyd
35002	Union Castle	35016	Elders Fyffes
35003	Royal Mail	35017	Belgian Marine
35004	Cunard White Star	35018	British India Line
35005	Canadian Pacific	35019	French Line CGT
35006	Peninsular & Oriental S.N. Co.	35020	Bibby Line
35007	Aberdeen Commonwealth	35021	New Zealand Line
		35022	Holland-America Line
35008	Orient Line	35023	Holland-Afrika Line
35009	Shaw Savill	35024	East Asiatic Company
35010	Blue Star	35025	Brocklebank Line
35011	General Steam Navigation	35026	Lamport & Holt Line
		35027	Port Line
35012	United States Line	35028	Clan Line
35013	Blue Funnel	35029	Ellerman Lines
35014	Nederland Line	35030	Elder Dempster Lines

CLASS E1 0-6-0T

W 1	Medina	W 3	Ryde
W 2	Yarmouth	W 4	Wroxall

CLASS O2 0-4-4T

W14	Fishbourne	W22	Brading	W30	Shorwell
W15	Cowes	W23	Totland	W31	Chale
W16	Ventnor	W24	Calbourne	W32	Bonchurch
W17	Seaview	W25	Godshill	W33	Bembridge
W18	Ningwood	W26	Whitwell	W34	Newport
W19	Osborne	W27	Merstone	W35	Freshwater
W20	Shanklin	W28	Ashey	W36	Carisbrooke
W21	Sandown	W29	Alverstone		

NUMERICAL LIST OF SOUTHERN REGION ELECTRIC MOTOR UNITS

(*Number to be seen on front and rear of each set*)

TWO-CAR MOTOR UNITS
(for South London and Wimbledon-West Croydon services)

1801	1806	1810
1803	1808	1811
1804	1809	1812
1805		

TWO-CAR NON-CORRIDOR MOTOR UNITS
(**2-NOL.**)

1813*	1833*	1853	1873
1814*	1834*	1854	1874
1815*	1835*	1856	1875
1816*	1836*	1857	1876
1817*	1837*	1858	1877
1818*	1839*	1859	1878
1819*	1840*	1860	1879
1820*	1841*	1861	1880
1821*	1842*	1862	1881
1822*	1843*	1863	1882
1823*	1844*	1864	1883†
1824*	1845*	1865	1884†
1825*	1846*	1866	1885†
1826*	1847*	1867	1886†
1827*	1848*	1868	1887†
1829*	1849	1869	1888†
1830*	1850	1870	1889†
1831*	1851	1871	1890†
1832*	1852	1872	

* With 1st and 3rd class compartments.
† With electro-pneumatic control gear.

TWO-CAR MOTOR LAVATORY UNITS
(**2-BIL.**)

2001†	2003†	2005†	2007†
2002†	2004†	2006†	2008†

2009†	2045	2080	2116
2010†	2046	2081	2117
2011	2047	2082	2118
2012	2048	2083	2120
2013	2049	2084	2121
2015	2050	2085	2122
2016	2051	2086	2123
2017	2052	2087	2124
2018	2053	2088*	2125
2019	2054	2089	2126
2020	2055	2090	2127
2021	2056*	2091	2128
2022	2057	2092	2129
2023	2058	2093	2130
2024	2059	2094	2132
2025	2060	2095	2134
2026	2061	2096	2135
2027	2062	2097	2136
2028	2063	2098	2137
2029	2064	2099	2138
2030	2065	2100	2139
2031	2066	2101	2140
2032	2067	2103	2141
2033	2068	2104	2142
2034	2069	2105	2143
2035	2070	2106	2144
2036	2071	2107	2145
2037	2072	2108	2146
2038	2073	2109	2147
2039	2074	2110	2148
2040	2075	2111	2149
2041	2076	2112	2150
2042	2077	2113	2151
2043	2078	2114	2152
2044	2079	2115	

†88 3rd seats instead of 84 and all-electric control gear.

*BIL Motor Coach and HAL trailer.

TWO-CAR MOTOR LAVATORY UNITS

(with one corridor and one non-corridor coach).

(2-HAL.)

2601	2626	2652	2677
2602	2627	2653	2678
2603	2628	2654	2679
2604	2629	2655	2680
2605	2630	2656	2681
2606	2631	2657	2682
2607	2632	2658	2683
2608	2633	2659	2684
2609	2634	2660	2685
2610	2635	2661	2686
2611	2636	2662	2687
2612	2637	2663	2688
2613	2638	2664	2689
2614	2639	2665	2690
2615	2640	2666	2691
2616	2641	2667	2692
2617	2642	2668	2693
2618	2643	2669	2694
2619	2644	2670	2695
2620	2645	2671	2696
2621	2647	2672	2697
2622	2648	2673	2698
2623	2649	2674	2699
2624	2650	2675	
2625	2651	2676	

FOUR-CAR MOTOR LAVATORY UNITS

(with three non-corridor 3rd and one 3rd/1st corridor coach).

(4-LAV.)

2921	2928	2935	2942
2922	2929	2936	2943
2923	2930	2937	2944
2924	2931	2938	2945
2925	2932	2939	2946
2926*	2933	2940	2947
2927	2934	2941	2948
2949	2951	2953	2955†
2950	2952	2954†	

*One motor coach with electro-pneumatic control gear.
†With electro-pneumatic control gear.

SIX-CAR MOTOR CORRIDOR UNITS *(with Pullman Car)*

(6-PUL.)

3001	3007	3013	3019
3002	3008	3014	3020
3003	3009	3015	3041*
3004	3010	3016	3042*
3005	3011	3017	3043*
3006	3012	3018	

*Ex-"6-CIT" Units.

SIX-CAR MOTOR CORRIDOR UNITS *(with Pantry Car)*

(6-PAN.)

3021	3026	3030	3034
3022	3027	3031	3035
3023	3028	3032	3036
3024	3029	3033	3037
3025			

FIVE-CAR PULLMAN MOTOR UNITS
(For "Brighton Belle" Service)

(5-BEL.)

| 3051 | 3052 | 3053 |

FOUR-CAR KITCHEN CORRIDOR MOTOR UNITS

(4-RES.)

3054	3059	3065	3069
3055	3061	3066	3070
3056	3062	3067	3071
3057	3064	3068	3072

FOUR-CAR BUFFET CORRIDOR MOTOR UNITS

(4-BUF.)

3073	3077	3080	3083
3074	3078	3081	3084
3075	3079	3082	3085
3076			

FOUR-CAR CORRIDOR MOTOR UNITS

(4-COR.)

3101	3116	3131	3145
3102	3117	3132	3146
3103	3118	3133	3147
3104	3119	3134	3148
3105	3120	3135	3149
3106	3121	3136	3150
3107	3122	3137	3151
3108	3123	3138	3152
3109	3124	3139	3153
3110	3125	3140	3154
3111	3126	3141	3155
3112	3127	3142	3156
3113	3128	3143	3157
3114	3129	3144	3158
3115	3130		

FOUR-CAR DOUBLE DECK SUBURBAN UNITS

(4-DD.)

4001	4002

FOUR-CAR NON CORRIDOR SUBURBAN UNITS

(4-SUB.)

4101	4108	4115	4122
4102	4109	4116	4123
4103	4110	4117	4124
4104	4111	4118	4125
4105	4112	4119	4126
4106	4113	4120	4127
4107	4114	4121	4128
4129	4174	4228	4302
4130	4175	4229	4303
4131	4176	4230	4304
4132	4178	4231	4305
4133	4180	4232	4306
4134	4181	4234	4307
4135	4182	4236	4308
4136	4185	4237	4309
4137	4186	4238	4310
4138	4187	4239	4311
4139	4188	4240	4312
4140	4190	4242	4313
4141	4194	4244	4314
4142	4195	4245	4315
4143	4196	4246	4316
4144	4197	4247	4317
4145	4198	4248	4318
4146	4199	4250	4319
4147	4200	4251	4320
4148	4201	4254	4321
4149	4202	4277	4322
4150	4203	4278	4323
4151	4204	4279	4324
4152	4205	4280	4325
4153	4206	4281	4326
4154	4207	4282	4327
4155	4208	4283	4328
4156	4209	4284	4329
4157	4210	4285	4330
4158	4211	4286	4331
4159	4212	4287	4332
4160	4213	4288	4333
4161	4214	4289	4334
4162	4215	4290	4335
4163	4216	4291	4336
4164	4217	4292	4337
4165	4218	4293	4338
4166	4219	4294	4339
4167	4220	4295	4340
4168	4221	4296	4341
4169	4223	4297	4342
4170	4224	4298	4343
4171	4225	4299	4344
4172	4226	4300	4345
4173	4227	4301	4346

4347	4411	4553	4634	4675	4695	4715	4735
4348	4412	4554	4635	4676	4696	4716	4736
4349	4420	4555	4636	4677	4697	4717	4737
4351	4424	4556	4637	4678	4698	4718	4738
4352	4425	4557	4638	4679	4699	4719	4739
4353	4426	4558	4639	4680	4700	4720	4740
4354	4427	4559	4640	4681	4701	4721	4741
4355	4428	4560	4641	4682	4702	4722	4742
4356	4429	4561	4642	4683	4703	4723	4743
4357	4503	4564	4643	4684	4704	4724	4744
4358	4515	4565	4644	4685	4705	4725	4745
4359	4517	4566	4645	4686	4706	4726	4746
4360	4518	4567	4646	4687	4707	4727	4747
4361	4519	4571	4647	4688	4708	4728	4748
4362	4520	4572	4648	4689	4709	4729	4749
4363	4526	4573	4649	4690	4710	4730	4750
4364	4527	4579	4650	4691	4711	4731	4751
4365	4528	4580	4651	4692	4712	4732	4752
4366	4529	4586	4652	4693	4713	4733	4753
4367	4530	4590	4653	4694	4714	4734	4754
4368	4531	4594	4654				
4369	4532	4601	4655				
4370	4533	4602	4656				
4371	4534	4603	4657				
4372	4535	4604	4658				

FOUR-CAR NON-CORRIDOR SUBURBAN UNITS

(4–EFB)

5001	5010	5019	5028
5002	5011	5020	5029
5003	5012	5021	5030
5004	5013	5022	5031
5005	5014	5023	5032
5006	5015	5024	5033
5007	5016	5025	5034
5008	5017	5026	
5009	5018	5027	

4373	4537	4605	4659
4374	4538	4606	4660
4375	4539	4607	4661
4376	4540	4621	4662
4377	4541	4622	4663
4378	4542	4623	4664
4379	4543	4624	4665
4380	4544	4625	4666
4381	4545	4626	4667
4382	4546	4627	4668
4383	4547	4628	4669
4384	4548	4629	4670
4385	4549	4630	4671
4386	4550	4631	4672
4387	4551	4632	4673
4409	4552	4633	4674

WATERLOO AND CITY LINE

MOTOR COACH NOS.

51	54	57	60
52	55	58	61
53	56	59	62

Class O1 0-6-0 No. 31425. [*P. Ransome-Wallis*

Class C 0-6-0 No. 31691. [*C. G. Pearson*

Class 700 0-6-0 No. 30696. [*R. E. Vincent*

Class 0395 0-6-0 No. 30566. [M. P. Mileham

Class C2X 0-6-0 No. 32548. [M. P. Mileham

Class W 2-6-4T No. 31923. [C. G. Pearson

Class H16 4-6-2T No. 30516. [C. G. Pearson

Class G16 4-8-0T No. 30493. [F. J. Saunders

Class Z 0-8-0T No. 30950. [W. Gilburt

Class E4 0-6-2T No. 32557. [R. E. Vincent

Class E4X 0-6-2T No. 32466. [P. Ransome-Wallis

Class E5X 0-6-2T No. 32401. G. R. Wheeler

Class E6X 0-6-2T No. 32407. [F. J. Saunders

Class E6 0-6-2T No. 32416. [R. J. Buckley

Class E2 0-6-0T No. 32105. [P. Ransome-Wallis

Top: Class E1 0-6-
No. 32151.
[H. C. Casse

Centre: Class E1/R 0-6-
No. 32697.
[R. K. Ev

Left: Class A1X 0-6-
No. DS 681.
[R. C. R]

Top: Class USA
0-6-0T No. 30072.
[P. Ransome-Wallis

Centre: Class 0298
2-4-0WT No.
30585.
    [R. Broughton

Right: Class 757
0-6-2T No. 30758.
Lord St. Levan.

Above: Class H
0-4-4T No. 31321.
[*R. Russell*

Left: Class P
0-6-0T No. 31555.
[*R. Russell*

Below: Class R1
0-4-4T No. 31704.
[*B. E. Morrison*

FOUR-CAR SUBURBAN (4 SUB) UNITS

Make-up, Seating Capacity, etc.

Unit Nos.	Type	Motor Coaches	Trailer Coaches	Seating Capacity
4101–4110	All-Steel Built 1942	9 compt.	1 10 compt. 1 11 compt.	468
4111–4120	All-Steel Built 1946	8 compt.	1 9 compt. 1 10 compt.	420
4121–4129	All-Steel Built 1946	Semi-Saloon	1 Semi-Saloon 1 9 compt.	382
4130	All-Steel Built 1946	Semi-Saloon Lightweight Motors	1 Semi-Saloon 1 9 compt.	382
4131–4171	Original L.S.W.R. Units	1 8 compt. 1 7 compt.	2 10 compt.	350
4172–4194	L.S.W.R. Stock converted S.R.	1 8 compt. 1 7 compt.	2 10 compt.	350
4195–4234	Original L.S.W.R. Units	7½ compt.	1 11 compt. 1 9 compt. (with saloon)	352 or 354
4236–4250	L.S.W.R. Stock converted S.R.	1 8 compt. 1 7 compt.	1 11 compt. 1 10 compt.	360
4251/2	L.B.S.C. Stock converted S.R.	1 7 compt. 1 8 compt.	2 10 compt.	350

4254	L.B.S.C., L.S.W. and S.E.C.R. Stock converted S.R.	1 L.B.S.W.
		    7 compt.
		1 L.S.W.
		    7½ compt.
			1 L.B.S.C.
			    10 compt.
			1 S.E.C.R.
			    8 compt.
				340

4277–4299	All-Steel Built 1949	Saloon ; Lightweight Motors	1 Saloon 1 10 compt.	386
4300–4319 4321–4325	Augmented W-Section Built 1925	7 compt.	1 9 compt. * 1 All-Steel 10 compt.	350
4320	Augmented W-Section Built 1925	7 compt.	1 10 compt. 1 All-Steel 9 compt.	350
4326–4354	Augmented E-Section Built 1925/6	8 compt.	1 9 compt. 1 All-Steel 10 compt.	370
4355–4363	All-Steel Built 1947/8	8 compt.	2 10 compt.	432

* No. 4313 has a 9 compt. all steel trailer.

4364–4376	All-Steel Built 1947/8	8 compt.	1 1	9 compt. 10 compt.	420
4377	All-Steel Built 1947	8 compt.	1 1	9 compt. Saloon	402
4378–4387	All-Steel Built 1948	Saloon	1 1	Saloon 10 compt.	386
4408–4409	Augmented L.S.W.R. Stock converted S.R.	8 compt.	1 1	9 compt. All-Steel 10 compt.	370
4411/2/20–3	Augmented L.S.W.R. Stock converted S.R.	7½ compt.	1 1	9 compt. All-Steel 10 compt.	360
4416	L.S.W.R. Stock converted S.R.	7½ compt.	2	9 compt.	350
4424–4429	Augmented L.S.W.R. Stock converted S.R.	8 compt. Electro-pneumatic Control	1 1	9 compt. All-Steel 10 compt.	370
4503/15 4580/6/94	Augmented S.E.C.R. Stock converted S.R.	8 compt. (No. 4515, 1 L.B.S.C. motor)	1 1	9 compt. All-Steel 10 compt.	370
4517–79 4580/6	Augmented L.S.W.R. and L.B.S.C.R. converted S.R.†	1 8 compt. 1 7 compt.†	1 1	10 compt. All Steel 9 compt. or 10 compt.†	368 or 370
4590	Augmented L.B.S.C.R. Stock converted S.R.	1 L.B.S.C.R. 7 compt. 1 Saloon	1 1	L.B.S.C.R. 9 compt. All-Steel 9 compt.	350
4601–4607	All-Steel bodies on original underframes Rebuilt 1949/50	Saloon	2	10 compt.	404
4621–4666		Saloon	1 1	Saloon 10 compt.	386
4667–4754	New all-steel bodies (1951–3) on original underframes.	Saloon	1 1	Saloon 10 compt.*	386
5001–34		Saloon	1 1	Saloon 10 compt.*	386

* Except Nos. 4688/96, 4723/8/33/9, 5005 which have 9 compt. trailers.   † Except **4518**—2 L.S.W.R. motors, 1 10-compt. L.S.W.R. trailer and 1 9-compt. S.E.C.R. trailer ; **4520**—2 8-compt. L.B.S.C. motors, 1 9-compt. S.E.C.R. trailer, and 1 10 compt. all-steel trailer ; **4526**—1 8-compt. L.S.W.R. motor, 1 7-compt. L.B.S.C. motor, 1 L.S.W.R. 10-compt. trailer and 1 L.S.W.R. 9-compt. trailer ; **4551**—1 L.B.S.C. 7-compt. and 1 8-compt. motor, 1 all-steel 10-compt. and 1 L.S.W.R. 10-compt. trailer ; **4567**—1 L.B.S.C. 7-compt. and 1 8-compt. motor, 1 L.B.S.C. 10-compt. trailer, 1 L.S.W.R. 9-compt. trailer ; **4571**—1 L.B.S.C. 8-compt. and 1 7-compt. motors, 2 L.B.S.C. 10-compt. trailers ; **4573**—1 L.B.S.C. 8-compt. and 1 L.S.W.R. 7-compt. motor, 1.L.S.W.R. 10-compt. and 1 L.S.W.R. 9-compt. trailer.

APPLICATION TO JOIN THE LOCOSPOTTERS CLUB

YOUR PROMISE...

I, the undersigned, do hereby make application to join the Ian Allan Locospotters Club, and undertake on my honour, if this application is accepted, to keep the rule of the Club; I understand that if I break this rule in any way I cease to be a member and forfeit the right to wear the badge and take part in the Club's activities.

Date.............................195...   Signed..

These details to be completed in BLOCK LETTERS:

SURNAME..........................DATE OF BIRTH......................19...

CHRISTIAN NAMES..

ADDRESS ....

....

....

You can order any or all of the MEMBERSHIP BADGES listed below *when you apply to join*. Please mark your requirements and send the remittance to cover. Put a cross (X) against the region and type of badges you want, and write the amount due in the end columns.

	Standard (celluloid) type, 6d.	De luxe (chrome plated) type*, 1/3.	s.	d.
Western Region ... ... Brown				
Southern Region ... ... Green				
London Midland Region ... ... Red				
Eastern Region ... ... Dark Blue				
North-Eastern Region ... Tangerine				
Scottish Region ... ... Light Blue				
MEMBERSHIP ENTRANCE FEE† :				9
Postal order enclosed :				

Notes :

*De luxe badges are normally sent with stud (button-hole) fitting. Pin fittings are available on red, dark blue, tangerine and light blue badges if specially requested.

† This amount must be paid before badge orders can be accepted. If already a member, don't use this form for extra badges, but send a Member's Order Form or an ordinary letter, quoting your membership number.

DON'T FORGET YOU MUST SEND A STAMPED ADDRESSED ENVELOPE!

TI

DIRECT SUBSCRIPTION SERVICE

By placing a subscription order with the Publisher, a copy of TRAINS ILLUSTRATED printed on art paper will be posted to you direct to reach you on the first of each month. ART PAPER copies are available only by direct subscription.

RATES : Yearly 18/- : 6 months 9/-

NO EXTRA CHARGE IS MADE FOR POSTAGE

* * *

Please supply Trains Illustrated by direct mail for .... issues, for which I enclose remittance for £ : s. d.

Name ....

Address ....

....

....

Ian Allan Ltd

CRAVEN HOUSE
HAMPTON COURT
SURREY

THE ABC OF BRITISH RAILWAYS LOCOMOTIVES

PART 3—Nos. 40000-59999
and L.M.R. Electric Motor Coaches

WINTER
1953/4
EDITION

LONDON
Ian Allan Ltd

FOREWORD

THIS booklet lists all British Railways locomotives numbered between 40000 and 59999 and London Midland electric motor coaches. This series of numbers includes all London Midland Region and Scottish (ex-L.M.S.) Region steam locos.

1. At the head of each class will be found a list of any important sub-divisions of the class, usually in order of introduction. Each sub-division is given a reference mark, by which its relevant dimensions (if differing from those of other sub-divisions) and the locomotives it comprises (if known) may be identified.

2. The lists of dimensions at the head of each class show locomotives fitted with two inside cylinders unless otherwise stated, e.g. (O) — two outside cylinders.

3. Superheated locos. are denoted by the letters " Su " after the boiler pressure. " SS " denotes that some are superheated.

4. The date on which the first locomotive of a class was built is denoted by " Introduced."

5. Where locomotives have been renumbered other than by the addition of 40000 to their former L.M.S. numbers, the details of former L.M.S. numbers are given.

6. Some standard British Railways locomotives numbered between 70000 and 99999 are operating on the London Midland and Scottish Regions. These engines are described in part 4 of the *ABC of British Railways Locomotives*, but some are illustrated in this booklet as they are logical developments in design and appearance of ex-L.M.S. types of the same wheel arrangement.

7. S denotes Service (Departmental) locomotive. This reference letter is introduced only for the reader's guidance and is not borne by the locomotive concerned.

8. The numbers of locomotives in service have been checked to **August 8th 1953.**

CHIEF MECHANICAL ENGINEERS

BRITISH RAILWAYS (L.M. Region)

H.G. Ivatt ... 1948–1951

L.M.S.

George Hughes ... 1923–1925	Sir William Stanier ... 1932–1944
Sir Henry Fowler ... 1925–1931	Charles E. Fairburn ... 1944–1945
E.H.J. Lemon	H. G. Ivatt ... 1945–1947
(Sir Ernest Lemon) 1931–1932	

LOCOMOTIVE SUPERINTENDENTS AND C.M.E.'S—L.M.S. CONSTITUENT COMPANIES

CALEDONIAN RAILWAY
Robert Sinclair
(First loco. engineer)* ... 1847–1856
Benjamin Connor ... 1856–1876
George Brittain ... 1876–1882
Dugald Drummond ... 1882–1890
Hugh Smellie ... 1890
J. Lambie ... 1890–1895
J. F. McIntosh ... 1895–1914
William Pickersgill ... 1914–1923

FURNESS RAILWAY
R. Mason ... 1890–1897
W. F. Pettigrew ... 1897–1918
D. J. Rutherford ... 1918–1923

GLASGOW AND SOUTH WESTERN RLY.
Patrick Stirling ... 1853–1866
James Stirling ... 1866–1878
Hugh Smellie ... 1878–1890
James Manson ... 1890–1912
Peter Drummond ... 1912–1918
R. H. Whitelegg ... 1918–1923

HIGHLAND RAILWAY
William Stroudley
(First loco. engineer) ... 1866–1869
David Jones ... 1869–1896
Peter Drummond ... 1896–1911
F. G Smith ... 1912–1915
C. Cumming ... 1915–1923

L. & Y.R.
Sir John Hawkshaw (Consultant),*
Hurst and Jenkins successively to 1868
W. Hurst ... 1868–1876
W. Barton Wright ... 1876–1886
John A. F. Aspinall ... 1886–1899
H. A. Hoy ... 1899–1904
George Hughes ... 1904–1921
The L & Y. amalgamated with L.N.W.R.
in 1921.

L.N.W.R.
Francis Trevithick and J. E. McConnell, first loco. engineers, 1846 with Alexander Allan largely responsible for design at Crewe.*
John Ramsbottom ... 1857–1871
Francis William Webb ... 1871–1903
George Whale ... 1903–1909
Charles John
Bowen-Cooke .. 1909–1920
Capt. Hewitt Pearson
Montague Beames ... 1920–1921
George Hughes ... 1922

L.T. & S.R.
Thomas Whitelegg ... 1880–1910
Robert Harben
Whitelegg ... 1910–1912
(L.T. & S.R. absorbed by M.R., control of locos. transferred to Derby as from Aug., 1912.)

---

* Exclusive of previous service with constituent company.

LOCOMOTIVE SUPERINTENDENTS AND C.M.E.'S (continued)

MARYPORT & CARLISLE
Hugh Smellie	1870–1878
J. Campbell	1878–
William Coulthard	* –1904
J. B. Adamson	1904–1923

MIDLAND RAILWAY
Matthew Kirtley (First loco. engineer)	1844–1873
Samuel Waite Johnson	1873–1903
Richard Mountford Deeley	1903–1909
Henry Fowler	1909–1923

SOMERSET AND DORSET JOINT RAILWAY
Until leased by Mid. and L & S.W. (as from 1st Nov., 1875) locomotives were bought from outside builders, principally George England of Hatcham Iron Works, S.E. After the above date, Derby and its various Loco. Supts. and C.M.E.'s have acted for S. & D.J., aided by a resident Loco. Supt. stationed at Highbridge works.

NORTH STAFFORDSHIRE RAILWAY
L. Clare	1876–1882
L. Longbottom	1882–1902
J. H. Adams	1902–1915
J. A. Hookham	1915–1923

W. Angus was Loco. Supt. at Stoke prior to 1876. No earlier records can be traced.

WIRRAL
Eric G. Barker	1892–1902
T. B. Hunter	1903–1923

Barker of the Wirral Railway is noteworthy for originating the 4-4-4 tank type in this country (1896).

NORTH LONDON RAILWAY
(Worked by L. & N.W. by agreement dated Dec., 1908.)

William Adams	1853–1873
J. C Park	1873–1893
Henry J. Pryce	1893–1908

---

* Date of actual entry into office not known.

BRITISH RAILWAYS LOCOMOTIVE SHEDS AND SHED CODES

LONDON MIDLAND REGION

1A	**Willesden**	9A	**Longsight**	19A	**Sheffield**
1B	Camden	9B	Stockport (Edgeley)	19B	Millhouses
1C	Watford	9C	Macclesfield	19C	Canklow
1D	Devons Road (Bow)	9D	Buxton		
1E	Bletchley	9E	Trafford Park	20A	**Leeds (Holbeck)**
	Leighton Buzzard	9F	Heaton Mersey	20B	Stourton
	Newport Pagnell	9G	Northwich	20C	Royston
				20D	Normanton
2A	**Rugby**	10A	**Springs Branch**	20E	Manningham
	Market Harborough		**(Wigan)**		Ilkley
	Seaton	10B	Preston	20F	Skipton
2B	Nuneaton	10C	Patricroft		Keighley
2C	Warwick	10D	Plodder Lane	20G	Hellifield
2D	Coventry		(Bolton)		Ingleton
2E	Northampton	10E	Sutton Oak		
3A	**Bescot**	11A	**Carnforth**	21A	Saltley
3B	Bushbury	11B	Barrow	21B	Bournville
3C	Walsall		Coniston	21C	Bromsgrove
3D	Aston	11C	Oxenholme		
3E	Monument Lane	11D	Tebay	22A	**Bristol**
5A	**Crewe North**	11E	Lancaster	22B	Gloucester
	Whitchurch				Tewkesbury
5B	Crewe South	12A	**Carlisle(Upperby)**		Dursley
	Crewe	12C	Penrith		
	(Gresty Lane)	12D	Workington	24A	**Accrington**
5C	Stafford	12E	Moor Row	24B	Rose Grove
5D	Stoke	14A	**Cricklewood**	24C	Lostock Hall
5E	Alsager	14B	Kentish Town	24D	Lower Darwen
5F	Uttoxeter	14C	St. Albans	24E	Blackpool
6A	**Chester**	15A	**Wellingborough**		Blackpool North
6B	Mold Junction	15B	Kettering	24F	Fleetwood
6C	Birkenhead	15C	Leicester		
6D	Chester (Northgate)	15D	Bedford	25A	**Wakefield**
6E	Wrexham	16A	**Nottingham**	25B	Huddersfield
6F	Bidston		Southwell	25C	Goole
6G	Llandudno Junction	16C	Kirkby	25D	Mirfield
6H	Bangor	16D	Mansfield	25E	Sowerby Bridge
6J	Holyhead	17A	**Derby**	25F	Low Moor
6K	Rhyl	17B	Burton	25G	Farnley Junction
	Denbigh		Horninglow		
8A	**Edge Hill**		Overseal	26A	**Newton Heath**
8B	**Warrington**	17C	Coalville	26B	Agecroft
	Warrington	17D	Rowsley	26C	Bolton
	(Arpley)		Cromford	26D	Bury
8C	Speke Junction		Middleton	26E	Bacup
8D	Widnes		Sheep Pasture	26F	Lees
	Widnes (C.L.C.)	18A	**Toton**	26G	Belle Vue
8E	Brunswick	18B	Westhouses		
	(Liverpool)	18C	Hasland	27A	**Bank Hall**
8F	Warrington	18D	Staveley	27B	Aintree
	(C.L.C.)		Sheepbridge	27C	Southport
				27D	Wigan (L. & Y.)
				27E	Walton

EASTERN REGION

30A	**Stratford**	32A	**Norwich**	35C	Peterborough (Spital)
	Ilford		Cromer		
	Brentwood		Wells-on-Sea	36A	**Doncaster**
	Chelmsford		Dereham	36B	Mexborough
	Epping		Swaffham		Wath
	Wood St. (Walthamstow)		Wymondham	36C	Frodingham
	Palace Gates	32B	Ipswich	36D	Barnsley
	Enfield Town		Felixstowe Beach	36E	Retford
30B	Hertford East		Aldeburgh		Newark
	Ware		Stowmarket		
	Buntingford	32C	Lowestoft	37A	**Ardsley**
30C	Bishops Stortford	32D	Yarmouth (South Town)	37B	Copley Hill
30D	Southend (Victoria)	32E	Yarmouth (Vauxhall)	37C	Bradford
	Southminster	32F	Yarmouth Beach		
30E	Colchester	32G	Melton Constable	38A	**Colwick**
	Clacton		Norwich City		Derby (Friargate)
	Walton-on-Naze		Cromer Beach		Leicester (G.N.)
	Maldon			38B	Annesley
	Braintree	33A	**Plaistow**	38C	Leicester (G.C.)
30F	Parkeston		Upminster	38D	Staveley
		33B	Tilbury	38E	Woodford Halse
31A	**Cambridge**	33C	Shoeburyness		
	Ely	34A	**Kings Cross**	39A	**Gorton**
	Huntingdon East	34B	Hornsey		Dinting
	Saffron Walden	34C	Hatfield		Hayfield
31B	March	34D	Hitchin	39B	Sheffield (Darnall)
	Wisbech	34E	Neasden		
31C	Kings Lynn		Aylesbury	40A	**Lincoln**
	Hunstanton		Chesham		Lincoln (St. Mark's)
31D	South Lynn	35A	**New England**	40B	Immingham
31E	Bury St. Edmunds		Spalding	40C	Louth
	Sudbury (Suffolk)		Stamford	40D	Tuxford
		35B	Grantham	40E	Langwith Junction
				40F	Boston

NORTH EASTERN REGION

50A	**York**	51E	Stockton	52E	Percy Main
50B	Leeds (Neville Hill)	51F	West Auckland	52F	North Blyth
50C	Selby	51G	Haverton Hill		South Blyth
50D	Starbeck	51H	Kirkby Stephen		
50E	Scarborough	51J	Northallerton	53A	**Hull** (Dairycoates)
50F	Malton		Leyburn	53B	Hull (Botanic Gardens)
	Pickering	51K	Saltburn	53C	Hull (Springhead)
50G	Whitby	52A	**Gateshead**		Alexandra Dock
			Bowes Bridge	53D	Bridlington
51A	**Darlington**	52B	Heaton		
	Middleton-in-Teesdale	52C	Blaydon	54A	**Sunderland**
51B	Newport		Hexham		Durham
51C	West Hartlepool		Alston	54B	Tyne Dock
51D	Middlesbrough	52D	Tweedmouth		Pelton Level
	Guisborough		Alnmouth	54C	Borough Gardens
				54D	Consett

SCOTTISH REGION

60A	**Inverness**	63A	**Perth South**	65C	Parkhead
	Dingwall		Aberfeldy	65D	Dawsholm
	Kyle of Lochalsh		Blair Atholl		Dumbarton
60B	Aviemore		Crieff	65E	Kipps
	Boat of Garten	63B	Stirling	65F	Grangemouth
60C	Helmsdale		Killin	65G	Yoker
	Dornoch		Stirling	65H	Helensburgh
	Tain		(Shore Road)		Arrochar
60D	Wick	63C	Forfar	65I	Balloch
	Thurso		Brechin	66A	**Polmadie**
60E	Forres	63D	Fort William		**(Glasgow)**
			Mallaig	66B	Motherwell
61A	**Kittybrewster**	63E	Oban		Morningside
	Ballater		Ballachulish	66C	Hamilton
	Fraserburgh	64A	**St. Margarets**	66D	Greenock
	Peterhead		**(Edinburgh)**		(Ladyburn)
61B	Aberdeen (Ferryhill)		Dunbar		Greenock
61C	Keith		Galashiels		(Princes Pier)
	Banff		Longniddry	67A	**Corkerhill**
	Elgin		North Berwick		**(Glasgow)**
			Peebles	67B	Hurlford
62A	**Thornton**		Seafield		Beith
	Anstruther		South Leith		Muirkirk
	Burntisland	64B	Haymarket	67C	Ayr
	Ladybank	64C	Dalry Road	67D	Ardrossan
	Methil	64D	Carstairs	68A	**Carlisle**
62B	Dundee (Tay Bridge)	64E	Polmont		**(Kingmoor)**
	Arbroath	64F	Bathgate	68B	Dumfries
	Montrose	64G	Hawick		Kirkcudbright
	St. Andrews		Kelso	68C	Stranraer
62C	Dunfermline		Riccarton		Newton Stewart
	(Upper)	65A	**Eastfield**	68D	Beattock
	Alloa		**(Glasgow)**	68E	Carlisle Canal
		65B	St. Rollox		Silloth

SOUTHERN REGION

70A	**Nine Elms**	71H	Templecombe	73C	Hither Green
70B	Feltham	71I	Southampton	73D	Gillingham (Kent)
70C	Guildford	71J	Highbridge	73E	Faversham
70D	Basingstoke				
70E	Reading	72A	**Exmouth Junction**	74A	**Ashford (Kent)**
			Seaton		Canterbury West
71A	**Eastleigh**		Lyme Regis	74B	Ramsgate
	Winchester		Exmouth	74C	Dover
	Lymington		Okehampton		Folkestone
	Andover Junction		Bude	74D	Tonbridge
71B	Bournemouth	72B	Salisbury	74E	St. Leonards
	Swanage	72C	Yeovil		
	Hamworthy Jc.	72D	Plymouth	75A	**Brighton**
	Branksome		Callington		Newhaven
71C	Dorchester	72E	Barnstaple Junction	75B	Redhill
71D	Fratton		Torrington	75C	Norwood Junction
	Midhurst		Ilfracombe	75D	Horsham
71E	Newport (I.O.W.)	72F	Wadebridge	75E	Three Bridges
71F	Ryde (I.O.W.)			75F	Tunbridge Wells
71G	Bath (S. & D.)	73A	**Stewarts Lane**		West
	Radstock	73B	Bricklayers Arms		

WESTERN REGION

81A	**Old Oak Common**	84A	**Wolverhampton**	87A	**Neath**
81B	Slough		**(Stafford Road)**		Glyn Neath
	Marlow	84B	Oxley		Neath (N. & B.)
	Watlington	84C	Banbury	87B	Duffryn Yard
81C	Southall	84D	Leamington Spa	87C	Danygraig
	Staines	84E	Tyseley	87D	Swansea East Dock
81D	Reading		Stratford-on-Avon	87E	Landore
	Henley-on-Thames	84F	Stourbridge	87F	Llanelly
81E	Didcot	84G	Shrewsbury		Burry Port
	Newbury		Clee Hill		Pantyfynnon
	Wallingford		Craven Arm.	87G	Carmarthen
81F	Oxford		Knighton	87H	Neyland
	Abingdon		Builth Road		Cardigan
	Fairford	84H	Wellington (Salop)		Milford Haven
		84J	Croes Newydd		Pembroke Dock
			Bala		Whitland
82A	**Bristol**		Trawsfynydd	87J	Goodwick
	(Bath Road)		Penmaenpool	87K	Swansea (Victoria)
	Bath	84K	Chester		Upper Bank
	Wells				Gurnos
	Weston-Super-				Llandovery
	Yatton [Mare	85A	**Worcester**		
82B	St. Philip's Marsh		Evesham		
82C	Swindon		Kingham	88A	**Cardiff (Cathays)**
	Chippenham	85B	Gloucester		Radyr
82D	Westbury		Cheltenham	88B	Cardiff East Dock
	Frome		Brimscombe	88C	Barry
82E	Yeovil		Cirencester	88D	Merthyr
82F	Weymouth		Lydney		Cae Harris
	Bridport		Tetbury		Dowlais Central
		85C	Hereford		Rhymney
			Ledbury	88E	Abercynon
83A	**Newton Abbot**		Leominster	88F	Treherbert
	Ashburton		Ross		Ferndale
	Kingsbridge	85D	Kidderminster		
83B	Taunton				
	Bridgwater			89A	**Oswestry**
	Minehead	86A	**Newport**		Llanidloes
83C	Exeter		**(Ebbw Junction)**		Moat Lane
	Tiverton Junction	86B	Newport (Pill)		Welshpool
83D	Laira (Plymouth)	86C	Cardiff (Canton)		(W. & L.)
	Princetown	86D	Llantrisant	89B	Brecon
	Launceston	86E	Severn Tunnel		Builth Wells
83E	St. Blazey		Junction	89C	Machynlleth
	Bodmin	86F	Tondu		Aberayron
	Moorswater	86G	Pontypool Road		Aberystwyth
83F	Truro	86H	Aberbeeg		Aberystwyth
83G	Penzance	86J	Aberdare		(V. of R.)
	Helston	86K	Abergavenny		Portmadoc
	St. Ives		Tredegar		Pwllheli

8

Class 2P (ex-Midland) 4-4-0 No. 40518 [J. Cupit

Class 2P (ex-L.M.S.) 4-4-0 No. 40658 [F. W. Day

Class 4P 4-4-0 No. 41111 (with tall chimney) (R. J. Buckley

Class 3MT (Fowler) 2-6-2T No. 40061 (Push-and-Pull fitted) [J. Davenport

Class 3MT (Stanier) 2-6-2T No. 40203 [C. B. Golding

Class 3MT (Stanier) 2-6-2T No 40169 (with large boiler) (C. B. Golding

Class 2MT (Ivatt) 2-6-2T No. 41304 (with modified cab) [*P. Ransome-Wallis*

Class 3MT (Riddles) 2-6-2T No. 82015 [*L. Elsey*

Class 2MT (Riddles) 2-6-2T No. 84001 (Push-and-Pull fitted) [*D. L. Chatfield*

Class 4MT (Fowler) 2-6-4T No. 42335 [R. E. Vincent

Class 4MT (Fowler) 2-6-4T No. 42408 (with side-window cab) [C. G. Pearson

Class 4MT (Stanier 3-cyl.) 2-6-4T No. 42505 (with separate top feed) [R. . Buckley

Top: Class 4MT (Stanier) 2-6-4T No. 42659.
[*R. H. G. Simpson*

Centre: Class 4MT (Fairburn) 2-6-4T No. 42087.
[*M. P. Mileham*

Right: Class 4MT (Riddles) 2-6-4T No. 80025.
[*A. Greenwood*

Top: Class 5MT (Fowler) 2-6-0 No. 42734.
[*R. K. Evans*

Centre: Class 4MT (Ivatt) 2-6-0 No. 43033.
[*J. Cupit*

Left: Class 5MT (Stanier) 2-6-0 No. 42983.
[*E. D. Bruton*

Class 2MT (Ivatt) 2-6-0 No. 46503 [F. W. Day

Class 4MT (Riddles) 2-6-0 No. 76023 [G. W. P. Thorman

Class 2MT (Riddles) 2-6-0 No. 78005 [F. W. Day

Left: Class 3F 0-6-2T
No. 41983.
[P. Ransome-Wallis

Below: Class 3P
4-4-2T No. 41943.
[H. C. Casserley

Left: Class 2P 0-4-4T
No. 41903.
[R. R. Bowler

BRITISH RAILWAYS LOCOMOTIVES
Nos. 40001-9999

NUMERICAL LIST

2-6-2T   **3MT**

Introduced 1930. Fowler L.M.S. design with parallel boiler.
*Introduced 1930. Condensing locos. for working to Moorgate, London.
Weight: { 70 tons 10 cwt.
{ 71 tons 16 cwt.*
Pressure: 200 lb. Su.
Cyls.: (O) 17½″ × 26″.
Dr. Wheels: 5′ 3″. T.E.: 21,485 lb.
Walschaerts Valve Gear P.V.

40001	40019	40037*	40054
40002	40020	40038*	40055
40003	40021	40039*	40056
40004	40022*	40040*	40057
40005	40023*	40041	40058
40006	40024*	40042	40059
40007	40025*	40043	40060
40008	40026*	40044	40061
40009	40027*	40045	40062
40010	40028*	40046	40063
40011	40029*	40047	40064
40012	40030*	40048	40065
40013	40031*	40049	40066
40014	40032*	40050	40067
40015	40033*	40051	40068
40016	40034*	40052	40069
40017	40035*	40053	40070
40018	40036*		Total 70

2-6-2T   **3MT**

Introduced 1935. Stanier L.M.S. taper boiler development of Fowler design (above).
*Introduced 1941. Rebuilt with larger boiler.
Weight: { 71 tons 5 cwt.
{ 72 tons 10 cwt.*
Pressure: 200 lb. Su.
Cyls.: (O) 17½″ × 26″
Dr. Wheels: 5′ 3″. T.E.: 21,485 lb.
Walschaert : Valve Gear P.V.

40071	40106	40141	40176
40072	40107	40142	40177
40073	40108	40143	40178
40074	40109	40144	40179
40075	40110	40145	40180
40076	40111	40146	40181
40077	40112	40147	40182
40078	40113	40148*	40183
40079	40114	40149	40184
40080	40115	40150	40185
40081	40116	40151	40186
40082	40117	40152	40187
40083	40118	40153	40188
40084	40119	40154	40189
40085	40120	40155	40190
40086	40121	40156	40191
40087	40122	40157	40192
40088	40123	40158	40193
40089	40124	40159	40194
40090	40125	40160	40195
40091	40126	40161	40196
40092	40127	40162	40197
40093	40128	40163*	40198
40094	40129	40164	40199
40095	40130	40165	40200
40096	40131	40166	40201
40097	40132	40167	40202
40098	40133	40168	40203*
40099	40134	40169*	40204
40100	40135	40170	40205
40101	40136	40171	40206
40102	40137	40172	40207
40103	40138	40173	40208
40104	40139	40174	40209
40105	40140	40175	

Total 139

40323–40668

4-4-0   2P

Introduced 1912. Fowler rebuild of Johnson locos. with superheater and piston valves.
*Introduced 1914. Locos. built new to superheated design for S. & D.J.R. (taken into L.M.S. stock, 1930).
Weight: Loco. 53 tons 7 cwt.
Pressure: 160 lb. Su.
Cyls.: 20½" × 26"
Dr. Wheels: 7' 0½"
T.E.: 17,585 lb.
P.V.

40323*	40419	40472	40525
40326*	40420	40480	40526
40332	40421	40482	40527
40337	40422	40484	40529
40351	40425	40485	40531
40356	40426	40486	40534
40359	40432	40487	40535
40362	40433	40489	40536
40364	40434	40491	40537
40377	40436	40493	40538
40395	40438	40495	40539
40396	40439	40501	40540
40401	40443	40502	40541
40402	40447	40504	40542
40404	40448	40505	40543
40405	40450	40509	40548
40407	40452	40511	40550
40409	40453	40513	40551
40411	40454	40518	40552
40412	40455	40519	40553
40413	40458	40520	40556
40414	40461	40521	40557
40416	40463	40522	40559
40418	40464	40524	40562

Total 96

4-4-0   2P

Introduced 1928. Post-Grouping development of Midland design, with modified dimensions and reduced boiler mountings.
*Introduced 1928. Locos. built for S. & D.J.R. (taken into L.M.S. stock, 1930).
†Fitted experimentally in 1933 with Dabeg feed-water heater.
Weight: Loco. 54 tons 1 cwt.
Pressure: 180 lb. Su.
Cyls.: 19" × 26".
Dr. Wheels: 6' 9".   T.E.: 17,730 lb.
P.V.

40563	40589	40616	40643
40564	40590	40617	40644
40565	40592	40618	40645
40566	40593	40619	40646
40567	40594	40620	40647
40568	40595	40621	40648
40569	40596	40622	40649
40570	40597	40623	40650
40571	40598	40624	40651
40572	40599	40625	40652
40573	40600	40626	40653†
40574	40601	40627	40654
40575	40602	40628	40655
40576	40603	40629	40656
40577	40604	40630	40657
40578	40605	40631	40658
40579	40606	40632	40659
40580	40607	40633*†	40660
40581	40608	40634*	40661
40582	40609	40635*	40662
40583	40610	40636	40663
40584	40611	40637	40664
40585	40612	40638	40665
40586	40613	40640	40666
40587	40614	40641	40667
40588	40615	40642	40668

For full details of
LONDON MIDLAND REGION DIESEL LOCOMOTIVES

See the
ABC OF BRITISH RAILWAYS LOCOMOTIVES
Pt. II. Nos. 10000-39999.

40669	40677	40685	40693
40670	40678	40686	40694
40671	40679	40687	40695
40672	40680	40688	40696
40673	40681	40689	40697
40674	40682	40690	40698
40675	40683	40691	40699
40676	40684	40692	40700

Total 136

4-4-0 (3-Cyl. Compd.) 4P

Introduced 1924. Post-Grouping development of Johnson Midland compound with modified dimensions and (except 41045–64) reduced boiler mountings
Weight: Loco. 61 tons 14 cwt.
Pressure: 200 lb. Su.
Cyls.: L.P. (2) 21″ × 26″
H.P. (1) 19″ × 26″.
Dr. Wheels: 6′ 9″.
T.E. (of L.P. cyls. at 60% boiler pressure): 22,650 lb.

P.V. (H.P. cyl. only).

40900	40926	41058	41081
40901	40927	41059	41082
40902	40928	41060	41083
40903	40929	41061	41084
40904	40930	41062	41085
40905	40931	41063	41086
40906	40932	41064	41087
40907	40933	41065	41088
40908	40934	41066	41089
40909	40935	41067	41090
40910	40936	41068	41091
40912	40937	41069	41093
40913	40938	41070	41094
40914	40939	41071	41095
40915	41045	41072	41096
40916	41047	41073	41097
40917	41048	41074	41098
40919	41049	41075	41099
40920	41050	41076	41100
40921	41051	41077	41101
40923	41053	41078	41102
40924	41054	41079	41103
40925	41056	41080	41104
41105	41130	41154	41178
41106	41131	41155	41179
41107	41132	41156	41180
41108	41133	41157	41181
41110	41134	41158	41183
41111	41135	41159	41185
41112	41136	41160	41186
41113	41137	41161	41187
41114	41138	41162	41188
41115	41139	41163	41189
41116	41140	41164	41190
41117	41141	41165	41191
41118	41142	41166	41192
41119	41143	41167	41193
41120	41144	41168	41194
41121	41145	41169	41195
41122	41146	41170	41196
41123	41147	41172	41197
41124	41149	41173	41198
41126	41150	41174	41199
41127	41151	41175	
41128	41152	41176	
41129	41153	41177	

Total 181

2-6-2T 2MT

Introduced 1946. Ivatt L.M.S. taper boiler design. Nos. 41200-89 have short L.M.S. chimney, Nos. 41290-9 B.R. long tapered chimney, Nos. 41300-29 B.R. long parallel chimney.
Weight: 63 tons 5 cwt.
Pressure: 200 lb. Su.
Cyls.: (O) 16″ × 24″
(O) 16½″ × 24″*.
Dr. Wheels: 5′ 0″. T.E.: 17,410 lb.
18,510 lb.*
Walschaerts Valve Gear. P.V.

41200	41210	41220	41230
41201	41211	41221	41231
41202	41212	41222	41232
41203	41213	41223	41233
41204	41214	41224	41234
41205	41215	41225	41235
41206	41216	41226	41236
41207	41217	41227	41237
41208	41218	41228	41238
41209	41219	41229	41239

41240–41909

41240	41263	41286	41308*
41241	41264	41287	41309*
41242	41265	41288	41310*
41243	41266	41289	41311*
41244	41267	41290*	41312*
41245	41268	41291*	41313*
41246	41269	41292*	41314*
41247	41270	41293*	41315*
41248	41271	41294*	41316*
41249	41272	41295*	41317*
41250	41273	41296*	41318*
41251	41274	41297*	41319*
41252	41275	41298*	41320*
41253	41276	41299*	41321*
41254	41277	41300*	41322*
41255	41278	41301*	41323*
41256	41279	41302*	41324*
41257	41280	41303*	41325*
41258	41281	41304*	41326*
41259	41282	41305*	41327*
41260	41283	41306*	41328*
41261	41284	41307*	41329*
41262	41285		

Total 130

0-4-0ST   0F
*Introduced 1883. Johnson Midland design.
†‡Introduced 1897. Larger Johnson Midland design.
Dr. Wheels: 3′ 10″.
Pressure: { 140 lb.*†
{ 150 lb.‡

	Weight tons cwt.	Cyls. (O)	T.E.
41516*	23 3	13″×20″	8,745
41518†	32 3	15″×20″	11,640
41523‡	32 3	15″×20″	12,475

Total 3

0-4-0T   0F
Introduced 1907. Deeley Midland design.
Weight: 32 tons 16 cwt.
Pressure: 160 lb.
Cyls.: (O) 15″×22″.
Dr. Wheels: 3′ 9¾″.   T.E.: 14,635 lb.
Walschaerts Valve Gear.

41528	41531	41534	41536
41529	41532	41535	41537
41530	41533		

Total 10

0-6-0T   1F
Introduced 1878. Johnson Midland design.
*Rebuilt with Belpaire boilers.
Weight: 39 tons 11 cwt.
Pressure: { 150 lb.
{ 140 lb.*
Cyls.: 17″×24″.
Dr. Wheels: 4′ 7″.
T.E.: { 16,080 lb.
{ 15,005 lb.*

41661*	41724*	41779	41844*
41664*	41725*	41795*	41846*
41671*	41726*	41797*	41847*
41672*	41734*	41803*	41853
41682*	41739*	41804*	41855*
41686	41747*	41805	41857
41699*	41748*	41811*	41859*
41702*	41749*	41813*	41860*
41706*	41752*	41814*	41865
41708*	41753*	41826*	41875*
41710*	41754*	41833*	41878*
41711*	41763*	41835	41879*
41712*	41769*	41838*	41885*
41713	41773*	41839*	41889*
41720*	41777		

Total 58

0-4-4T   2P
Introduced: 1932. Stanier L.M.S. design. Push-and-pull fitted
Weight: 58 tons 1 cwt.
Pressure: 160 lb.
Cyls.: 18″×26″.
Dr. Wheels: 5′ 7″.   T.E.: 17,100 lb

41900	41903	41906	41908
41901	41904	41907	41909
41902	41905		

Total 10

41928–42145

For full details of
B.R. STANDARD LOCOMOTIVES
numbered between 70000 and 99999 running on the London Midland Region,
see the
A.B.C. OF B.R. LOCOMOTIVES PT. IV Nos. 60000-99999

4-4-2T 3P

*Introduced 1909. L.T. & S. Whitelegg "79" Class.
Remainder. Introduced 1923. Midland and L.M.S. development of L.T. & S. "79" Class.
Weight: 71 tons 10 cwt.
Pressure: 170 lb.
Cyls.: (O) 19″×26″.
Dr. Wheels: 6′ 6″.   T.E.: 17,390 lb.

41928	41943	41950	41972
41936	41944	41951	41973
41938	41945	41952	41974
41939	41946	41966*	41975
41940	41947	41969	41976
41941	41948	41970	41977
41942	41949	41971	41978

Total 28

0-6-2T 3F

Introduced 1903. Whitelegg L.T. & S. "69" Class (Nos. 41990-3 built 1912 taken directly into M.R. stock).
Weight: 64 tons 13 cwt.
Pressure: 170 lb.
Cyls.: 18″×26″.
Dr. Wheels: 5′ 3″.   T.E.: 19,320 lb.

41980	41984	41988	41991
41981	41985	41989	41992
41982	41986	41990	41993
41983	41987		

Total 14

2-6-4T 4MT

*Introduced 1927. Fowler L.M.S. parallel boiler design
†Introduced 1933 As earlier engines, but with side-window cabs and doors.
‡Introduced 1934. Stanier taper-boiler 3-cylinder design for L.T & S.
§Introduced 1935. Stanier taper boiler 2-cylinder design.
¶Introduced 1945. Fairburn development of Stanier design with shorter wheelbase and detail alterations.

Weights:
- 86 tons 5 cwt.*†
- 92 tons 5 cwt.‡
- 87 tons 17 cwt.§
- 85 tons 5 cwt.¶

Pressure (all types): 200 lb. Su.

Cyls.:
- (O) 19″×25″*†
- (3) 16″×26″‡
- (O) 19½″×26″§¶

Dr. Wheels (all types): 5′ 9″.

T.E.:
- 23,125 lb.*†
- 24,600 lb.‡
- 24,670 lb.§¶

Walschaerts valve gear. P.V.

¶FAIRBURN LOCOS.

42050	42074	42098	42122
42051	42075	42099	42123
42052	42076	42100	42124
42053	42077	42101	42125
42054	42078	42102	42126
42055	42079	42103	42127
42056	42080	42104	42128
42057	42081	42105	42129
42058	42082	42106	42130
42059	42083	42107	42131
42060	42084	42108	42132
42061	42085	42109	42133
42062	42086	42110	42134
42063	42087	42111	42135
42064	42088	42112	42136
42065	42089	42113	42137
42066	42090	42114	42138
42067	42091	42115	42139
42068	42092	42116	42140
42069	42093	42117	42141
42070	42094	42118	42142
42071	42095	42119	42143
42072	42096	42120	42144
42073	42097	42121	42145

42146-42484

42146	42185	42224	42263	42320	42339	42358	42377
42147	42186	42225	42264	42321	42340	42359	42378
42148	42187	42226	42265	42322	42341	42360	42379
42149	42188	42227	42266	42323	42342	42361	42380
42150	42189	42228	42267	42324	42343	42362	42381
42151	42190	42229	42268	42325	42344	42363	42382
42152	42191	42230	42269	42326	42345	42364	42383
42153	42192	42231	42270	42327	42346	42365	42384
42154	42193	42232	42271	42328	42347	42366	42385
42155	42194	42233	42272	42329	42348	42367	42386
42156	42195	42234	42273	42330	42349	42368	42387
42157	42196	42235	42274	42331	42350	42369	42388
42158	42197	42236	42275	42332	42351	42370	42389
42159	42198	42237	42276	42333	42352	42371	42390
42160	42199	42238	42277	42334	42353	42372	42391
42161	42200	42239	42278	42335	42354	42373	42392
42162	42201	42240	42279	42336	42355	42374	42393
42163	42202	42241	42280	42337	42356	42375	42394
42164	42203	42242	42281	42338	42357	42376	

† **FOWLER LOCOS. WITH SIDE-WINDOW CAB.**

42395	42403	42411	42418
42396	42404	42412	42419
42397	42405	42413	42420
42398	42406	42414	42421
42399	42407	42415	42422
42400	42408	42416	42423
42401	42409	42417	42424
42402	42410		

§ **STANIER 2-CYL LOCOS.**

42425	42440	42455	42470
42426	42441	42456	42471
42427	42442	42457	42472
42428	42443	42458	42473
42429	42444	42459	42474
42430	42445	42460	42475
42431	42446	42461	42476
42432	42447	42462	42477
42433	42448	42463	42478
42434	42449	42464	42479
42435	42450	42465	42480
42436	42451	42466	42481
42437	42452	42467	42482
42438	42453	42468	42483
42439	42454	42469	42484

(continuation of first table)

42165	42204	42243	42282
42166	42205	42244	42283
42167	42206	42245	42284
42168	42207	42246	42285
42169	42208	42247	42286
42170	42209	42248	42287
42171	42210	42249	42288
42172	42211	42250	42289
42173	42212	42251	42290
42174	42213	42252	42291
42175	42214	42253	42292
42176	42215	42254	42293
42177	42216	42255	42294
42178	42217	42256	42295
42179	42218	42257	42296
42180	42219	42258	42297
42181	42220	42259	42298
42182	42221	42260	42299
42183	42222	42261	
42184	42223	42262	

***FOWLER LOCOS.**

42300	42305	42310	42315
42301	42306	42311	42316
42302	42307	42312	42317
42303	42308	42313	42318
42304	42309	42314	42319

42485–42767

42485	42488	42491	42493
42486	42489	42492	42494
42487	42490		

‡STANIER 3-CYL. LOCOS.

42500	42510	42519	42528
42501	42511	42520	42529
42502	42512	42521	42530
42503	42513	42522	42531
42504	42514	42523	42532
42505	42515	42524	42533
42506	42516	42525	42534
42507	42517	42526	42535
42508	42518	42527	42536
42509			

‡STANIER 2-CYL. LOCOS.

42537	42566	42595	42624
42538	42567	42596	42625
42539	42568	42597	42626
42540	42569	42598	42627
42541	42570	42599	42628
42542	42571	42600	42629
42543	42572	42601	42630
42544	42573	42602	42631
42545	42574	42603	42632
42546	42575	42604	42633
42547	42576	42605	42634
42548	42577	42606	42635
42549	42578	42607	42636
42550	42579	42608	42637
42551	42580	42609	42638
42552	42581	42610	42639
42553	42582	42611	42640
42554	42583	42612	42641
42555	42584	42613	42642
42556	42585	42614	42643
42557	42586	42615	42644
42558	42587	42616	42645
42559	42588	42617	42646
42560	42589	42618	42647
42561	42590	42619	42648
42562	42591	42620	42649
42563	42592	42621	42650
42564	42593	42622	42651
42565	42594	42623	42652

42653	42658	42663	42668
42654	42659	42664	42669
42655	42660	42665	42670
42656	42661	42666	42671
42657	42662	42667	42672

¶FAIRBURN LOCOS.

42673	42680	42687	42694
42674	42681	42688	42695
42675	42682	42689	42696
42676	42683	42690	42697
42677	42684	42691	42698
42678	42685	42692	42699
42679	42686	42693	

Total 645

2-6-0   5MT

Introduced 1926. Hughes L.M.S. design built under Fowler's direction. Walschaerts Valve Gear. P.V.
*Introduced 1953. Locos. rebuilt experimentally with Lentz R.C. poppet valves in 1931; rebuilt with Reidinger rotary poppet valve gear in 1953.
Weight: Loco. 66 tons 0 cwt.
Pressure: 180 lb. Su.
Cyls.: (O) 21" × 26".
Dr. Wheels: 5' 6".   T.E.: 26,580 lb.

42700	42717	42734	42751
42701	42718	42735	42752
42702	42719	42736	42753
42703	42720	42737	42754
42704	42721	42738	42755
42705	42722	42739	42756
42706	42723	42740	42757
42707	42724	42741	42758
42708	42725	42742	42759
42709	42726	42743	42760
42710	42727	42744	42761
42711	42728	42745	42762
42712	42729	42746	42763
42713	42730	42747	42764
42714	42731	42748	42765
42715	42732	42749	42766
42716	42733	42750	42767

42768–43071

42768	42813	42857	42901
42769	42814	42858	42902
42770	42815	42859	42903
42771	42816	42860	42904
42772	42817	42861	42905
42773	42818*	42862	42906
42774	42819	42863	42907
42775	42820	42864	42908
42776	42821	42865	42909
42777	42822*	42866	42910
42778	42823	42867	42911
42779	42824*	42868	42912
42780	42825*	42869	42913
42781	42826	42870	42914
42782	42827	42871	42915
42783	42828	42872	42916
42784	42829*	42873	42917
42785	42830	42874	42918
42786	42831	42875	42919
42787	42832	42876	42920
42788	42833	42877	42921
42789	42834	42878	42922
42790	42835	42879	42923
42791	42836	42880	42924
42792	42837	42881	42925
42793	42838	42882	42926
42794	42839	42883	42927
42795	42840	42884	42928
42796	42841	42885	42929
42797	42842	42886	42930
42798	42843	42887	42931
42799	42844	42888	42932
42800	42845	42889	42933
42801	42846	42890	42934
42802	42847	42891	42935
42803	42848	42892	42936
42804	42849	42893	42937
42805	42850	42894	42938
42806	42851	42895	42939
42807	42852	42896	42940
42808	42853	42897	42941
42809	42854	42898	42942
42810	42855	42899	42943
42811	42856	42900	42944
42812			

Total 245

2-6-0　　　　5MT

Introduced 1933. Stanier L.M.S. taper boiler design, some with safety valves mounted on the top feed.
Weight: Loco. 69 tons 2 cwt.
Pressure: 225 lb. Su.
Cyls.: (O) 18" × 28".
Dr. Wheels: 5' 6".　　T.E.: 26,290 lb.
Walschaerts Valve Gear.　P.V.

42945	42955	42965	42975
42946	42956	42966	42976
42947	42957	42967	42977
42948	42958	42968	42978
42949	42959	42969	42979
42950	42960	42970	42980
42951	42961	42971	42981
42952	42962	42972	42982
42953	42963	42973	42983
42954	42964	42974	42984

Total 40

2-6-0　　　　4MT

Introduced 1947. Ivatt L.M.S. taper boiler design with double chimney.
*Introduced 1949, with single chimney. No. 43027 has a stovepipe chimney.
Weight: Loco. 59 tons 2 cwt.
Pressure: 225 lb. Su.
Cyls.: (O) 17½" × 26".
Dr. Wheels: 5' 3".　　T.E.: 24,170 lb.
Walschaerts Valve Gear.　P.V.

43000	43018	43036	43054*
43001	43019	43037	43055*
43002	43020	43038	43056*
43003	43021	43039	43057*
43004	43022	43040	43058*
43005	43023	43041*	43059*
43006	43024	43042	43060*
43007	43025	43043	43061*
43008	43026	43044	43062*
43009	43027*	43045	43063*
43010	43028	43046	43064*
43011	43029	43047	43065*
43012	43030	43048	43066*
43013	43031	43049	43067*
43014	43032	43050*	43068*
43015	43033	43051*	43069*
43016	43034	43052*	43070*
43017	43035	43053*	43071*

43072–43570

43072*	43095*	43118*	43140*	43219	43284	43356	43449
43073*	43096*	43119*	43141*	43222	43286	43357	43453
43074*	43097*	43120*	43142*	43223	43287	43359	43454
43075*	43098*	43121*	43143*	43224	43290	43361	43456
43076*	43099*	43122*	43144*	43225	43292	43364	43457
43077*	43100*	43123*	43145*	43226	43293	43367	43459
43078*	43101*	43124*	43146*	43231	43294	43368	43462
43079*	43102*	43125*	43147*	43232	43295	43369	43463
43080*	43103*	43126*	43148*	43233	43296	43370	43464
43081*	43104*	43127*	43149*	43234	43298	43371	43468
43082*	43105*	43128*	43150*	43235	43299	43373	43469
43083*	43106*	43129*	43151*	43237	43300	43374	43474
43084*	43107*	43130*	43152*	43239	43301	43378	43476
43085*	43108*	43131*	43153*	43240	43305	43379	43482
43086*	43109*	43132*	43154*	43241	43306	43381	43484
43087*	43110*	43133*	43155*	43242	43307	43386	43490
43088*	43111*	43134*	43156*	43243	43308	43387	43491
43089*	43112*	43135*	43157*	43244	43309	43388	43494
43090*	43113*	43136*	43158*	43245	43310	43389	43496
43091*	43114*	43137*	43159*	43246	43312	43392	43497
43092*	43115*	43138*	43160*	43247	43313	43394	43499
43093*	43116*	43139*	43161*	43248†	43314	43395	43502
43094*	43117*			43249	43315	43396	43506

Total 162

0-6-0   3F

Introduced 1885. Johnson Midland locos., rebuilt from 1916 by Fowler with Belpaire boilers.

*Introduced 1885. Johnson Midland locos., rebuilt from 1920 by Fowler with Belpaire boiler.

†Introduced 1896. Locos. built for S. & D.J. (taken into L.M.S. stock 1930).

Weight: Loco. 43 tons 17 cwt.
Pressure: 175 lb.
Cyls.: 18" × 26".
Dr. Wheels: $\begin{cases} 5'\ 3'' \\ 4'\ 11'' \end{cases}$ **T.E.:** $\begin{cases} 19,890\ lb.* \\ 21,240\ lb. \end{cases}$

43174*	43187*	43200	43210
43178*	43188*	43201†	43211†
43180*	43189*	43203	43212
43181*	43191	43204†	43213
43183*	43192	43205	43214
43185*	43193	43207	43216†
43186*	43194†	43208	43218†

43250	43317	43398	43507
43251	43318	43399	43509
43252	43321	43400	43510
43253	43323	43401	43514
43254	43324	43402	43515
43256	43325	43405	43520
43257	43326	43406	43521
43258	43327	43410	43522
43259	43329	43411	43523
43261	43330	43419	43524
43263	43331	43427	43529
43266	43332	43428	43531
43267	43333	43429	43538
43268	43334	43431	43544
43271	43335	43433	43546
43273	43337	43435	43548
43274	43339	43436	43550
43275	43340	43440	43553
43277	43341	43441	43558
43278	43342	43443	43562
43281	43344	43444	43565
43282	43351	43446	43568
43283	43355	43448	43570

43572–43942

43572	43621	43669	43728	43799	43810	43821	43829
43574	43622	43673	43729	43800	43812	43822	43832
43575	43623	43674	43731	43803	43814	43823	43833
43578	43624	43675	43734	43806	43815	43825	
43579	43627	43676	43735	43808	43817	43826	
43580	43629	43678	43737	43809	43819	43828	
43581	43630	43679	43742				
43583	43631	43680	43745				Total 37
43584	43633	43681	43748				
43585	43634	43682	43749				
43586	43636	43683	43750*	**0-6-0**			**4F**
43587	43637	43684	43751				

Introduced 1911. Fowler superheated Midland design.
Weight: 48 tons 15 cwt.
Pressure: 175 lb. Su.
Cyls.: 20″ × 26″.
Dr. Wheels: 5′ 3″.   T.E.: 24,555 lb.
P.V.

43593	43638	43686	43753
43594	43639	43687	43754
43595	43644	43690	43755
43596	43645	43693	43756
43598	43650	43698	43757
43599	43651	43705	43759
43600	43652	43709	43760
43604	43656	43710	43762
43605	43657	43711	43763
43607	43658	43712	43766
43608	43660	43714	43767
43612	43661	43715	43770
43615	43664	43717	43771
43618	43665	43721	43773
43619	43667	43723	
43620	43668	43727	

Total 322

0-6-0 **3F**

Introduced 1906. Deeley Midland design, rebuilt by Fowler with Belpaire boiler.
Weight: Loco. 46 tons 3 cwt.
Pressure: 175 lb.
Cyls.: 18½″ × 26″.
Dr. Wheels: 5′ 3″.   T.E.: 21,010 lb.

43775	43781	43786	43791
43776	43782	43787	43793
43778	43784	43789	43795
43779	43785	43790	43798

43835	43862	43889	43916
43836	43863	43890	43917
43837	43864	43891	43918
43838	43865	43892	43919
43839	43866	43893	43920
43840	43867	43894	43921
43841	43868	43895	43922
43842	43869	43896	43923
43843	43870	43897	43924
43844	43871	43898	43925
43845	43872	43899	43926
43846	43873	43900	43927
43847	43874	43901	43928
43848	43875	43902	43929
43849	43876	43903	43930
43850	43877	43904	43931
43851	43878	43905	43932
43852	43879	43906	43933
43853	43880	43907	43934
43854	43881	43908	43935
43855	43882	43909	43936
43856	43883	43910	43937
43857	43884	43911	43938
43858	43885	43912	43939
43859	43886	43913	43940
43860	43887	43914	43941
43861	43888	43915	43942

43943–44258

43943	43964	43985	44006	44075	44121	44167	44213
43944	43965	43986	44007	44076	44122	44168	44214
43945	43966	43987	44008	44077	44123	44169	44215
43946	43967	43988	44009	44078	44124	44170	44216
43947	43968	43989	44010	44079	44125	44171	44217
43948	43969	43990	44011	44080	44126	44172	44218
43949	43970	43991	44012	44081	44127	44173	44219
43950	43971	43992	44013	44082	44128	44174	44220
43951	43972	43993	44014	44083	44129	44175	44221
43952	43973	43994	44015	44084	44130	44176	44222
43953	43974	43995	44016	44085	44131	44177	44223
43954	43975	43996	44017	44086	44132	44178	44224
43955	43976	43997	44018	44087	44133	44179	44225
43956	43977	43998	44019	44088	44134	44180	44226
43957	43978	43999	44020	44089	44135	44181	44227
43958	43979	44000	44021	44090	44136	44182	44228
43959	43980	44001	44022	44091	44137	44183	44229
43960	43981	44002	44023	44092	44138	44184	44230
43961	43982	44003	44024	44093	44139	44185	44231
43962	43983	44004	44025	44094	44140	44186	44232
43963	43984	44005	44026	44095	44141	44187	44233

Total 192

0-6-0   4F

Introduced 1924. Post-grouping development of Midland design with reduced boiler mountings.
*Introduced 1922. Locos. built for S. & D.J.R. to M.R. design (taken into L.M.S. stock, 1930).
Weight: Loco. 48 tons 15 cwt.
Pressure: 175 lb. Su.
Cyls.: 20" × 26".
Dr. Wheels: 5' 3".   T.E.: 24,555 lb.
P.V.

44027	44039	44051	44063	44096	44142	44188	44234
44028	44040	44052	44064	44097	44143	44189	44235
44029	44041	44053	44065	44098	44144	44190	44236
44030	44042	44054	44066	44099	44145	44191	44237
44031	44043	44055	44067	44100	44146	44192	44238
44032	44044	44056	44068	44101	44147	44193	44239
44033	44045	44057	44069	44102	44148	44194	44240
44034	44046	44058	44070	44103	44149	44195	44241
44035	44047	44059	44071	44104	44150	44196	44242
44036	44048	44060	44072	44105	44151	44197	44243
44037	44049	44061	44073	44106	44152	44198	44244
44038	44050	44062	44074	44107	44153	44199	44245
				44108	44154	44200	44246
				44109	44155	44201	44247
				44110	44156	44202	44248
				44111	44157	44203	44249
				44112	44158	44204	44250
				44113	44159	44205	44251
				44114	44160	44206	44252
				44115	44161	44207	44253
				44116	44162	44208	44254
				44117	44163	44209	44255
				44118	44164	44210	44256
				44119	44165	44211	44257
				44120	44166	44212	44258

44259–44606

44259	44305	44351	44397	44443	44484	44525	44566
44260	44306	44352	44398	44444	44485	44526	44567
44261	44307	44353	44399	44445	44486	44527	44568
44262	44308	44354	44400	44446	44487	44528	44569
44263	44309	44355	44401	44447	44488	44529	44570
44264	44310	44356	44402	44448	44489	44530	44571
44265	44311	44357	44403	44449	44490	44531	44572
44266	44312	44358	44404	44450	44491	44532	44573
44267	44313	44359	44405	44451	44492	44533	44574
44268	44314	44360	44406	44452	44493	44534	44575
44269	44315	44361	44407	44453	44494	44535	44576
44270	44316	44362	44408	44454	44495	44536	44577
44271	44317	44363	44409	44455	44496	44537	44578
44272	44318	44364	44410	44456	44497	44538	44579
44273	44319	44365	44411	44457	44498	44539	44580
44274	44320	44366	44412	44458	44499	44540	44581
44275	44321	44367	44413	44459	44500	44541	44582
44276	44322	44368	44414	44460	44501	44542	44583
44277	44323	44369	44415	44461	44502	44543	44584
44278	44324	44370	44416	44462	44503	44544	44585
44279	44325	44371	44417	44463	44504	44545	44586
44280	44326	44372	44418	44464	44505	44546	44587
44281	44327	44373	44419	44465	44506	44547	44588
44282	44328	44374	44420	44466	44507	44548	44589
44283	44329	44375	44421	44467	44508	44549	44590
44284	44330	44376	44422	44468	44509	44550	44591
44285	44331	44377	44423	44469	44510	44551	44592
44286	44332	44378	44424	44470	44511	44552	44593
44287	44333	44379	44425	44471	44512	44553	44594
44288	44334	44380	44426	44472	44513	44554	44595
44289	44335	44381	44427	44473	44514	44555	44596
44290	44336	44382	44428	44474	44515	44556	44597
44291	44337	44383	44429	44475	44516	44557*	44598
44292	44338	44384	44430	44476	44517	44558*	44599
44293	44339	44385	44431	44477	44518	44559*	44600
44294	44340	44386	44432	44478	44519	44560*	44601
44295	44341	44387	44433	44479	44520	44561*	44602
44296	44342	44388	44434	44480	44521	44562	44603
44297	44343	44389	44435	44481	44522	44563	44604
44298	44344	44390	44436	44482	44523	44564	44605
44299	44345	44391	44437	44483	44524	44565	44606
44300	44346	44392	44438				
44301	44347	44393	44439				
44302	44348	44394	44440				
44303	44349	44395	44441				
44304	44350	44396	44442				

Total 580

44658–44893

4-6-0   5MT

Introduced 1934. Stanier L.M.S. taper boiler design.

Experimental locomotives:—
1. Introduced 1947. Stephenson link motion (outside), Timken roller bearings, double chimney.
2. Introduced 1948. Caprotti Valve Gear.
3. Introduced 1948. Caprotti Valve Gear, Timken roller bearings.
4. Introduced 1948. Caprotti Valve Gear, Timken roller bearings, double chimney.
5. Introduced 1947. Timken roller bearings.
6. Introduced 1947. Timken roller bearings, double chimney.
7. Introduced 1949. Fitted with steel firebox.
8. Introduced 1950. Skefco roller bearings.
9. Introduced 1950. Timken roller bearings on driving coupled axle only.
10. Introduced 1950. Skefco roller bearings on driving coupled axle only.
11. Introduced 1951. Caprotti valve gear, Skefco roller bearings.

Weights: Loco. { 72 tons 2 cwt. (1, 5, 6, 8, 9, 10). 75 tons 6 cwt. 74 tons 0 cwt. (2, 3, 4, 11). 72 tons 2 cwt. (7).

Pressure: 225 lb. Su.
Cyls.: (O) 18½″ × 28″.
Dr. Wheels: 6′ 0″.   T.E.: 25,455 lb.
Walschaerts Valve Gear, and P.V. except where otherwise shown.

44658	44671[10]	44684[8]	44697[9]
44659	44672[10]	44685[8]	44698
44660	44673[10]	44686[11]	44699
44661	44674[10]	44687[11]	44700
44662	44675[10]	44688[9]	44701
44663	44676[10]	44689[9]	44702
44664	44677[10]	44690[9]	44703
44665	44678[8]	44691[9]	44704
44666	44679[8]	44692[9]	44705
44667	44680[8]	44693[9]	44706
44668[10]	44681[8]	44694[9]	44707
44669[10]	44682[8]	44695[9]	44708
44670[10]	44683[8]	44696[9]	44709
44710	44756[4]	44802	44848
44711	44757[4]	44803	44849
44712	44758[5]	44804	44850
44713	44759[5]	44805	44851
44714	44760[5]	44806	44852
44715	44761[5]	44807	44853
44716	44762[5]	44808	44854
44717	44763[5]	44809	44855
44718[7]	44764[5]	44810	44856
44719[7]	44765[5]	44811	44857
44720[7]	44766[5]	44812	44858
44721[7]	44767[1]	44813	44859
44722[7]	44768	44814	44860
44723[7]	44769	44815	44861
44724[7]	44770	44816	44862
44725[7]	44771	44817	44863
44726[7]	44772	44818	44864
44727[7]	44773	44819	44865
44728	44774	44820	44866
44729	44775	44821	44867
44730	44776	44822	44868
44731	44777	44823	44869
44732	44778	44824	44870
44733	44779	44825	44871
44734	44780	44826	44872
44735	44781	44827	44873
44736	44782	44828	44874
44737	44783	44829	44875
44738[2]	44784	44830	44876
44739[2]	44785	44831	44877
44740[2]	44786	44832	44878
44741[2]	44787	44833	44879
44742[2]	44788	44834	44880
44743[2]	44789	44835	44881
44744[2]	44790	44836	44882
44745[2]	44791	44837	44883
44746[2]	44792	44838	44884
44747[2]	44793	44839	44885
44748[3]	44794	44840	44886
44749[3]	44795	44841	44887
44750[3]	44796	44842	44888
44751[3]	44797	44843	44889
44752[3]	44798	44844	44890
44753[3]	44799	44845	44891
44754[3]	44800	44846	44892
44755[4]	44801	44847	44893

29

44894–45217

44894	44934	44974	45014	45054	45095	45136	45177
44895	44935	44975	45015	45055	45096	45137	45178
44896	44936	44976	45016	45056	45097	45138	45179
44897	44937	44977	45017	45057	45098	45139	45180
44898	44938	44978	45018	45058	45099	45140	45181
44899	44939	44979	45019	45059	45100	45141	45182
44900	44940	44980	45020	45060	45101	45142	45183
44901	44941	44981	45021	45061	45102	45143	45184
44902	44942	44982	45022	45062	45103	45144	45185
44903	44943	44983	45023	45063	45104	45145	45186
44904	44944	44984	45024	45064	45105	45146	45187
44905	44945	44985	45025	45065	45106	45147	45188
44906	44946	44986	45026	45066	45107	45148	45189
44907	44947	44987	45027	45067	45108	45149	45190
44908	44948	44988	45028	45068	45109	45150	45191
44909	44949	44989	45029	45069	45110	45151	45192
44910	44950	44990	45030	45070	45111	45152	45193
44911	44951	44991	45031	45071	45112	45153	45194
44912	44952	44992	45032	45072	45113	45154*	45195
44913	44953	44993	45033	45073	45114	45155	45196
44914	44954	44994	45034	45074	45115	45156*	45197
44915	44955	44995	45035	45075	45116	45157*	45198
44916	44956	44996	45036	45076	45117	45158	45199
44917	44957	44997	45037	45077	45118	45159	45200
44918	44958	44998	45038	45078	45119	45160	45201
44919	44959	44999	45039	45079	45120	45161	45202
44920	44960	45000	45040	45080	45121	45162	45203
44921	44961	45001	45041	45081	45122	45163	45204
44922	44962	45002	45042	45082	45123	45164	45205
44923	44963	45003	45043	45083	45124	45165	45206
44924	44964	45004	45044	45084	45125	45166	45207
44925	44965	45005	45045	45085	45126	45167	45208
44926	44966	45006	45046	45086	45127	45168	45209
44927	44967	45007	45047	45087	45128	45169	45210
44928	44968	45008	45048	45088	45129	45170	45211
44929	44969	45009	45049	45089	45130	45171	45212
44930	44970	45010	45050	45090	45131	45172	45213
44931	44971	45011	45051	45091	45132	45173	45214
44932	44972	45012	45052	45092	45133	45174	45215
44933	44973	45013	45053	45093	45134	45175	45216
				45094	45135	45176	45217

NOTE

To understand the system of reference marks used in this book it is essential to read the notes on page 2.

* **NAMES:**

45154 Lanarkshire Yeomanry.
45156 Ayrshire Yeomanry.
45157 The Glasgow Highlander.
45158 Glasgow Yeomanry.

45218–45499

45218	45264	45310	45356	45402	45427	45452	45476
45219	45265	45311	45357	45403	45428	45453	45477
45220	45266	45312	45358	45404	45429	45454	45478
45221	45267	45313	45359	45405	45430	45455	45479
45222	45268	45314	45360	45406	45431	45456	45480
45223	45269	45315	45361	45407	45432	45457	45481
45224	45270	45316	45362	45408	45433	45458	45482
45225	45271	45317	45363	45409	45434	45459	45483
45226	45272	45318	45364	45410	45435	45460	45484
45227	45273	45319	45365	45411	45436	45461	45485
45228	45274	45320	45366	45412	45437	45462	45486
45229	45275	45321	45367	45413	45438	45463	45487
45230	45276	45322	45368	45414	45439	45464	45488
45231	45277	45323	45369	45415	45440	45465	45489
45232	45278	45324	45370	45416	45441	45466	45490
45233	45279	45325	45371	45417	45442	45467	45491
45234	45280	45326	45372	45418	45443	45468	45492
45235	45281	45327	45373	45419	45444	45469	45493
45236	45282	45328	45374	45420	45445	45470	45494
45237	45283	45329	45375	45421	45446	45471	45495
45238	45284	45330	45376	45422	45447	45472	45496
45239	45285	45331	45377	45423	45448	45473	45497
45240	45286	45332	45378	45424	45449	45474	45498
45241	45287	45333	45379	45425	45450	45475	45499
45242	45288	45334	45380	45426	45451		
45243	45289	45335	45381				
45244	45290	45336	45382				
45245	45291	45337	45383				
45246	45292	45338	45384				
45247	45293	45339	45385				
45248	45294	45340	45386				
45249	45295	45341	45387				
45250	45296	45342	45388				
45251	45297	45343	45389				
45252	45298	45344	45390				
45253	45299	45345	45391				
45254	45300	45346	45392				
45255	45301	45347	45393				
45256	45302	45348	45394				
45257	45303	45349	45395				
45258	45304	45350	45396				
45259	45305	45351	45397				
45260	45306	45352	45398				
45261	45307	45353	45399				
45262	45308	45354	45400				
45263	45309	45355	45401				

Total 842

"Patriot" Class
4-6-0   6P & 7P

*6P Introduced 1930. Fowler 3-cyl. rebuild of L.N.W. 'Claughton' Class (introduced 1912), retaining original wheels and other details.

Remainder. Introduced 1933. New locos. to Fowler design (45502–41 were officially considered as rebuilds).

†7P Introduced 1946. Ivatt rebuild of Fowler locos. with large taper boiler, new cylinders and double chimney.

Weights: Loco. $\begin{cases} 80 \text{ tons } 15 \text{ cwt.} \\ 82 \text{ tons } 0 \text{ cwt.}\dagger \end{cases}$

Pressure: $\begin{cases} 200 \text{ lb. Su.} \\ 250 \text{ lb. Su.}\dagger \end{cases}$

Cyls.: $\begin{cases} (3) \; 18'' \times 26'' \\ (3) \; 17'' \times 26''\dagger \end{cases}$

Dr. Wheels: 6' 9"

T.E.: $\begin{cases} 26,520 \text{ lb.} \\ 29,570 \text{ lb.}\dagger \end{cases}$

Walschaerts Valve Gear.   P.V.

45500–45565

- 45500*Patriot
- 45501*St. Dunstan's
- 45502 Royal Naval Division
- 45503 The Royal Leicestershire Regiment
- 45504 Royal Signals
- 45505 The Royal Army Ordnance Corps
- 45506 The Royal Pioneer Corps
- 45507 Royal Tank Corps
- 45508
- 45509 The Derbyshire Yeomanry
- 45510
- 45511 Isle of Man
- 45512†Bunsen
- 45513
- 45514†Holyhead
- 45515 Caernarvon
- 45516 The Bedfordshire and Hertfordshire Regiment
- 45517
- 45518 Bradshaw
- 45519 Lady Godiva
- 45520 Llandudno
- 45521†Rhyl
- 45522†Prestatyn
- 45523†Bangor
- 45524 Blackpool
- 45525†Colwyn Bay
- 45526†Morecambe and Heysham
- 45527†Southport
- 45528†
- 45529†Stephenson
- 45530†Sir Frank Ree
- 45531†Sir Frederick Harrison
- 45532†Illustrious
- 45533 Lord Rathmore
- 45534†E. Tootal Broadhurst
- 45535†Sir Herbert Walker, K.C.B.
- 45536†Private W. Wood, V.C.
- 45537 Private E. Sykes, V.C.
- 45538 Giggleswick
- 45539 E. C. Trench
- **45540†Sir Robert Turnbull**
- 45541 Duke of Sutherland
- 45542
- 45543 Home Guard
- 45544
- 45545†Planet
- 45546 Fleetwood
- 45547
- 45548 Lytham St. Annes
- 45549
- 45550
- 45551

Total 52

"Jubilee" Class

4-6-0   6P & 7P

6P Introduced 1934. Stanier L.M.S. taper boiler development of the " Patriot " class.

*Introduced 1936. Boiler fitted with double chimney; this boiler was acquired by 45742 in 1940.

†**7P** Introduced 1942. Rebuilt with larger boiler and double chimney

Weights: Loco. $\begin{cases} 79 \text{ tons } 11 \text{ cwt.} \\ 82 \text{ tons } 0 \text{ cwt.}† \end{cases}$

Pressure: $\begin{cases} 225 \text{ lb. Su.} \\ 250 \text{ lb. Su.}† \end{cases}$

Cyls.: (3) 17″ × 26″.
Dr. Wheels: 6′ 9″.

T.E.: $\begin{cases} 26,610 \text{ lb.} \\ 29,570 \text{ lb.}† \end{cases}$

Walschaerts Valve Gear. P.V.

- 45552 Silver Jubilee
- 45553 Canada
- 45554 Ontario
- 45555 Quebec
- 45556 Nova Scotia
- 45557 New Brunswick
- 45558 Manitoba
- 45559 British Columbia
- 45560 Prince Edward Island
- 45561 Saskatchewan
- 45562 Alberta
- 45563 Australia
- 45564 New South Wales
- 45565 Victoria

Above: Beyer-Garratt 2-6-6-2 No. 47988 [R. E. Vincent

Below left: Class 7F 2-8-0 No. 53800 [H. C. Casserley

Below right: Class 7F 0-8-0 No. 49662 [J. Davenport

Above: Class 5MT 4-6-0 No. 45154 *Lanarkshire Yeomanry.*

[*H. C. Casserley*

Left: Class 5MT 4-6-0 No. 44766 (with double chimney).

[*E. Treacy*

Below: Class 5MT 4-6-0 No. 44748 (with Caprotti valve gear).

[*A. T. H. Tayler*

Above: Class 5MT (Riddles) 4-6-0 No. 73030 (dual brake fitted).

[*R. J. Buckley*

Right: Class 4MT (Riddles) 4-6-0 No. 75001.

[*H. A. Chalkley*

Below: Class 6P 4-6-0 No. 45688 *Polyphemus.*

[*E. Treacy*

Class 6P 4-6-0 No. 45509 *The Derbyshire Yeomanry* [*R. A. Potts*

Class 7P 4-6-0 No. 45514 *Holyhead* [*J. Davenport*

Class 7P 4-6-0 No. 46134 *The Cheshire Regiment* [*I. E. Wilkinson*

Class 8P 4-6-2 No. 46220 *Coronation* [H. C. Casserley

Class 8P 4-6-2 No. 46206 *Princess Marie Louise* [J. E. Wilkinson

Class 8P 4-6-2 No. 46256 *Sir William A. Stanier, F.R.S.* (with altered rear end)

Left: Class 3F 0-6-0T No. 47217 (fitted with condensing apparatus).
[*R. J. Buckley*

Below: Class 3F 0-6-0T No. 47282.
[*R. J. Buckle*

Left: Class 2F 0-6-0T No. 47162.
[*P. H. Well*

Above: Class 1F 0-6-0T No. 41805.
[*R. J. Buckley*

Right: Class 1P 0-4-4T No. 58071 (with round-top firebox and fitted with condensing apparatus).
[*R. J. Buckley*

Below: Class 1P 0-4-4T No. 58086 (with Belpaire firebox). [*F. W. Day*

Class 3F 0-6-0 No. 52201 (with Belpaire firebox and extended smokebox)
[M. J. Ecclestone

Class 3F 0-6-0 No. 52459
[F. W. Day

Class 3F 0-6-0 No 52569 (with Belpaire firebox, superheater and extended smokebox)
[J Davenport

45566 Queensland	45612 Jamaica
45567 South Australia	45613 Kenya
45568 Western Australia	45614 Leeward Islands
45569 Tasmania	45615 Malay States
45570 New Zealand	45616 Malta G.C.
45571 South Africa	45617 Mauritius
45572 Eire	45618 New Hebrides
45573 Newfoundland	45619 Nigeria
45574 India	45620 North Borneo
45575 Madras	45621 Northern Rhodesia
45576 Bombay	45622 Nyasaland
45577 Bengal	45623 Palestine
45578 United Provinces	45624 St. Helena
45579 Punjab	45625 Sarawak
45580 Burma	45626 Seychelles
45581 Bihar and Orissa	45627 Sierra Leone
45582 Central Provinces	45628 Somaliland
45583 Assam	45629 Straits Settlements
45584 North West Frontier	45630 Swaziland
45585 Hyderabad	45631 Tanganyika
45586 Mysore	45632 Tonga
45587 Baroda	45633 Aden
45588 Kashmir	45634 Trinidad
45589 Gwalior	45635 Tobago
45590 Travancore	45636 Uganda
45591 Udaipur	45638 Zanzibar
45592 Indore	45639 Raleigh
45593 Kolhapur	45640 Frobisher
45594 Bhopal	45641 Sandwich
45595 Southern Rhodesia	45642 Boscawen
45596 Bahamas	45643 Rodney
45597 Barbados	45644 Howe
45598 Basutoland	45645 Collingwood
45599 Bechuanaland	45646 Napier
45600 Bermuda	45647 Sturdee
45601 British Guiana	45648 Wemyss
45602 British Honduras	45649 Hawkins
45603 Solomon Islands	45650 Blake
45604 Ceylon	45651 Shovell
45605 Cyprus	45652 Hawke
45606 Falkland Islands	45653 Barham
45607 Fiji	45654 Hood
45608 Gibraltar	45655 Keith
45609 Gilbert and Ellice Islands	45656 Cochrane
45610 Gold Coast	45657 Tyrwhitt
45611 Hong Kong	45658 Keyes

45659–45742

45659 Drake	45704 Leviathan
45660 Rooke	45705 Seahorse
45661 Vernon	45706 Express
45662 Kempenfelt	45707 Valiant
45663 Jervis	45708 Resolution
45664 Nelson	45709 Implacable
45665 Lord Rutherford of Nelson	45710 Irresistible
45666 Cornwallis	45711 Courageous
45667 Jellicoe	45712 Victory
45668 Madden	45713 Renown
45669 Fisher	45714 Revenge
45670 Howard of Effingham	45715 Invincible
45671 Prince Rupert	45716 Swiftsure
45672 Anson	45717 Dauntless
45673 Keppel	45718 Dreadnought
45674 Duncan	45719 Glorious
45675 Hardy	45720 Indomitable
45676 Codrington	45721 Impregnable
45677 Beatty	45722 Defence
45678 De Robeck	45723 Fearless
45679 Armada	45724 Warspite
45680 Camperdown	45725 Repulse
45681 Aboukir	45726 Vindictive
45682 Trafalgar	45727 Inflexible
45683 Hogue	45728 Defiance
45684 Jutland	45729 Furious
45685 Barfleur	45730 Ocean
45686 St. Vincent	45731 Perseverance
45687 Neptune	45732 Sanspareil
45688 Polyphemus	45733 Novelty
45689 Ajax	45734 Meteor
45690 Leander	45735†Comet
45691 Orion	45736†Phoenix
45692 Cyclops	45737 Atlas
45693 Agamemnon	45738 Samson
45694 Bellerophon	45739 Ulster
45695 Minotaur	45740 Munster
45696 Arethusa	45741 Leinster
45697 Achilles	45742*Connaught
45698 Mars	
45699 Galatea	**Total 190**
45700 Amethyst	
45701 Conqueror	
45702 Colossus	
45703 Thunderer	

For full details of
BRITISH RAILWAYS CLASS
" WD " 2–8–0s and 2–10–0s
see the
A.B.C. OF BRITISH RAILWAYS
LOCOMOTIVES PT. IV.

"Royal Scot" Class
4-6-0　　　　　　　　7P

*Introduced 1927. Fowler L.M.S. parallel boiler design.

†Introduced 1935. Stanier taper boiler rebuild with simple cyls. of experimental high pressure loco. No. 6399 *Fury*.

Remainder. Introduced 1943. Stanier rebuild of Fowler locos. with taper boiler, new cylinders and double chimney.

Weights: Loco. { 84 tons 18 cwt.*
　　　　　　　　84 tons 1 cwt.†
　　　　　　　　83 tons.

Pressure: 250 lb. Su.

Cyls.: (3) 18″ × 26″.

Dr. Wheels: 6′ 9″.　　T.E.: 33,150 lb.

Walschaerts Valve Gear.　P.V.

- 46100 Royal Scot
- 46101 Royal Scots Grey
- 46102 Black Watch
- 46103 Royal Scots Fusilier
- 46104 Scottish Borderer
- 46105 Cameron Highlander
- 46106 Gordon Highlander
- 46107 Argyll and Sutherland Highlander
- 46108 Seaforth Highlander
- 46109 Royal Engineer
- 46110 Grenadier Guardsman
- 46111 Royal Fusilier
- 46112 Sherwood Forester
- 46113 Cameronian
- 46114 Coldstream Guardsman
- 46115 Scots Guardsman
- 46116 Irish Guardsman
- 46117 Welsh Guardsman
- 46118 Royal Welch Fusilier
- 46119 Lancashire Fusilier
- 46120 Royal Inniskilling Fusilier
- 46121 Highland Light Infantry, City of Glasgow Regiment
- 46122 Royal Ulster Rifleman
- 46123 Royal Irish Fusilier
- 46124 London Scottish
- 46125 3rd Carabinier
- 46126 Royal Army Service Corps
- 46127 Old Contemptibles
- 46128 The Lovat Scouts
- 46129 The Scottish Horse
- 46130 The West Yorkshire Regiment
- 46131 The Royal Warwickshire Regiment
- 46132 The King's Regiment Liverpool
- 46133 The Green Howards
- 46134*The Cheshire Regiment
- 46135 The East Lancashire Regiment
- 46136 The Border Regiment
- 46137*The Prince of Wales's Volunteers (South Lancashire)
- 46138 The London Irish Rifleman
- 46139 The Welch Regiment
- 46140 The King's Royal Rifle Corps
- 46141 The North Staffordshire Regiment
- 46142 The York & Lancaster Regiment
- 46143 The South Staffordshire Regiment
- 46144 Honourable Artillery Company
- 46145 The Duke of Wellington's Regt. (West Riding)
- 46146 The Rifle Brigade
- 46147 The Northamptonshire Regiment
- 46148*The Manchester Regiment
- 46149 The Middlesex Regiment
- 46150 The Life Guardsman,
- 46151 The Royal Horse Guardsman
- 46152 The King's Dragoon Guardsman

46153–46230

- 46153 The Royal Dragoon
- 46154 The Hussar
- 46155 The Lancer
- 46156*The South Wales Borderer
- 46157 The Royal Artilleryman
- 46158 The Loyal Regiment
- 46159 The Royal Air Force
- 46160 Queen Victoria's Rifleman
- 46161 King's Own
- 46162 Queen's Westminster Rifleman
- 46163 Civil Service Rifleman
- 46164 The Artists' Rifleman
- 46165 The Ranger (12th London Regt.)
- 46166 London Rifle Brigade
- 46167 The Hertfordshire Regiment
- 46168 The Girl Guide
- 46169 The Boy Scout
- 46170†British Legion

Total 71

"Princess Royal" Class
4-6-2   8P

*Introduced 1933. Stanier L.M.S. taper boiler design.

†Introduced 1935 as experimental turbine-driven locomotive ("Turbomotive"). Rebuilt 1952 as reciprocating steam engine and later extensively damaged in the Harrow accident: not yet returned to service.

Remainder. Introduced 1935. Development of original design with alterations to valve gear, boiler and other details.

Weight.: Loco. { 104 tons 10 cwt.
{ 105 tons 4 cwt.†

Pressure: 250 lb. Su.

Cyls.: (4) { $16\frac{1}{4}'' \times 28''$.
{ $16\frac{1}{2}'' \times 28''$†.

Dr. Wheels: 6' 6".   T.E.: { 40,285 lb.
{ 41,540 lb.†

Walschaerts Valve Gear and rocking shafts, P.V.

- 46200*The Princess Royal
- 46201*Princess Elizabeth
- 46202†Princess Anne
- 46203 Princess Margaret Rose
- 46204 Princess Louise
- 46205 Princess Victoria
- 46206 Princess Marie Louise
- 46207 Princess Arthur of Connaught
- 46208 Princess Helena Victoria
- 46209 Princess Beatrice
- 46210 Lady Patricia
- 46211 Queen Maud
- 46212 Duchess of Kent

Total 13

"Princess Coronation" Class
4-6-2   8P

Introduced 1938. Stanier L.M.S. enlargement of "Princess Royal" class. All except Nos. 46230-4/49-55 originally streamlined (introduced 1937. Streamlining removed from 1946).

*Introduced 1947. Ivatt development with roller bearings and detail alterations.

Weights: { 105 tons 5 cwt.
{ 106 tons 8 cwt.*

Pressure: 250 lb. Su.

Cyls.: (4) $16\frac{1}{2}'' \times 28''$.

Dr. Wheels: 6' 9".   T.E.: 40,000 lb.

Walschaerts Valve Gear and rocking shafts, P.V.

- 46220 Coronation
- 46221 Queen Elizabeth
- 46222 Queen Mary
- 46223 Princess Alice
- 46224 Princess Alexandra
- 46225 Duchess of Gloucester
- 46226 Duchess of Norfolk
- 46227 Duchess of Devonshire
- 46228 Duchess of Rutland
- 46229 Duchess of Hamilton
- 46230 Duchess of Buccleuch

46231–46712

46231 Duchess of Atholl	46420	46447	46474*	46501*
46232 Duchess of Montrose	46421	46448	46475*	46502*
46233 Duchess of Sutherland	46422	46449	46476*	46503*
46234 Duchess of Abercorn	46423	46450	46477*	46504*
46235 City of Birmingham	46424	46451	46478*	46505*
46236 City of Bradford	46425	46452	46479*	46506*
46237 City of Bristol	46426	46453	46480*	46507*
46238 City of Carlisle	46427	46454	46481*	46508*
46239 City of Chester	46428	46455	46482*	46509*
46240 City of Coventry	46429	46456	46483*	46510*
46241 City of Edinburgh	46430	46457	46484*	46511*
46242 City of Glasgow	46431	46458	46485*	46512*
46243 City of Lancaster	46432	46459	46486*	46513*
46244 King George VI	46433	46460	46487*	46514*
46245 City of London	46434	46461	46488*	46515*
46246 City of Manchester	46435	46462	46489*	46516*
46247 City of Liverpool	46436	46463	46490*	46517*
46248 City of Leeds	46437	46464	46491*	46518*
46249 City of Sheffield	46438	46465*	46492*	46519*
46250 City of Lichfield	46439	46466*	46493*	46520*
46251 City of Nottingham	46440	46467*	46494*	46521*
46252 City of Leicester	46441	46468*	46495*	46522*
46253 City of St. Albans	46442	46469*	46496*	46523*
46254 City of Stoke-on-Trent	46443	46470*	46497*	46524*
46255 City of Hereford	46444	46471*	46498*	46525*
46256*Sir William A. Stanier, F.R.S.	46445	46472*	46499*	46526*
46257*City of Salford	46446	46473*	46500*	46527*

Total 38

Total: 128

2-6-0   2MT

Introduced 1946. Ivatt L.M.S. taper boiler design. Nos. 46400-64 have short L.M.S. chimney, Nos. 45465-89 have long B.R. tapered chimney, remainder B.R. long parallel chimney.
Weight: Loco. 47 tons 2 cwt.
Pressure: 200 lb. Su.
Cyls.: $\begin{cases} (O) \; 16'' \times 24'' \\ (O) \; 16\frac{1}{2}'' \times 24''* \end{cases}$
Dr. Wheels: 5' 0". T.E.: $\begin{cases} 17,410 \text{ lb.} \\ 18,510 \text{ lb.}* \end{cases}$
Walschaerts Valve Gear, P.V.

46400	46405	46410	46415
46401	46406	46411	46416
46402	46407	46412	46417
46403	46408	46413	46418
46404	46409	46414	46419

2-4-2T   1P

Introduced 1890. Webb L.N.W. design.
Weight: 50 tons 10 cwt.
Pressure: 150 lb.
Cyls.: $17'' \times 24''$.
Dr. Wheels: 5' 8½". T.E.: 12,910 lb.
Allan straight link gear.

46601	46616	46666	46712
46604	46654		

Total 6

NOTE
To understand the system of reference marks used in this book it is essential to read the notes on page 2.

47000–47191

0-4-0ST   0F

Introduced 1932. Kitson design prepared to Stanier's requirements for L.M.S.
Weight: 33 tons 0 cwt.
Pressure: 160 lb.
Cyls.: (O) $15\frac{1}{2}'' \times 30''$.
Dr. Wheels: 3' 10".　　T.E.: 14,205 lb.

47000	47003	47006	47008
47001	47004	47007	47009
47002	47005		

N.B.—Locos. of this class are still being delivered.

0-6-0T   2F

Introduced 1928. Fowler L.M.S. short-wheelbase dock tanks.
Weight: 43 tons 12 cwt.
Pressure: 160 lb.
Cyls.: (O) $17'' \times 22''$.
Dr. Wheels: 3' 11".　　T.E.: 18,400 lb.
Walschaerts Valve Gear.

47160	47163	47166	47168
47161	47164	47167	47169
47162	47165		

Total 10

0-4-0T   Sentinel

Geared Sentinel locos.
*Introduced 1929. Single-speed locos. for S. & D.J. (taken into L.M.S. stock 1930).

†Introduced 1930. Two-speed locos. for L.M.S.

‡Introduced 1932. Single-speed loco. for L.M.S.

Weight: $\begin{cases} 27 \text{ tons } 15 \text{ cwt.}^* \\ 20 \text{ tons } 17 \text{ cwt.}† \\ 18 \text{ tons } 18 \text{ cwt.}‡ \end{cases}$

Pressure: 275 lb Su.

Cyls.: $\begin{cases} (4)\ 6\frac{3}{4}'' \times 9''.^* \\ 6\frac{3}{4}'' \times 9''.†‡ \end{cases}$

Dr. Wheels: $\begin{cases} 3'\ 1\frac{1}{2}''.^* \\ 2'\ 6''.†‡ \end{cases}$

T.E.: $\begin{cases} 15,500 \text{ lb.}^* \\ 11,800 \text{ lb.}†‡ \end{cases}$

Poppet Valves.

47181†	47183†	47190*	47191*
47182†	47184‡		

Total 6

TRAINS ILLUSTRATED   TRAINS ILLUSTRATED

FEATURES EACH MONTH:

- CECIL J. ALLEN ON LOCO. PERFORMANCE AND CURRENT TOPICS
- ARTICLES ON ALL ASPECTS OF RAILWAY OPERATION, PAST AND PRESENT
- VIVID ACTION PHOTOS BY THE EXPERTS
- ALL THE LATEST LOCO. NEWS, STOCK ALTERATIONS AND COMPLETE SHED CHANGE LIST

The Magazine that Specialises in

The Latest News

in Prose and Pictures

Place a regular order with your bookstall or bookseller

1/6 published on the 1st of every month

TRAINS ILLUSTRATED   TRAINS ILLUSTRATED

47200–47484

0-6-0T 3F

Introduced 1899. Johnson large Midland design, rebuilt with Belpaire boiler from 1919; fitted with condensers for London area.
*Introduced 1899 Non-condensing locos.
Weight: 48 tons 15 cwt.
Pressure: 160 lb.
Cyls.: 18″ × 26″.
Dr. Wheels: 4′ 7″.   T.E.: 20,835 lb.

47200	47215	47230*	47245
47201	47216	47231*	47246*
47202	47217	47232*	47247
47203	47218	47233*	47248*
47204	47219	47234*	47249
47205	47220	47235*	47250*
47206	47221	47236*	47251
47207	47222	47237*	47252*
47208	47223	47238*	47253*
47209	47224	47239*	47254*
47210	47225	47240	47255*
47211	47226	47241	47256*
47212	47227	47242	47257*
47213	47228	47243	47258*
47214	47229	47244	47259*

Total 60

0-6-0T 3F

Introduced 1924. Post-grouping development of Midland design with detail alterations.
*Introduced 1929. Locos. built for S. & D.J. (taken into L.M.S. stock 1930).
†Push-and-pull fitted.
Weight: 49 tons 10 cwt.
Pressure: 160 lb.
Cyls.: 18″ × 26″.
Dr. Wheels: 4′ 7″.   T.E.: 20,835 lb.

47260	47270	47280	47290
47261	47271	47281	47291
47262	47272	47282	47292
47263	47273	47283	47293
47264	47274	47284	47294
47265	47275	47285	47295
47266	47276	47286	47296
47267	47277	47287	47297
47268	47278	47288	47298
47269	47279	47289	47299

47300	47346	47392	47438
47301	47347	47393	47439
47302	47348	47394	47440
47303	47349	47395	47441
47304	47350	47396	47442
47305	47351	47397	47443
47306	47352	47398	47444
47307	47353	47399	47445
47308	47354	47400	47446
47309	47355	47401	47447
47310*	47356	47402	47448
47311*	47357	47403	47449
47312*	47358	47404	47450
47313*	47359	47405	47451
47314*	47360	47406	47452
47315*	47361	47407	47453
47316*	47362	47408	47454
47317	47363	47409	47455
47318	47364	47410	47457
47319	47365	47411	47458
47320	47366	47412	47459
47321	47367	47413	47460
47322	47368	47414	47461
47323	47369	47415	47462
47324	47370	47416	47463
47325	47371	47417	47464
47326	47372	47418	47465
47327	47373	47419	47466
47328	47374	47420	47467
47329	47375	47421	47468
47330	47376	47422	47469
47331	47377	47423	47470
47332	47378	47424	47471
47333	47379	47425	47472
47334	47380	47426	47473
47335	47381	47427	47474
47336	47382	47428	47475
47337	47383	47429	47476
47338	47384	47430	47477†
47339	47385	47431	47478†
47340	47386	47432	47479†
47341	47387	47433	47480†
47342	47388	47434	47481
47343	47389	47435	47482
47344	47390	47436	47483
47345	47391	47437	47484

47485–47999

47485	47531	47578	47626
47486	47532	47579	47627
47487	47533	47580	47628
47488	47534	47581	47629
47489	47535	47582	47630
47490	47536	47583	47631
47491	47537	47584	47632
47492	47538	47585	47633
47493	47539	47586	47634
47494	47540	47587	47635
47495	47541	47588	47636
47496	47542	47589	47637
47497	47543	47590	47638
47498	47544	47591	47639
47499	47545	47592	47640
47500	47546	47593	47641
47501	47547	47594	47642
47502	47548	47595	47643
47503	47549	47596	47644
47504	47550	47597	47645
47505	47551	47598	47646
47506	47552	47599	47647
47507	47554	47600	47648
47508	47555	47601	47649
47509	47556	47602	47650
47510	47557	47603	47651
47511	47558	47604	47652
47512	47559	47605	47653
47513	47560	47606	47654
47514	47561	47607	47655†
47515	47562	47608	47656
47516	47563	47609	47657
47517	47564	47610	47658
47518	47565	47611	47659
47519	47566	47612	47660
47520	47567	47614	47661
47521	47568	47615	47662
47522	47569	47616	47664
47523	47570	47618	47665
47524	47571	47619	47666
47525	47572	47620	47667
47526	47573	47621	47668
47527	47574	47622	47669
47528	47575	47623	47670
47529	47576	47624	47671
47530	47577	47625	47672

47673	47676	47678	47680
47674	47677	47679	47681†
47675			

Total 417

0-4-2ST   1F

Introduced 1896. Webb L.N.W. Bissel truck design.
Weight: 34 tons 17 cwt.
Pressure: 150 lb.
Cyls.: 17″ × 24″.
Dr. Wheels: 4′ 5½″.   T.E.: 16,530 lb.

47862**S**   47865**S**   Total 2

2-6-6-2T   Beyer-Garratt

*Introduced 1927. Fowler & Beyer-Peacock, L.M.S. design with fixed coal bunker.
Remainder. Introduced 1930. Development with detail alterations later fitted with revolving coal bunkers. No. 47997 built 1927 to original design.

Weights: { 148 tons 15 cwt.*
           155 tons 10 cwt.
Pressure: 190 lb. Su.
Cyls. (4) 18¼″ × 26″.
Dr. Wheels: 5′ 3″.   T.E : 45,620 lb.
Walschaerts Valve Gear.   P.V.

47967	47976	47984	47992
47968	47977	47985	47993
47969	47978	47986	47994
47970	47979	47987	47995
47971	47980	47988	47996
47972	47981	47989	47997
47973	47982	47990	47998*
47974	47983	47991	47999*
47975			

Total 33

2-8-0　　　　　　　　　8F

Introduced 1935. Stanier L.M.S. taper boiler design.
Weight: Loco. 72 tons 2 cwt.
Pressure: 225 lb. Su.
Cyls.: (O) 18½" × 28".
Dr. Wheels: 4' 8½".　T.E.: 32,440 lb.
Walschaerts Valve Gear.　P.V.

48000	48064	48109	48147	48185	48251	48297	48346
48001	48065	48110	48148	48186	48252	48301	48347
48002	48067	48111	48149	48187	48253	48302	48348
48003	48069	48112	48150	48188	48254	48303	48349
48004	48070	48113	48151	48189	48255	48304	48350
48005	48073	48114	48152	48190	48256	48305	48351
48006	48074	48115	48153	48191	48257	48306	48352
48007	48075	48116	48154	48192	48258	48307	48353
48008	48076	48117	48155	48193	48259	48308	48354
48009	48077	48118	48156	48194	48260	48309	48355
48010	48078	48119	48157	48195	48261	48310	48356
48011	48079	48120	48158	48196	48262	48311	48357
48012	48080	48121	48159	48197	48263	48312	48358
48016	48081	48122	48160	48198	48264	48313	48359
48017	48082	48123	48161	48199	48265	48314	48360
48018	48083	48124	48162	48200	48266	48315	48361
48020	48084	48125	48163	48201	48267	48316	48362
48024	48085	48126	48164	48202	48268	48317	48363
48026	48088	48127	48165	48203	48269	48318	48364
48027	48089	48128	48166	48204	48270	48319	48365
48029	48090	48129	48167	48205	48271	48320	48366
48033	48092	48130	48168	48206	48272	48321	48367
48035	48093	48131	48169	48207	48273	48322	48368
48036	48094	48132	48170	48208	48274	48323	48369
48037	48095	48133	48171	48209	48275	48324	48370
48039	48096	48134	48172	48210	48276	48325	48371
48045	48097	48135	48173	48211	48277	48326	48372
48046	48098	48136	48174	48212	48278	48327	48373
48050	48099	48137	48175	48213	48279	48328	48374
48053	48100	48138	48176	48214	48280	48329	48375
48054	48101	48139	48177	48215	48281	48330	48376
48055	48102	48140	48178	48216	48282	48331	48377
48056	48103	48141	48179	48217	48283	48332	48378
48057	48104	48142	48180	48218	48284	48333	48379
48060	48105	48143	48181	48219	48285	48334	48380
48061	48106	48144	48182	48220	48286	48335	48381
48062	48107	48145	48183	48221	48287	48336	48382
48063	48108	48146	48184	48222	48288	48337	48383
				48223	48289	48338	48384
				48224	48290	48339	48385
				48225	48291	48340	48386
				48246	48292	48341	48387
				48247	48293	48342	48388
				48248	48294	48343	48389
				48249	48295	48344	48390
				48250	48296	48345	48391

48392–48772

48392	48438	48494	48544	48630	48666	48702	48738
48393	48439	48495	48545	48631	48667	48703	48739
48394	48440	48500	48546	48632	48668	48704	48740
48395	48441	48501	48547	48633	48669	48705	48741
48396	48442	48502	48548	48634	48670	48706	48742
48397	48443	48503	48549	48635	48671	48707	48743
48398	48444	48504	48550	48636	48672	48708	48744
48399	48445	48505	48551	48637	48673	48709	48745
48400	48446	48506	48552	48638	48674	48710	48746
48401	48447	48507	48553	48639	48675	48711	48747
48402	48448	48508	48554	48640	48676	48712	48748
48403	48449	48509	48555	48641	48677	48713	48749
48404	48450	48510	48556	48642	48678	48714	48750
48405	48451	48511	48557	48643	48679	48715	48751
48406	48452	48512	48558	48644	48680	48716	48752
48407	48453	48513	48559	48645	48681	48717	48753
48408	48454	48514	48600	48646	48682	48718	48754
48409	48455	48515	48601	48647	48683	48719	48755
48410	48456	48516	48602	48648	48684	48720	48756
48411	48457	48517	48603	48649	48685	48721	48757
48412	48458	48518	48604	48650	48686	48722	48758
48413	48459	48519	48605	48651	48687	48723	48759
48414	48460	48520	48606	48652	48688	48724	48760
48415	48461	48521	48607	48653	48689	48725	48761
48416	48462	48522	48608	48654	48690	48726	48762
48417	48463	48523	48609	48655	48691	48727	48763
48418	48464	48524	48610	48656	48692	48728	48764
48419	48465	48525	48611	48657	48693	48729	48765
48420	48466	48526	48612	48658	48694	48730	48766
48421	48467	48527	48613	48659	48695	48731	48767
48422	48468	48528	48614	48660	48696	48732	48768
48423	48469	48529	48615	48661	48697	48733	48769
48424	48470	48530	48616	48662	48698	48734	48770
48425	48471	48531	48617	48663	48699	48735	48771
48426	48472	48532	48618	48664	48700	48736	48772
48427	48473	48533	48619	48665	48701	48737	
48428	48474	48534	48620				
48429	48475	48535	48621				
48430	48476	48536	48622				
48431	48477	48537	48623				
48432	48478	48538	48624				
48433	48479	48539	48625				
48434	48490	48540	48626				
48435	48491	48541	48627				
48436	48492	48542	48628				
48437	48493	48543	48629				

Total 663

For full details of
LONDON MIDLAND REGION
DIESEL LOCOMOTIVES
See the
ABC OF BRITISH RAIL-
WAYS LOCOMOTIVES
Pt. II. Nos. 10000–39999.

0-8-0   6F & 7F

G1 Class 6F
*Introduced 1912. Bowen Cooke L.N.W. superheated design, developed from earlier saturated design (many rebuilt from earlier Webb, Whale and Bowen Cooke compound and simple designs introduced 1892 onwards). Many later rebuilt with Belpaire boilers.

G2 Class 7F
†Introduced 1921. Development of G1 with higher pressure boiler. Many later rebuilt with Belpaire boilers.

G2a Class 7F
Remainder. Introduced 1936. G1 locos. rebuilt with G2 Belpaire boilers.

Weights: Loco. { 60 tons 15 cwt. (G1). 62 tons 0 cwt. (G2, G2a). }

Pressure: { 160 lb. Su. (G1). 175 lb. Su. (G2, G2a). }

Cyls.: 20½″ × 24″.

Dr. Wheels: 4′ 5½″.

T.E.: { 25,640 lb. (G1). 28,045 lb. (G2, G2a). }

Joy Valve Gear. P.V.

Nos. 48893–49394 CLASSES G1* AND G2a.

48893	48921	48944	49007
48895	48922	48945	49008
48898	48926	48950	49009
48899	48927	48951	49010
48905	48930	48952	49018
48907	48932	48953	49020
48914	48940	48964	49021
48915	48942	49002	49023
48917	48943	49005	49024
49025	49121	49209	49316
49027	49122	49210	49318
49028	49125	49212	49321
49033	49126	49214	49322
49034	49129	49216	49323
49035	49130	49223	49327
49037	49132	49224	49328
49044	49134S	49226	49330
49045	49137	49228	49335
49046	49139	49229	49339S
49047	49140*S	49230	49340
49048	49141	49234	49341
49049	49142	49239	49342
49051	49143	49240	49343
49057	49144	49243	49344
49063	49145	49245	49345
49064	49146	49246	49348
49066	49147	49247	49350
49068	49148	49249	49352
49070	49149	49252	49354
49073	49150	49254	49355
49077	49153	49260	49357
49078	49154	49262	49358
49079	49155	49266	49361
49081	49157	49267	49366
49082	49158	49268	49367
49087	49160	49270	49368
49088	49161	49271	49373
49089*	49164	49275	49375
49093	49167	49276	49376
49094	49168	49277	49377
49099	49172	49278	49378
49104	49173	49281	49381
49105	49174	49287	49382
49106	49177	49288	49385
49108	49180	49289	49386
49109	49181	49293	49387
49112	49186	49301	49389
49113	49189	49304	49390
49114	49191	49306	49391
49115	49196	49308	49392
49116	49198	49310	49393
49117	49199	49311	49394
49119	49200	49313	
49120	49202	49314	
	49203	49315	

49395–51253

Nos. 49395–49454† CLASS G2.

49395	49410	49425	49440
49396	49411	49426	49441
49397	49412	49427	49442
49398	49413	49428	49443
49399	49414	49429	49444
49400	49415	49430	49445
49401	49416	49431	49446
49402	49417	49432	49447
49403	49418	49433	49448
49404	49419	49434	49449
49405	49420	49435	49450
49406	49421	49436	49451
49407	49422	49437	49452
49408	49423	49438	49453
49409	49424	49439	49454

Totals G2 60 G1 2 G2a 215

0-8-0   7F

Introduced 1929. Fowler L.M.S. design, developed from L.N.W. G2.
Weight: Loco. 60 tons 15 cwt.
Pressure: 200 lb. Su.
Cyls.: $19\frac{1}{2}'' \times 26''$.
Dr. Wheels: 4' $8\frac{1}{2}''$. T.E.: 29,745 lb.
Walschaerts Valve Gear. P.V.

49503	49547	49598	49648
49505	49552	49600	49657
49508	49554	49602	49659
49509	49555	49603	49662
49511	49560	49612	49664
49515	49566	49618	49666
49524	49570	49620	49667
49532	49578	49624	49668
49536	49582	49627	49672
49538	49586	49637	49674
49544	49592	49638	
49545		49640	

Total 46

2-4-2T   2P

Introduced 1889. Aspinall L. & Y. Class 5 with 2 tons coal capacity.
*Introduced 1890. Locos. built or rebuilt with smaller cylinders.
†Introduced 1898. Locos. with longer tanks and 4 tons coal capacity.
‡Introduced 1905. Hughes loco. built with Belpaire boiler and extended smokebox.
¶Introduced 1910. Locos. rebuilt with Belpaire boiler.
Weights: $\begin{cases} 55 \text{ tons } 19 \text{ cwt.} \\ 55 \text{ tons } 19 \text{ cwt.}^* \\ 59 \text{ tons } 3 \text{ cwt.}\dagger\ddagger\P \end{cases}$
Pressure: 180 lb.
Cyls.: $\begin{cases} 17\frac{1}{2}'' \times 26''.^* \\ 18'' \times 26'' \text{ (remainder)}. \end{cases}$
Dr. Wheels: 5' 8".
T.E.: $\begin{cases} 18,360 \text{ lb.} \\ 18,955 \text{ lb. (remainder)} \end{cases}$
Joy Valve Gear.

50621	50656*	50746	50829†¶
50636	50660	50752*	50831†
50643*	50678*	50757	50850†¶
50644	50686¶	50762	50855*†
50646	50687	50764	50859†
50647	50705	50765†	50865*†
50648	50712	50777	50869†
50650¶	50714*	50781	50887‡
50651¶	50715*	50788	
50652*†	50721	50795*	
50653*	50725	50807*	
50655¶	50731¶	50818	

Total 44

0-4-0ST   0F

Introduced 1891. Aspinall L. & Y. Class 21
Weight: 21 tons 5 cwt.
Pressure: 160 lb.
Cyls.: (O) $13'' \times 18''$.
Dr. Wheels: 3' $0\frac{3}{4}''$. T.E.: 11,335 lb.

51202	51217	51230	51240
51204	51218	51231	51241
51206	51221	51232	51244
51207	51222	51234	51246
51212	51227	51235	51253
51216	51229	51237	

Total 23

0-6-0ST 2F

Introduced 1891. Aspinall rebuild of L. & Y. Barton Wright Class 23 0-6-0. Originally introduced 1877.
Weight: 43 tons 17 cwt.
Pressure: 140 lb. Cyls.: 17¼″ × 26″.
Dr. Wheels: 4′ 6″. T.E.: 17,545 lb.

51304S	51379	51444S	51490
51305S	51381	51445	51491
51307	51390	51446S	51496
51313	51394S	51447	51497
51316	51396	51453	51498
51319	51397	51457	51499
51321	51404	51458	51500
51323	51408	51460	51503
51324S	51412S	51462	51504
51336	51413	51464	51506
51338	51415	51470	51510
51343	51419	51471	51511
51345	51423	51472	51512
51348	51424	51474	51513
51353	51425	51477	51514
51358	51429S	51479	51516
51361	51432	51481	51519
51368S	51436	51484	51521
51371	51439	51486	51524
51375	51441	51488	51526
51376		51489	51530

Total 84

0-6-0T 1F

Introduced 1897. Aspinall L. & Y. Class 24 dock tanks.
Weight: 50 tons 0 cwt.
Pressure: 140 lb.
Cyls.: (O) 17″ × 24″.
Dr. Wheels: 4′ 0″. T.E.: 15,285 lb
Allan straight link gear.

51535	51537	51544	51546
51536			

Total 5

0-6-0 2F

Introduced 1887. Barton Wright L. & Y. Class 25.
Weight: Loco. 39 tons 1 cwt.
Pressure: 140 lb.
Cyls.: 17¼″ × 26″.
Dr. Wheels: 4′ 6″. T.E.: 17,545 lb.

52016	52031	52044	52051
52021	52043	52045	52053
52024			

Total 9

0-6-0 3F

Introduced 1889. Aspinall L. & Y. Class 27.
*Introduced 1911. Rebuilt with Belpaire boiler and extended smokebox.
†Introduced 1913. Pettigrew Furness Rly. design.
‡Furness 0-6-0s rebuilt with ex-L. & Y. boiler.
Weights: Loco. { 42 tons 3 cwt.
43 tons 11 cwt.*
42 tons 13 cwt.†
Pressure: { 180 lb.*‡
170 lb.†
Cyls.: 18″ × 26″.
Dr. Wheels: { 5′ 1″.
4′ 7½″ †‡
T.E.: { 21,130 lb.
21,935 lb.†
23,225 lb.‡
Joy Valve Gear.

52089	52140*	52189	52248
52093S	52141	52194	52252
52094*	52143	52196	52255
52095	52150	52197*	52258
52098	52154*	52201*	52260
52099	52159	52203	52268
52104	52160	52207	52269
52108	52161*	52212S	52270
52118	52162	52215	52271
52119	52163	52216	52272
52120	52164	52217	52273*
52121	52165	52218S	52275
52123	52166	52220	52278
52124	52167	52225	52289
52125	52171	52230	52290
52129	52172	52232	52293
52132*	52174	52235	52299
52133	52175	52236	52300
52135	52177	52237	52305
52136	52179	52239	52309
52137	52182	52240	52311
52138	52183	52244	52312*
52139	52186	52245*	52317

52319-54460

52319*	52368	52416	52461
52321	52369	52418	52464S
52322	52376	52427	52465
52328	52378	52429	52466
52331	52379*	52431*	52494†
52334	52381	52432	52499‡
52336	52387	52435	52501‡
52338	52388	52437	52509‡
52341	52389	52438*	52510‡
52343	52390	52441S	52515
52345	52393	52443	52517S
52348	52397	52445*	52521
52349	52399	52447	52522
52350	52400*	52449	52523
52351	52405	52450	52524
52355	52408	52452	52526
52356	52410	52453	52527
52358	52411	52455	52529
52360	52412	52456	
52365	52413	52458	
52366	52415	52459	

Totals: L. & Y. 168, F.R. 5

2-8-0   7F

Introduced 1914. Fowler design for S. & D.J with 4′ 9″ boiler (some rebuilt from 1925 series).

*Introduced 1925. Fowler design with 5′ 3″ boiler.

(All taken into L.M.S. stock, 1930.)

Weights: Loco. { 64 tons 15 cwt.
68 tons 11 cwt.*

Pressure: 190 lb. Su.

Cyls.: (O) 21″ × 28″.

Dr. Wheels: 4′ 8½″.   T.E.: 35,295 lb.

Walschaerts Valve Gear. P.V.

53800	53803	53806*	53809
53801	53804	53807*	53810
53802	53805	53808*	

Total 11

0-6-0   3F

*Introduced 1912. Hughes L. & Y. Class 28, superheated development of Class 27.

Remainder. Introduced 1913. Rebuilds of Class 27.

Weight: Loco. 46 tons 10 cwt.

Pressure: 180 lb. Su.

Cyls.: 20½″ × 26″.

Dr. Wheels: 5′ 1″.   T.E.: 27,405 lb.

Joy Valve Gear. P.V.

52549*	52569	52580	52616
52551*	52572	52582	52619
52558	52575	52592	
52561	52576	52608	

Total 14

4-4-0   3P

Introduced 1910. McIntosh Caledonian "Dunalastair IV Superheater" or "139" class.

*Introduced 1915. Superheated rebuild of McIntosh Caledonian "Dunalastair IV" or "140" class (originally introduced 1904).

Weight: Loco. 61 tons 5 cwt.

Pressure: 180 lb. Su.

Cyls.: 20¼″ × 26″.

Dr. Wheels: 6′ 6″.   T.E.: 20,915 lb. P.V.

54438*	54446	54452	54457
54439*	54448	54453	54458
54440	54449	54454	54459
54441	54450	54455	54460
54443	54451	54456	
54444			

Total 20

54461–55206

4-4-0   3P

Introduced 1916. Pickersgill Caledonian "113" and "928" classes.
Weight: Loco. 61 tons 5 cwt.
Pressure: 180 lb. Su.
Cyls.: 20″ × 26″.
Dr. Wheels: 6′ 6″.   T.E.: 20,400 lb.
P.V.

54461	54465	54469	54473
54462	54466	54470	54474
54463	54467	54471	54475
54464	54468	54472	54476

Total 16

4-4-0   3P

Introduced 1920. Pickersgill Caledonian "72" class.
Weight: Loco. 61 tons 5 cwt.
Pressure: 180 lb. Su.
Cyls.: 20¼″ × 26″.
Dr. Wheels: 6′ 6″.   T.E.: 21,435 lb.
P.V.

54477	54486	54494	54502
54478	54487	54495	54503
54479	54488	54496	54504
54480	54489	54497	54505
54482	54490	54498	54506
54483	54491	54499	54507
54484	54492	54500	54508
54485	54493	54501	

Total 31

4-6-0   4MT

Introduced 1925. Post-Grouping development of Caledonian "60" Class.
Weight: Loco. 74 tons 15 cwt.
Pressure: 180 lb. Su.
Cyls.: (O) 20½″ × 26″.
Dr. Wheels: 6′ 1″.   T.E.: 22,900 lb.
P.V.

54639   Total 1

4-6-0   4MT

Introduced 1916. Pickersgill Caledonian "60" Class.
Weight: Loco. 75 tons 0 cwt.
Pressure: 180 lb. Su.
Cyls.: (O) 20″ × 26″.
Dr. Wheels: 6′ 1″.   T.E.: 21,795 lb.
P.V.

54650   Total 1

0-4-4T   1P

Introduced 1905. Drummond Highland design.
Weight: 35 tons 15 cwt.
Pressure: 150 lb.
Cyls.: 14″ × 20″.
Dr. Wheels: 4′ 6″.   T.E.: 9,255 lb.

55051 | 55053   Total 2

0-4-4T   2P

*Introduced 1895. McIntosh Caledonian "19" class, with railed coal bunkers.
Remainder. Introduced 1897. McIntosh "92" class, developed from "29" class with larger tanks and highsided coal bunkers (both classes originally fitted for condensing on Glasgow Central Low Level lines).
Weights: { 53 tons 16 cwt.*
          { 53 tons 19 cwt.
Pressure: 180 lb.
Cyls.: 18″ × 26″.
Dr. Wheels: 5′ 9″.   T.E.: 18,680 lb.

55124*	55126	55145	55146
55125	55141		

Total 6

0-4-4T   2P

Introduced 1900. McIntosh Caledonian "439" or "Standard Passenger" class.
*Introduced 1915. Pickersgill locos. with detail alterations.
Weights: { 53 tons 19 cwt.
          { 57 tons 12 cwt.*
Pressure: 180 lb.
Cyls.: 18″ × 26″.
Dr. Wheels: 5′ 9″.   T.E.: 18,680 lb.

55160	55169	55185	55198
55161	55173	55187	55199
55162	55174	55189	55200
55164	55176	55193	55201
55165	55177	55194	55202
55166	55178	55195	55203
55167	55179	55196	55204
55168	55182	55197	55206

55207-56286

55207	55215	55223	55231*
55208	55216	55224	55232*
55209	55217	55225	55233*
55210	55218	55226	55234*
55211	55219	55227*	55235*
55212	55220	55228*	55236*
55213	55221	55229*	
55214	55222	55230*	

Total 62

0-4-4T 2P

Introduced 1922. Pickersgill Caledonian "431" class (developed from "439" class) with cast-iron front buffer beam for banking.
Weight: 57 tons 17 cwt.
Pressure: 180 lb.
Cyls.: 18¼" × 26".
Dr. Wheels: 5' 9".   T.E.: 19,200 lb.

| 55237 | 55238 | 55239 | 55240 |

Total 4

0-4-4T 2P

Introduced 1925. Post-Grouping development of Caledonian "439" class.
Weight: 59 tons 12 cwt.
Pressure: 180 lb.
Cyls.: 18¼" × 26".
Dr. Wheels: 5' 9".   T.E.: 19,200 lb.

55260	55263	55266	55268
55261	55264	55267	55269
55262	55265		

Total 10

4-6-2T 4P

Introduced 1917. Pickersgill Caledonian "944" class.
Weight: 91 tons 13 cwt.
Pressure: 180 lb. Su. Cyls.: (O) 19½" × 26".
Dr. Wheels: 5' 9".   T.E.: 21,920 lb.
P.V.

55359

Total 1

0-4-0ST 0F

Introduced 1885. Drummond and McIntosh Caledonian "Pugs."
Weight: 27 tons 7 cwt.
Pressure: 160 lb.   Cyls.: (O) 14" × 20".
Dr. Wheels: 3' 8".   T.E.: 12,115 lb.

56011	56027	56030	56035
56020	56028	56031	56038
56025S	56029	56032S	56039

Total 12

0-6-0T 2F

Introduced 1911. McIntosh Caledonian dock shunters, "498" class
Weight: 47 tons 15 cwt.
Pressure: 160 lb.   Cyls.: (O) 17" × 22"
Dr. Wheels: 4' 0".   T.E.: 18,015 lb.

56151	56157	56163	56169
56152	56158	56164	56170
56153	56159	56165	56171
56154	56160	56166	56172
56155	56161	56167	56173
56156	56162	56168	

Total 23

0-6-0T 3F

Introduced 1895. McIntosh Caledonian "29" and "782" classes (56231-9 originally condensing).
Weight: 47 tons 15cwt.
Pressure: 160 lb.   Cyls.: 18" × 26".
Dr. Wheels: 4' 6".   T.E.: 21,215 lb.

56230	56244	56257	56273
56231	56245	56259	56274
56232	56246	56260	56275
56233	56247	56261	56277
56234	56248	56262	56278
56235	56249	56263	56279
56236	56250	56264	56280
56238	56251	56265	56281
56239	56252	56266	56282
56240	56253	56267	56283
56241	56254	56269	56284
56242	56255	56271	56285
56243	56256	56272	56286

Above: Class 2P 2-4-2T No. 50746.
[*J. Davenport*

Right: Class 2P 2-4-2T No. 50686 (with Belpaire firebox and extended smokebox).
[*E. Treacy*

Below: Class 3F 0-6-0 No. 52494.
[*T. K. Widd*

Class 3P (McIntosh) 4-4-0 No. 54450 [R. K. Evans

Class 3P (Pickersgill) 4-4-0 No. 54501 [J. Robertson

Class 2P 0-4-4T No. 55234 [G. H Robin

Class 2F 0-6-0 No. 57287 [R. K. Evans

Class 3F 0-6-0 No. 57654 [H. C. Casserley

Class 3F 0-6-0T No. 56300 [C. L. Kerr

Top: Class 2F 0-6-0 No. 58234 (4′ 11″ driving wheels).
[*F. W. Day*

Centre: Class 2F 0-6-0 No. 58279 (5′ 3″ driving wheels).
[*R. J. Buckley*

Left: Class 3F 0-6-0 No. 43204.
[*R. J. Buckley*

Class 4F 0-6-0 No. 43894 [R. J. Buckley

Class 2F ("Cauliflower") 0-6-0 No. 58412 (fitted for snow-plough work)
[W. H. Whitworth

Class 2F ("Coal engine") 0-6-0 No. 58343 [R. C. Warren

Top: Class 2F
0-6-2T No. 58888.
[*M. J. Ecclestone*

Left: Class 0F
0-4-0ST No. 51202.
[*T. K. Widd*

Below: Class 2F
0-6-0T No. 56164.
[*R. K. Evans*

Above: Class 0F 0-4-0ST No. 41523.
[*R. J. Buckley*

Right: Class 0F 0-4-0ST No. 47000.
[*R. Eckersley*

Below: Class 0F 0-4-0T No. 41537.
[*R. S. Potts*

Above: Sentinel 0-4-0 No. 47191.
[*R. J. Buckley*

Left: Sentinel 0-4-0 No. 47181.
[*F. W. Day*

Below: Diesel Service loco. E.D.3.
[*R. E. Vincent*

56287–57591

56287	56310	56332	56355
56288	56311	56333	56356
56289	56312	56334	56357
56290	56313	56335	56358
56291	56314	56336	56359
56292	56315	56337	56360
56293	56316	56333	56361
56294	56317	56339	56362
56295	56318	56340	56363
56296	56319	56341	56364
56297	56320	56342	56365
56298	56321	56343	56366
56299	56322	56344	56367
56300	56323	56345	56368
56301	56324	56346	56369
56302	56325	56347	56370
56303	56326	56348	56371
56304	56327	56349	56372
56305	56328	56350	56373
56306	56329	56352	56374
56307	56330	56353	56375
56308	56331	56354	56376
56309			

Total 141

0-6-0 2F

Introduced 1883. Drummond Caledonian "Standard Goods"; later additions by Lambie and McIntosh. Some rebuilt with L.M.S. boilers *

Weight: Loco. { 41 tons 6 cwt.
42 tons 4 cwt.*
Pressure: 180 lb.
Cyls.: 18″ × 26″.
Dr. Wheels.: 5′ 0″.   T.E.: 21,480 lb.

57230	57243	57257	57269
57232	57244	57258	57270
57233	57245	57259	57271
57234	57246	57260	57273
57235	57247	57261	57274
57236	57249	57262	57275
57237	57250	57263	57276
57238	57251	57264	57278
57239	57252	57265	57279
57240	57253	57266	57282
57241	57254	57267	57284
57242	57256	57268	57285

57287	57338	57373	57431
57288	57339	57375	57432
57291	57340	57377	57434
57292	57341	57378	57435
57295	57345	57383	57436
57296	57346	57384	57437
57299	57347	57385	57441
57300	57348	57386	57443
57302	57349	57389	57444
57303	57350	57392	57445
57307	57353	57396	57446
57309	57354	57398	57447
57311	57355	57404	57448
57314	57356	57405	57451
57315	57357	57407	57456
57317	57359	57411	57457
57319	57360	57412	57459
57320	57361	57413	57460
57321	57362	57414	57461
57324	57363	57416	57462
57325	57364	57417	57463
57326	57365	57418	57465
57328	57366	57419	57470
57329	57367	57424	57472
57331	57368	57426	57473
57335	57369	57429	
57336	57370	57430	

Total 154

0-6-0 3F

Introduced 1899. McIntosh Caledonian "812" (Nos 57550-57628) and "652" (remainder) classes.
Weight: Loco. 45 tons 14 cwt.
Pressure: 180 lb.
Cyls.: 18½″ × 26″.
Dr. Wheels: 5′ 0″.   T.E.: 22,690 lb.

57550	57560	57571	57582
57552	57562	57572	57583
57553	57563	57573	57585
57554	57564	57575	57586
57555	57565	57576	57587
57556	57566	57577	57588
57557	57568	57579	57589
57558	57569	57580	57590
57559	57570	57581	57591

57592–58100

57592	57605	57620	57634
57593	57607	57621	57635
57594	57608	57622	57637
57595	57609	57623	57638
57596	57611	57625	57640
57597	57612	57626	57642
57599	57613	57627	57643
57600	57614	57628	57644
57601	57615	57630	57645
57602	57617	57631	
57603	57618	57632	
57604	57619	57633	

Total 81

0-6-0   3F

Introduced 1918. Pickersgill Caledonian " 294 " class (superheated) and " 670 " classes.
Weight: Loco 50 tons 13 cwt.
Pressure: 180 lb. Su.
Cyls.: $18\frac{1}{2}'' \times 26''$
Dr. Wheels: 5′ 0″   T.E.: 22,690 lb.
P.V.

57650	57661	57670	57682
57651	57663	57671	57684
57652	57665	57672	57686
57653	57666	57673	57688
57654	57667	57674	57689
57655	57668	57679	57690
57658	57669	57681	57691
57659			

Total 29

0-4-4T   1P

Introduced 1875. Johnson Midland design, later rebuilt with Belpaire boiler.
Weight: 53 tons 4 cwt.
Pressure: 140 lb.
Cyls.: $18'' \times 24''$.
Dr. Wheels: 5′ 7″.   T.E.: 13,810 lb.

58038   Total 1

0-4-4T   1P

Introduced 1881. Johnson Midland design, rebuilt with Belpaire boiler (**except 58071**)
*Locos. with increased boiler pressure.
†Fitted with condensing gear.
Weight: 53 tons 4 cwt.
Pressure: $\begin{cases} 140 \text{ lb.} \\ 150 \text{ lb.*} \end{cases}$
Cyls.: $18'' \times 24''$.
Dr. Wheels: 5′ 4″.   T.E.: $\begin{cases} 14,460 \text{ lb.} \\ 15,490 \text{ lb.*} \end{cases}$

Nos. 58040-56 LOCOS. WITH 140 lb. PRESSURE.

58040	58051	58054	58056

*Nos. 58062-91 LOCOS. WITH 150 lb. PRESSURE.

58062	58072†	58080	58086
58065	58073†	58083	58087
58066	58075	58084	58089
58068†	58077	58085	58091
58071†			

Total 21

0-10-0

Introduced 1919. Fowler Midland banker for Lickey incline.
Weight: Loco. 73 tons 13 cwt.
Pressure: 180 lb. Su.
Cyls. (4): $16\frac{3}{4}'' \times 23''$.
Dr Wheels: 4′ 7½″.   T.E.: 43,315 lb.
Walschaerts Valve Gear.

58100   Total 1

0-6-0   2F

*Introduced 1875. Johnson Midland 4′ 11″ design with round top boiler.
†Introduced 1917 Rebuilt with Belpaire boiler
§Introduced 1917. Rebuilt with Belpaire boiler.
Weight: Loco. Various.
   37 tons 12 cwt. to 40 tons 3 cwt.
Pressure: 160 lb.
Cyls.: $18'' \times 26''$.
Dr. Wheels: $\begin{cases} 4'\ 11''\text{*} \\ 4'\ 11''\text{†} \\ 5'\ 3''\text{§} \end{cases}$ T.E.: $\begin{cases} 19,420 \text{ lb.*} \\ 19,420 \text{ lb.†} \\ 18,185 \text{ lb.§} \end{cases}$

58114-58926

58114†	58157†	58194§	58244†
58115†	58158†	58195§	58246*
58116†	58159*	58196§	58247†
58117†	58160†	58197§	58257§
58118†	58162†	58198§	58258§
58119†	58163†	58199§	58260§
58120†	58164†	58200§	58261§
58121†	58165†	58203§	58264§
58122†	58166†	58204§	58265§
58123†	58167†	58206§	58269§
58124†	58168†	58207§	58271§
58125†	58169†	58209§	58272§
58126†	58170†	58212§	58273§
58127†	58171†	58213§	58276§
58128†	58172†	58214§	58277§
58129†	58173†	58215§	58278§
58130†	58174†	58216§	58279§
58131†	58175†	58217§	58281§
58132†	58176†	58218§	58283§
58133†	58177†	58219§	58286§
58135†	58178†	58220§	58287§
58136†	58179†	58221§	58288§
58137†	58180†	58224§	58290§
58138†	58181†	58225§	58291§
58139†	58182†	58228§	58293§
58140†	58183†	58229*	58295§
58142†	58184†	58230§	58298§
58143†	58185†	58232§	58299§
58144†	58186†	58233†	58300§
58145†	58187†	58234†	58303§
58146†	58188§	58235†	58305§
58148†	58189§	58236*	58306§
58152†	58190§	58238†	58308§
58153†	58191§	58241†	58309§
58154†	58192§	58242†	58310§
58156†	58193§		

Total 142

0-6-0   2F

Introduced 1873. Webb L.N.W. " Coal Engines."
Weight: Loco. 32 tons 0 cwt.
Pressure: 150 lb.
Cyls.: 17″ × 24″.
Dr. Wheels: 4′ 5½″.   T.E.: 16,530 lb.

58332**S**   58343**S**   **Total 2**

0-6-0   2F

Introduced 1887. Webb L.N.W. " 18 in. Goods " (" Cauliflowers ") many later rebuilt with Belpaire boilers.
Weight: Loco. 36 tons 10 cwt.
Pressure: 150 lb.
Cyls.: 18″ × 24″.
Dr. Wheels: 5′ 2½″.   T.E.: 15,865 lb.
Joy Valve Gear.

58375	58394	58412	58427
58376	58396	58413	58430
58382	58409	58415	

Total 11

0-6-0T   2F

Introduced 1879. Park North London design.
Weight: 45 tons 10 cwt.
Pressure: 160 lb.
Cyls.: (O) 17″ × 24″.
Dr. Wheels: 4′ 4″.   T.E.: 18,140 lb.

58850	58853	58856	58860
58851	58854	58857**S**	58862
58852	58855	58859	

Total 11

0-6-2T   2F

Introduced 1882. Webb L.N.W. " Coal Tanks."
Weight: 43 tons 15 cwt.
Pressure: 150 lb.
Cyls.: 17″ × 24″.
Dr. Wheels: 4′ 5½″.   T.E.: 16,530 lb.

58880	58899	58904	58924
58887	58900	58911	58925
58888	58902	58915	58926
58891	58903	58921	

Total 15

67

LONDON MIDLAND SERVICE LOCOS.

(NOT NUMBERED IN THE BRITISH RAILWAYS SERIES)

0-4-0   Diesel

Introduced 1936. Fowler diesel.
Weight: 21 tons 5 cwt.

| E.D.1 | E.D.3 | E.D.5 |
| E.D.2 | E.D.4 | E.D.6 |

Total 6

(E.D.1 renumbered from E.D.2.)

0-6-0ST   2F

Introduced 1870. Webb version of Ramsbottom " Special Tank."

Weight: 34 tons 10 cwt.
Pressure: 140 lb.
Cyls.: 17" × 24".
Dr. Wheels: 4' 5½".   T.E.: 17,005 lb

3323 (L.N.W. No.) Crewe Loco. Works
C.D.3 Wolverton Carriage Works
C.D.6   ,,   ,,   ,,
C.D.7   ,,   ,,   ,,
C.D.8 "Earlestown" Wolverton Carriage Works

HISTORIC LOCOMOTIVES PRESERVED IN STORE

Type	Originating Company	Pre-Grouping No.	L.M.S. No.	Name	Place of Preservation
4-2-2	M.R.	118	(673)	—	Derby
2-4-0	M.R.	158A	—	—	Derby
2-2-2	L.N.W.	(49)	—	Columbine	York Museum
2-2-2	L.N.W.	3020	—	Cornwall	Crewe
2-4-0	L.N.W.	790	(5031)	Hardwicke	Crewe
*0-4-0T	L.N.W.	—	—	Pet	Crewe
0-4-0	F.R.	3	—	Coppernob	Horwich
0-4-2	Liverpool & Manchester	—	—	Lion	Crewe
4-2-2	C.R.	123	(14010)	—	St. Rollox
4-6-0	H.R.	103	(17916)	—	St. Rollox

The un-bracketed numbers are the ones at present carried by the locos.
*18in. gauge works shunter.

ELECTRIC MOTOR COACH NUMBERS

LONDON DISTRICT

OERLIKON STOCK

M28000	28231	28242	28251	28260	28270	28280	28290
28223	28233	28243	28252	28261	28271	28281	28291
28224	28234	28244	28253	28262	28272	28282	28292
28225	28235	28245	28254	28263	28273	28283	28293
28226	28237	28246	28255	28264	28274	28284	28294
28227	28238	28247	28256	28265	28275	28285	28295
28228	28239	28248	28257	28266	28276	28286	28296
28229	28240	28249	28258	28267	28277	28287	28297
28230	28241	28250	28259	28268	28278	28288	28298
				28269	28279	28289	28299

COMPARTMENT STOCK

M28001	28004	28007	28010	28013	28017	28021	28025
28002	28005	28008	28011	28014	28018	28022	
28003	28006	28009	28012	28015	28019	28023	
				28016	28020	28024	

LIVERPOOL—SOUTHPORT LINE

COMPARTMENT STOCK

M28301	28304	28307	28310	28332	28342	28353	28363
28302	28305	28308		28333	28343	28354	28364
28303	28306	28309		28334	28344	28355	28365

FLUSH-PANELLED STOCK

M28311	28316	28322	28327	
28312	28317	28323	28328	
28313	28318	28324	28329	
28314	28319	28325	28330	
28315	28321	28326	28331	

28335	28345	28356	28366
28336	28347	28357	28367
28337	28348	28358	28368
28338	28349	28359	28369
28339	28350	28360	
28340	28351	28361	
28341	28352	28362	

BAGGAGE CARS
M28496*   28497*

MERSEY RAILWAY

1st CLASS

M28405	28409	28413	28417
28406	28410	28414	28418
28407	28411	28415	
28408	28412	28416	

3rd CLASS

M28419	28423	28427	28431
28420	28424	28428	28432
28421	28425	28429	
28422	28426	28430	

MANCHESTER—BURY

M28500	28505	28510	28515	28520	28525	28529	28533
28501	28506	28511	28516	28521	28526	28530	28534
28502	28507	28512	28517	28522	28527	28531	28535
28503	28508	28513	28518	28523	28528	28532	28537
28504	28509	28514	28519	28524			

LANCASTER—MORECAMBE—HEYSHAM

M28219 | 28220 | 28221 | 28222

WIRRAL RAILWAY

M 28672	28677	28682	28687
28673	28678	28683	28688
28674	28679	28684	28689
28675	28680	28685	28690
28676	28681	28686	

MANCHESTER, S. JUNCTION & ALTRINCHAM RAILWAY

28571	28575	28579	28583	28587	28591
28572	28576	28580	28584	28588	28592
28573	28577	28581	28585	28589	28593
28574	28578	28582	28586	28590	28594

APPLICATION TO JOIN THE LOCOSPOTTERS CLUB

YOUR PROMISE...

I, the undersigned, do hereby make application to join the Ian Allan Locospotters Club, and undertake on my honour, if this application is accepted, to keep the rule of the Club; I understand that if I break this rule in any way I cease to be a member and forfeit the right to wear the badge and take part in the Club's activities.

Date.............................195...   Signed...

These details to be completed in BLOCK LETTERS:

SURNAME........................DATE OF BIRTH.....................19...

CHRISTIAN NAMES..

ADDRESS ....

....

....

You can order any or all of the MEMBERSHIP BADGES listed below *when you apply to join*. Please mark your requirements and send the remittance to cover. Put a cross (X) against the region and type of badges you want, and write the amount due in the end columns.

	Standard (celluloid) type, 6d.	De luxe (chrome plated) type*, 1/3.	s.	d.
Western Region ... ... Brown				
Southern Region ... ... Green				
London Midland Region .. ... Red				
Eastern Region ... Dark Blue				
North-Eastern Region ... Tangerine				
Scottish Region ... ... Light Blue				
MEMBERSHIP ENTRANCE FEE† :				9
Postal order enclosed :				

MINIMUM REMITTANCE FOR ENTRANCE AND BADGE 1/3d.

Notes

*De luxe badges are normally sent with stud (button-hole) fitting. Pin fittings are available on red, dark blue, tangerine and light blue badges if specially requested.

† This amount must be paid before badge orders can be accepted. If already a member, don't use this form for extra badges, but send a Member's Order Form or an ordinary letter, quoting your membership number.

DON'T FORGET YOU MUST SEND A STAMPED ADDRESSED ENVELOPE!

TI
DIRECT SUBSCRIPTION SERVICE

By placing a subscription order with the Publisher, a copy of TRAINS ILLUSTRATED printed on art paper will be posted to you direct to reach you on the first of each month. ART PAPER copies are available only by direct subscription.

RATES : Yearly 18/- : 6 months 9/-

NO EXTRA CHARGE IS MADE FOR POSTAGE

* * *

Please supply Trains Illustrated by direct mail for .... issues, for which I enclose remittance for £ : s. d.

Name ....

Address ....

....

....

Ian Allan Ltd

CRAVEN HOUSE
HAMPTON COURT
SURREY

THE **ABC** OF BRITISH RAILWAYS LOCOMOTIVES

PART 4 - Nos. 60000-99999
EASTERN, NORTH EASTERN
SCOTTISH REGION, EX-W.D. &
B.R. STANDARD STEAM
LOCOMOTIVES
also E. & N.E.R. Electric Units

*WINTER
1953/4
EDITION*

LONDON :

Ian Allan Ltd

FOREWORD

THIS booklet lists all British Railways locomotives numbered between 60000 and 99999 and E. & N.E. electric *train* units.
This series of numbers includes all Eastern, North Eastern and Scottish (ex-L.N.E.R.) Region steam locomotives, i.e. steam locomotives of the former L.N.E.R., new British Railways standard locomotives and ex-Ministry of Supply locos. Under the general British Railways renumbering scheme, the numbers of L.N.E.R. steam locomotives were increased by 60000, with the exception of Classes W1 and L1. A later scheme involved the renumbering of all ex-M.o.S. locomotives in the 90000 series, and there have also been minor amendments to Classes B16 and D31 to make way for new locomotives.

Former L.N.E.R. electric, diesel electric and petrol *locomotives* have been renumbered in the 20000 and 15000 series, and details of them will be found in ABC of British Railways Locomotives, Part 2 (Nos. 10000-39999).

NOTES ON THE USE OF THIS BOOK

In the list of locomotives which follow :

1. Many of the classes listed are sub-divided, the sub-divisions being denoted in some cases by " Parts " shown thus : D16/3. At the head of each class will be found a list of such sub-divisions, if any, usually arranged in order of introduction. Each part is given there a reference mark by which its relevant dimensions, if differing from those of other parts, and the locos included in this part, may be identified. Any other differences between locomotives are also indicated, with reference marks, below the details of the class's introduction.

2. The lists of dimensions at the head of each class show locomotives fitted with two inside cylinders, Stephenson gear and slide valves, unles otherwise stated, e.g. (O)=two outside cylinders, P.V.=piston valves.

3. The following method is used to denote superheated locomotives, the letters being inserted, where applicable, after the boiler pressure details : Su=All engines superheated.
SS=Some engines superheated.

4. The date on which the first locomotive of a class was built is denoted by " Introduced."

5. The numbers of locomotives in service have been checked to September 26th, 1953.

6. S denotes Service (Departmental) locomotive still carrying B.R. number (see page 43). This reference letter is introduced only for the reader's guidance and is not borne by the locomotive concerned.

BRITISH RAILWAYS
EASTERN & NORTH EASTERN REGION
Chief Mechanical Engineer
A. H. Peppercorn - - 1948-1949
(post abolished)

LOCOMOTIVE SUPERINTENDENTS AND CHIEF MECHANICAL ENGINEERS OF THE L.N.E.R.

Sir Nigel Gresley 1923—1941 | E. Thompson 1941—1946
A. H. Peppercorn 1946-1947

Great Northern Railway
A. Sturrock	..	1850—1866
P. Stirling	..	1866—1895
H. A. Ivatt	..	1896—1911
H. N. Gresley	..	1911—1922

North Eastern Railway
E. Fletcher	..	1854—1883
A. McDonnell*	..	1883—1884
T. W. Worsdell	..	1885—1890
W. Worsdell	..	1890—1910
Sir Vincent Raven		1910—1922

Great Eastern Railway
R. Sinclair	..	1862—1866
S. W. Johnson	..	1866—1873
W. Adams	..	1873—1878
M. Bromley	..	1878—1881
T. W. Worsdell	..	1881—1885
J. Holden	..	1885—1907
S. D. Holden	..	1908—1912
A. J. Hill	..	1912—1922

Lancashire, Derbyshire and East Coast Railway
R. A. Thom	..	1902—1907

Manchester, Sheffield and Lincolnshire Railway
Richard Peacock		—1854
W. G. Craig	..	1854—1859
Charles Sacré	..	1859—1886
T. Parker	..	1886—1893
H. Pollitt	..	1893—1897

Great Central Railway
H. Pollitt	..	1897—1900
J. G. Robinson	..	1900—1922

Hull and Barnsley Railway
M. Stirling	..	1885—1922

Midland and Great Northern Joint Railway
W. Marriott	..	1884—1924

North British Railway
T. Wheatley†	..	1867—1874
D. Drummond	..	1875—1882
M. Holmes	..	1882—1903
W. P. Reid	..	1903—1919
W. Chalmers	..	1919—1922

Great North of Scotland Railway
D. K. Clark	..	1853—1855
J. F. Ruthven	..	1855—1857
W. Cowan	..	1857—1883
J. Manson	..	1883—1890
J. Johnson	..	1890—1894
W. Pickersgill	..	1894—1914
T. E. Heywood	..	1914—1922

* Between McDonnell and T. W. Worsdell there was an interval during which the office was covered by a Locomotive Committee.

† Previous to whom, the records are indeterminate.

BRITISH RAILWAYS LOCOMOTIVES SHEDS AND SHED CODES

THIS LIST INCLUDES ONLY THOSE DEPOTS WHICH HAVE ENGINES ALLOCATED TO THEM. IT DOES NOT INCLUDE OVERNIGHT STABLING OR SIGNING-ON POINTS.

LONDON MIDLAND REGION

1A **Willesden**
1B Camden
1C Watford
1D Devons Road (Bow)
1E Bletchley
    Leighton Buzzard
    Newport Pagnell

2A **Rugby**
    Market Harborough
    Seaton
2B Nuneaton
2C Warwick
2D Coventry
2E Northampton

3A **Bescot**
3B Bushbury
3C Walsall
3D Aston
3E Monument Lane

5A **Crewe North**
    Whitchurch
5B Crewe South
    Crewe (Gresty Lane)
5C Stafford
5D Stoke
5E Alsager
5F Uttoxeter

6A **Chester**
6B Mold Junction
6C Birkenhead
6D Chester (Northgate)
6E Wrexham
6F Bidston
6G Llandudno Junction
6H Bangor
6J Holyhead
6K Rhyl
    Denbigh

8A **Edge Hill**
8B Warrington
    Warrington (Arpley)
8C Speke Junction
8D Widnes
    Widnes (C.L.C.)
8E Brunswick (Liverpool)
8F Warrington (C.L.C.)

9A **Longsight**
9B Stockport (Edgeley)
9C Macclesfield
9D Buxton
9E Trafford Park
9F Heaton Mersey
9G Northwich

10A **Springs Branch (Wigan)**
10B Preston
10C Patricroft
10D Plodder Lane (Bolton)
10E Sutton Oak

11A **Carnforth**
11B Barrow
    Coniston
11C Oxenholme
11D Tebay
11E Lancaster

12A **Carlisle (Upperby)**
12C Penrith
12D Workington
12E Moor Row

14A **Cricklewood**
14B Kentish Town
14C St. Albans

15A **Wellingborough**
15B Kettering
15C Leicester
15D Bedford

16A **Nottingham**
    Southwell
16C Kirkby
16D Mansfield

17A **Derby**
17B Burton
    Horninglow
    Overseal
17C Coalville
17D Rowsley
    Cromford
    Middleton
    Sheep Pasture

18A **Toton**
18B Westhouses
18C Hasland
    Clay Cross

18D Staveley
    Sheepbridge

19A **Sheffield**
19B Millhouses
19C Canklow

20A **Leeds (Holbeck)**
20B Stourton
20C Royston
20D Normanton
20E Manningham
    Ilkley
20F Skipton
    Keighley
20G Hellifield
    Ingleton

21A **Saltley**
21B Bournville
21C Bromsgrove

22A **Bristol**
22B Gloucester
    Tewkesbury
    Dursley

24A **Accrington**
24B Rose Grove
24C Lostock Hall
24D Lower Darwen
24E Blackpool
    Blackpool North
24F Fleetwood

25A **Wakefield**
25B Huddersfield
25C Goole
25D Mirfield
25E Sowerby Bridge
25F Low Moor
25G Farnley Junction

26A **Newton Heath**
26B Agecroft
26C Bolton
26D Bury
26E Bacup
26F Lees
26G Belle Vue

27A **Bank Hall**
27B Aintree
27C Southport
27D Wigan (ex-L. & Y.)
27E Walton

EASTERN REGION

30A	**Stratford**	
	Ilford	
	Brentford	
	Chelmsford	
	Epping	
	Wood St.	
	(Walthamstow)	
	Palace Gates	
	Enfield Town	
30B	Hertford East	
	Ware	
	Buntingford	
30C	Bishops Stortford	
30D	Southend (Victoria)	
	Southminster	
30E	Colchester	
	Clacton	
	Walton-on-Naze	
	Maldon	
	Braintree	
30F	Parkeston	
31A	**Cambridge**	
	Ely	
	Huntingdon East	
	Saffron Walden	
31B	March	
	Wisbech	
31C	Kings Lynn	
	Hunstanton	
31D	South Lynn	
31E	Bury St. Edmunds	
	Sudbury (Suffolk)	

32A **Norwich**
 Cromer
 Wells-on-Sea
 Dereham
 Swaffham
 Wymondham
32B Ipswich
 Felixstowe Beach
 Aldeburgh
 Stowmarket
32C Lowestoft
32D Yarmouth (South Town)
32E Yarmouth (Vauxhall)
32F Yarmouth Beach
32G Melton Constable
 Norwich City
 Cromer Beach

33A **Plaistow**
 Upminster
33B Tilbury
33C Shoeburyness

34A **Kings Cross**
34B Hornsey
34C Hatfield
34D Hitchin
34E Neasden
 Aylesbury
 Chesham

35A **New England**
 Spalding
 Stamford

35B Grantham
35C Peterborough (Spital)

36A **Doncaster**
36B Mexborough
 Wath
36C Frodingham
36D Barnsley
36E Retford
 Newark

37A **Ardsley**
37B Copley Hill
37C Bradford

38A **Colwick**
 Derby (Friargate)
 Leicester (ex-G.N.)
38B Annesley
38C Leicester (ex-G.C.)
38D Staveley
38E Woodford Halse

39A **Gorton**
 Dinting
 Hayfield
39B Sheffield (Darnall)

40A **Lincoln**
 Lincoln (St. Marks)
40B Immingham
40C Louth
40D Tuxford
40E Langwith Junction
40F Boston

NORTH EASTERN REGION

50A **York**
50B Leeds (Neville Hill)
50C Selby
50D Starbeck
50E Scarborough
50F Malton
 Pickering
50G Whitby

51A **Darlington**
 Middleton-in-Teesdale
51B Newport
51C West Hartlepool
51D Middlesbrough
 Guisborough
51E Stockton

51F West Auckland
51G Haverton Hill
51H Kirkby Stephen
51J Northallerton
 Leyburn
51K Saltburn

52A **Gateshead**
 Bowes Bridge
52B Heaton
52C Blaydon
 Hexham
 Alston
52D Tweedmouth
 Alnmouth
52E Percy Main

52F North Blyth
 South Blyth

53A **Hull (Dairycoates)**
53B Hull (Botanic Gardens)
53C Hull (Springhead)
 Alexandra Dock
53D Bridlington

54A **Sunderland**
 Durham
54B Tyne Dock
 Pelton Level
54C Borough Gardens
54D Consett

SCOTTISH REGION

60A **Inverness** 　Dingwall 　Kyle of Lochalsh 60B Aviemore 　Boat of Garten 60C Helmsdale 　Dornoch 　Tain 60D Wick 　Thurso 60E Forres 61A **Kittybrewster** 　Ballater 　Fraserburgh 　Peterhead 61B Aberdeen (Ferryhill) 61C Keith 　Banff 　Elgin 62A **Thornton** 　Anstruther 　Burntisland 　Ladybank 　Methil 62B Dundee (Tay Bridge) 　Arbroath 　Montrose 　St. Andrews 62C Dunfermline (Upper) 　Alloa 　Inverkeithing 　Kelty	63A **Perth South** 　Aberfeldy 　Blair Atholl 　Crieff 63B Stirling 　Killin 　Stirling (Shore Road) 63C Forfar 63D Fort William 　Mallaig 63E Oban 　Ballachulish 64A **St. Margarets (Edinburgh)** 　Dunbar 　Galashiels 　Longniddry 　North Berwick 　Peebles 　Seafield 　South Leith 64B Haymarket 64C Dalry Road 64D Carstairs 64E Polmont 64F Bathgate 64G Hawick 　Kelso 　Riccarton 65A **Eastfield (Glasgow)** 65B St. Rollox	65C Parkhead 65D Dawsholm 　Dumbarton 65E Kipps 65F Grangemouth 65G Yoker 65H Helensburgh 　Arrochar 65I Balloch 66A **Polmadie (Glasgow)** 66B Motherwell 　Morningside 66C Hamilton 66D Greenock (Ladyburn) 　Greenock (Princes Pier) 67A **Corkerhill (Glasgow)** 67B Hurlford 　Beith 　Muirkirk 67C Ayr 67D Ardrossan 68A **Carlisle (Kingmoor)** 78B Dumfries 　Kirkcudbright 68C Stranraer 　Newton Stewart 68D Beattock 68E Carlisle Canal 　Silloth

SOUTHERN REGION

70A **Nine Elms** 70B Feltham 70C Guildford 70D Basingstoke 70E Reading 71A **Eastleigh** 　Winchester 　Lymington 　Andover Junction 71B Bournemouth 　Swanage 　Hamworthy Junction 　Branksome 71C Dorchester 71D Fratton 　Midhurst 71E Newport (I.O.W.)	71F Ryde (I.O.W.) 71G Bath (S. & D.) 　Radstock 71H Templecombe 71I Southampton Docks 71J Highbridge 72A **Exmouth Junction** 　Seaton 　Lyme Regis 　Exmouth 　Okehampton 　Bude 72B Salisbury 72C Yeovil 72D Plymouth 　Callington 72E Barnstaple Junction 　Torrington 　Ilfracombe 72F Wadebridge	73A **Stewarts Lane** 73B Bricklayers Arms 73C Hither Green 73D Gillingham (Kent) 73E Faversham 74A **Ashford (Kent)** 　Canterbury West 74B Ramsgate 74C Dover 　Folkestone 74D Tonbridge 74E St. Leonards 75A **Brighton** 　Newhaven 75B Redhill 75C Norwood Junction 75D Horsham 75E Three Bridges 75F Tunbridge Wells West

WESTERN REGION

81A	**Old Oak Common**	
81B	Slough	
	Marlow	
	Watlington	
81C	Southall	
81D	Reading	
	Henley-on-Thames	
81E	Didcot	
	Newbury	
	Wallingford	
81F	Oxford	
	Abingdon	
	Fairford	
82A	**Bristol (Bath Road)**	
	Bath	
	Wells	
	Weston-super-Mare	
	Yatton	
82B	St. Philip's Marsh	
82C	Swindon	
	Chippenham	
82D	Westbury	
	Frome	
82E	Yeovil	
82F	Weymouth	
	Bridport	
83A	**Newton Abbot**	
	Ashburton	
	Kingsbridge	
83B	Taunton	
	Bridgwater	
	Minehead	
83C	Exeter	
	Tiverton Junction	
83D	Laira (Plymouth)	
	Princetown	
	Launceston	
83E	St. Blazey	
	Bodmin	
	Moorswater	
83F	Truro	
83G	Penzance	
	Helston	
	St. Ives	

84A	**Wolverhampton (Stafford Road)**	
84B	Oxley	
84C	Banbury	
84D	Leamington Spa	
84E	Tyseley	
	Stratford-on-Avon	
84F	Stourbridge	
84G	Shrewsbury	
	Clee Hill	
	Craven Arms	
	Knighton	
	Builth Road	
84H	Wellington (Salop)	
84J	Croes Newydd	
	Bala	
	Trawsfynydd	
	Penmaenpool	
84K	Chester	
85A	**Worcester**	
	Evesham	
	Kingham	
85B	Gloucester	
	Cheltenham	
	Brimscombe	
	Cirencester	
	Lydney	
	Tetbury	
85C	Hereford	
	Ledbury	
	Leominster	
	Ross	
85D	Kidderminster	
86A	**Newport (Ebbw Junction)**	
86B	Newport (Pill)	
86C	Cardiff (Canton)	
86D	Llantrisant	
86E	Severn Tunnel Junction	
86F	Tondu	
86G	Pontypool Road	
86H	Aberbeeg	
86J	Aberdare	
86K	Abergavenny	
	Tredegar	

87A	**Neath**	
	Glyn Neath	
	Neath (N. & B.)	
87B	Duffryn Yard	
87C	Danygraig	
87D	Swansea East Dock	
87E	Landore	
87F	Llanelly	
	Burry Port	
	Pantyfynnon	
87G	Carmarthen	
87H	Neyland	
	Cardigan	
	Milford Haven	
	Pembroke Dock	
	Whitland	
87J	Goodwick	
87K	Swansea (Victoria)	
	Upper Bank	
	Gurnos	
	Llandovery	
88A	**Cardiff (Cathays)**	
	Radyr	
88B	Cardiff East Dock	
88C	Barry	
88D	Merthyr	
	Cae Harris	
	Dowlais Central	
	Rhymney	
88E	Abercynon	
88F	Treherbert	
	Ferndale	
89A	**Oswestry**	
	Llanidloes	
	Moat Lane	
	Welshpool (W. & L.)	
89B	Brecon	
	Builth Wells	
89C	Machynlleth	
	Aberayron	
	Aberystwyth	
	Aberystwyth (V. of R.)	
	Portmadoc	
	Pwllheli	

7

NUMERICAL LIST OF ENGINES

4-6-2 8P Class A4

Introduced 1935. Gresley streamlined design with corridor tender (except those marked †).
*Inside cylinder reduced to 17".
†Non-corridor tender (remainder corridor).
‡Kylchap blast pipe and double chimney.
Weights: Loco. 102 tons 19 cwt.
Tender { 64 tons 19 cwt.
{ 60 tons 7 cwt.†
Pressure: 250 lb. Su.
Cyls.: { (3) 18½" × 26".
{ (2) 18½" × 26". (1) 17" × 26"*
Driving Wheels: 6' 8".
T.E.: { 35,455 lb.
{ 33,616 lb.*
Walschaerts gear and derived motion P.V.

60001†	Sir Ronald Matthews
60002†	Sir Murrough Wilson
60003*†	Andrew K. McCosh
60004	William Whitelaw
60005†‡	Sir Charles Newton
60006	Sir Ralph Wedgwood
60007	Sir Nigel Gresley
60008	Dwight D. Eisenhower
60009	Union of South Africa
60010	Dominion of Canada
60011	Empire of India
60012*	Commonwealth of Australia
60013	Dominion of New Zealand
60014	Silver Link
60015	Quicksilver
60016	Silver King
60017	Silver Fox
60018†	Sparrow Hawk
60019†	Bittern
60020*†	Guillemot
60021†	Wild Swan
60022†	Mallard
60023†	Golden Eagle
60024	Kingfisher
60025	Falcon
60026†	Miles Beevor
60027	Merlin
60028	Walter K. Whigham
60029	Woodcock
60030	Golden Fleece
60031*	Golden Plover
60032	Gannet
60033‡	Seagull
60034‡	Lord Faringdon

Total 34

4-6-2 7P Class A3

A3 Introduced 1927. Development of Gresley G.N. 180 lb. Pacific (introduced 1922, L.N.E.R. A1, later A10) with 220 lb. pressure (prototype and others rebuilt from A10). Some have G.N.-type tender† with coal rails, remainder L.N.E.R. pattern.
*Kylchap blast pipe and double chimney.
Weights: Loco. 96 tons 5 cwt.
Tender { 56 tons 6 cwt.†
{ 57 tons 18 cwt.
Pressure: 220 lb. Su. Cyls: 19" × 26"
Driving Wheels: 6' 8". T.E.: 32,910 lb.
Walschaerts gear and derived motion. P.V.

60035	Windsor Lad
60036	Colombo
60037	Hyperion
60038	Firdaussi
60039	Sandwich
60040	Cameronian
60041	Salmon Trout
60042	Singapore
60043	Brown Jack
60044	Melton
60045	Lemberg
60046	Diamond Jubilee
60047	Donovan
60048	Doncaster
60049	Galtee More
60050	Persimmon
60051	Blink Bonny
60052	Prince Palatine
60053	Sansovino
60054	Prince of Wales
60055	Woolwinder
60056	Centenary
60057	Ormonde
60058	Blair Athol

Class V2 2-6-2 No. 60826 [P. H. Wells

Class B1 4-6-0 No. 61008 *Kudu* [C. R. L. Coles

Class V4 2-6-2 No. 61701 [R. M. Casserley

Class A1/1 4-6-2 No. 60113 *Great Northern* [Eric Treacy

Class A1 4-6-2 No. 60147 *North Eastern* [J. P. Wilson

Class A2 4-6-2 No 60534 *Irish Elegance* [Eric Treacy

Top: Class A4 4-6-2 No. 60029 *Woodcock*
  [*Eric Treacy*

Centre: Class A3 4-6-2 No. 60092 *Fairway*   [*J. P. Wilson*

Right: Class A2/2 4-6-2 No. 60502 *Earl Marischal*
  [*Eric Treacy*

Class B12/3 4-6-0 No. 61537 [*J. P. Wilson*

Class B16/1 4-6-0 No. 61477 [*H. C. Casserley*

Class B16/3 4-6-0 No. 61444 [*J. Davenport*

Class B17/4 4-6-0 No. 61653 *Huddersfield Town* [R. E. Vincent

Class K5 2-6-0 No. 61863 [H. N. James

Class K3 2-6-0 No. 61978 [R. E. Vincent

Class K1 2-6-0 No. 62053 [P. H. Wells

Class K1/1 2-6-0 No. 61997 *MacCailin Mor* [B. R. Goodland

Class K2 2-6-0 No. 61776 [C. C. B. Herbert

Above: Class D30 4-4-0 No. 62429 *The Abbot* [*J. Robertson*

Right: Class D34 4-4-0 No. 62490 *Glen Fintaig* [*R. K. Evans*

Below: Class D20/2 4-4-0 No. 62360 [*R. J. Buckley*

Class D16/3 4-4-0 No. 62523 [D. H. Taylor

Class D49/1 4-4-0 No. 62734 *Cumberland* [L. A. Strudwick

Class D49/2 4-4-0 No. 62739 *The Badsworth* [H. C. Casserley

60059-60138

60059	Tracery	60107	Royal Lancer
60060	The Tetrarch	60108	Gay Crusader
60061	Pretty Polly	60109	Hermit
60062	Minoru	60110	Robert the Devil
60063	Isinglass	60111	Enterprise
60064	Tagalie	60112	St. Simon
60065	Knight of Thistle		
60066	Merry Hampton		**Total 78**
60067	Ladas		

60068	Sir Visto
60069	Sceptre
60070	Gladiateur
60071	Tranquil
60072	Sunstar
60073	St. Gatien
60074	Harvester
60075	St. Frusquin
60076	Galopin
60077	The White Knight
60078	Night Hawk
60079	Bayardo
60080	Dick Turpin
60081	Shotover
60082	Neil Gow
60083	Sir Hugo
60084	Trigo
60085	Manna
60086	Gainsborough
60087	Blenheim
60088	Book Law
60089	Felstead
60090	Grand Parade
60091	Captain Cuttle
60092	Fairway
60093	Coronach
60094	Colorado
60095	Flamingo
60096	Papyrus
60097*	Humorist
60098	Spion Kop
60099	Call Boy
60100	Spearmint
60101	Cicero
60102	Sir Frederick Banbury
60103	Flying Scotsman
60104	Solario
60105	Victor Wild
60106	Flying Fox

4-6-2   8P   Class A1

A1/1* Introduced 1945. Thompson rebuild of A10.
A1 Peppercorn development of A1/1 for new construction.
A1† Fitted with roller bearings.

Weights : Loco. $\begin{cases} 101 \text{ tons.*} \\ 104 \text{ tons 2 cwt.} \end{cases}$
           Tender : 60 tons 7 cwt.
Pressure : 250 lb. Su.
Cyls : (3) 19" × 26".
Driving Wheels : 6' 8". T.E. : 37,400 lb.
Walschaerts gear. P.V.

60113*	Great Northern
60114	W. P. Allen
60115	Meg Merrilies
60116	Hal o' the Wynd
60117	Bois Roussel
60118	Archibald Sturrock
60119	Patrick Stirling
60120	Kittiwake
60121	Silurian
60122	Curlew
60123	H. A. Ivatt
60124	Kenilworth
60125	Scottish Union
60126	Sir Vincent Raven
60127	Wilson Worsdell
60128	Bongrace
60129	Guy Mannering
60130	Kestrel
60131	Osprey
60132	Marmion
60133	Pommern
60134	Foxhunter
60135	Madge Wildfire
60136	Alcazar
60137	Redgauntlet
60138	Boswell

60139-60536

60139	Sea Eagle
60140	Balmoral
60141	Abbotsford
60142	Edward Fletcher
60143	Sir Walter Scott
60144	King's Courier
60145	Saint Mungo
60146	Peregrine
60147	North Eastern
60148	Aboyeur
60149	Amadis
60150	Willbrook
60151	Midlothian
60152	Holyrood
60153†	Flamboyant
60154†	Bon Accord
60155†	Borderer
60156†	Great Central
60157†	Great Eastern
60158	Aberdonian
60159	Bonnie Dundee
60160	Auld Reekie
60161	North British
60162	Saint Johnstoun

Total 50

4-6-2 (A2/1 : 6MT) 7MT Class A2

A2/2* Introduced 1943. Original Thompson Pacific, rebuilt from Gresley Class P2 2-8-2 (introduced 1934).
Weight : Loco. 101 tons 10 cwt.
Pressure : 225 lb. Su.
Cyls. : (3) 20″ × 26″.
Driving Wheels : 6′ 2″. T.E. : 40,320 lb.

A2/1† Introduced 1944. Development of Class A2/2, incorporating Class V2 2-6-2 boiler.
Weight : Loco. 98 tons.
Pressure : 225 lb. Su.
Cyls. : (3) 19″ × 26″.
Driving Wheels : 6′ 2″. T.E. : 36,385 lb.

A2/3‡ Introduced 1946. Development of Class A2/2 for new construction.
Weight : Loco. 101 tons 10 cwt.
Pressure : 250 lb. Su.
Cyls. : (3) 19″ × 26″.
Driving Wheels : 6′ 2″. T.E. : 40,430 lb.

A2§ Introduced 1947. Peppercorn development of Class A2/2 with shorter wheelbase. (No. 60539 built with double blast pipe.)

A2** Rebuilt with double blast pipe and multiple valve regulator.
Weight : Loco. 101 tons.
Pressure : 250 lb. Su.
Cyls. : (3) 19″ × 26″.
Driving Wheels : 6′ 2″. T.E. : 40,430 lb.
Tender weight (all parts): 60 tons 7 cwt. (except Nos. 60509/10, 52 tons).
Walschaerts gear, P.V.

60500‡	Edward Thompson
60501*	Cock o' the North
60502*	Earl Marischal
60503*	Lord President
60504*	Mons Meg
60505*	Thane of Fife
60506*	Wolf of Badenoch
60507†	Highland Chieftain
60508†	Duke of Rothesay
60509†	Waverley
60510†	Robert the Bruce
60511‡	Airborne
60512‡	Steady Aim
60513‡	Dante
60514‡	Chamossaire
60515‡	Sun Stream
60516‡	Hycilla
60517‡	Ocean Swell
60518‡	Tehran
60519‡	Honeyway
60520‡	Owen Tudor
60521‡	Watling Street
60522‡	Straight Deal
60523‡	Sun Castle
60524‡	Herringbone
60525§	A. H. Peppercorn
60526**	Sugar Palm
60527§	Sun Chariot
60528§	Tudor Minstrel
60529**	Pearl Diver
60530§	Sayajirao
60531§	Bahram
60532**	Blue Peter
60533**	Happy Knight
60534§	Irish Elegance
60535§	Hornet's Beauty
60536§	Trimbush

60537§ Bachelor's Button
60538**Velocity
60539§ Bronzino

        Totals: Class A2 15
                  Class A2/1 4
                  Class A2/2 6
                  Class A2/3 15

4-6-4   8P   Class W1

Introduced 1937. Rebuilt from Gresley experimental high-pressure 4-cyl. compound with water-tube boiler, introduced 1929.
Weights: Loco. 107 tons 17 cwt.
          Tender 60 tons 7 cwt.
Pressure: 250 lb. Su.
Cyls.: (3) 20″ × 26″.
Driving Wheels: 6′ 8″. T.E.: 41,435 lb.
Walschaerts gear and derived motion. P.V.

60700   **Total 1**

2-6-2   6MT   Class V2

Introduced 1936. Gresley design.
Weights: Loco. 93 tons 2 cwt.
          Tender 52 tons.
Pressure: 220 lb. Su.
Cyls.: (3) 18½″ × 26″.
Driving Wheels: 6′ 2″. T.E.: 33,730 lb.
Walschaerts gear and derived motion. P.V.

60800	Green Arrow
60801	
60802	
60803	
60804	
60805	
60806	
60807	
60808	
60809	The Snapper, The East Yorkshire Regiment, The Duke of York's Own
60810	
60811	
60812	
60813	
60814	
60815	
60816	
60817	
60818	
60819	
60820	
60821	
60822	
60823	
60824	
60825	
60826	
60827	
60828	
60829	
60830	
60831	
60832	
60833	
60834	
60835	The Green Howard, Alexandra, Princess of Wales's Own Yorkshire Regiment
60836	
60837	
60838	
60839	
60840	
60841	
60842	
60843	
60844	
60845	
60846	
60847	St. Peter's School, York, A.D. 627
60848	
60849	
60850	
60851	
60852	
60853	
60854	
60855	

60856-61040

60856			
60857			
60858			
60859			
60860	Durham School		
60861			
60862			
60863			
60864			
60865			
60866			
60867			
60868			
60869			
60870			
60871			
60872	King's Own Yorkshire Light Infantry		
60873	Coldstreamer		
60874	60902	60930	60958
60875	60903	60931	60959
60876	60904	60932	60960
60877	60905	60933	60961
60878	60906	60934	60962
60879	60907	60935	60963
60880	60908	60936	60964
60881	60909	60937	60965
60882	60910	60938	60966
60883	60911	60939	60967
60884	60912	60940	60968
60885	60913	60941	60969
60886	60914	60942	60970
60887	60915	60943	60971
60888	60916	60944	60972
60889	60917	60945	60973
60890	60918	60946	60974
60891	60919	60947	60975
60892	60920	60948	60976
60893	60921	60949	60977
60894	60922	60950	60978
60895	60923	60951	60979
60896	60924	60952	60980
60897	60925	60953	60981
60898	60926	60954	60982
60899	60927	60955	60983
60900	60928	60956	
60901	60929	60957	

Total 184

4-6-0   5MT   Class B1

Introduced 1942. Thompson design.
Weights : Loco.   71 tons 3 cwt.
            Tender 52 tons.
Pressure : 225 lb. Su.
Cyls. : (O) 20″ × 26″.
Driving Wheels : 6′ 2″. T.E. : 26,880 lb.
Walschaerts gear. P.V.

61000	Springbok
61001	Eland
61002	Impala
61003	Gazelle
61004	Oryx
61005	Bongo
61006	Blackbuck
61007	Klipspringer
61008	Kudu
61009	Hartebeeste
61010	Wildebeeste
61011	Waterbuck
61012	Puku
61013	Topi
61014	Oribi
61015	Duiker
61016	Inyala
61017	Bushbuck
61018	Gnu
61019	Nilghai
61020	Gemsbok
61021	Reitbok
61022	Sassaby
61023	Hirola
61024	Addax
61025	Pallah
61026	Ourebi
61027	Madoqua
61028	Umseke
61029	Chamois
61030	Nyala
61031	Reedbuck
61032	Stembok
61033	Dibatag
61034	Chiru
61035	Pronghorn
61036	Ralph Assheton
61037	Jairou
61038	Blacktail
61039	Steinbok
61040	Roedeer

61041-61246

61041	61079	61116	61153	61200
61042	61080	61117	61154	61201
61043	61081	61118	61155	61202
61044	61082	61119	61156	61203
61045	61083	61120	61157	61204
61046	61084	61121	61158	61205
61047	61085	61122	61159	61206
61048	61086	61123	61160	61207
61049	61087	61124	61161	61208
61050	61088	61125	61162	61209
61051	61089	61126	61163	61210
61052	61090	61127	61164	61211
61053	61091	61128	61165	61212
61054	61092	61129	61166	61213
61055	61093	61130	61167	61214
61056	61094	61131	61168	61215 William Henton Carver
61058	61095	61132	61169	61216
61059	61096	61133	61170	61217
61060	61097	61134	61171	61218
61061	61098	61135	61172	61219
61062	61099	61136	61173	61220
61063	61100	61137	61174	61221 Sir Alexander Erskine-Hill
61064	61101	61138	61175	
61065	61102	61139	61176	61222
61066	61103	61140	61177	61223
61067	61104	61141	61178	61224
61068	61105	61142	61179	61225
61069	61106	61143	61180	61226
61070	61107	61144	61181	61227
61071	61108	61145	61182	61228
61072	61109	61146	61183	61229
61073	61110	61147	61184	61230
61074	61111	61148	61185	61231
61075	61112	61149	61186	61232
61076	61113	61150	61187	61233
61077	61114	61151	61188	61234
61078	61115	61152		61235

61189	Sir William Gray
61190	
61191	
61192	
61193	
61194	
61195	
61196	
61197	
61198	
61199	
61236	
61237	Geoffrey H. Kitson
61238	Leslie Runciman
61239	
61240	Harry Hinchliffe
61241	Viscount Ridley
61242	Alexander Reith Gray
61243	Sir Harold Mitchell
61244	Strang Steel
61245	Murray of Elibank
61246	Lord Balfour of Burleigh

61247-61478

61247	Lord Burghley		
61248	Geoffrey Gibbs		
61249	FitzHerbert Wright		
61250	A. Harold Bibby		
61251	Oliver Bury		

61252	61284	61316	61348
61253	61285	61317	61349
61254	61286	61318	61350
61255	61287	61319	61351
61256	61288	61320	61352
61257	61289	61321	61353
61258	61290	61322	61354
61259	61291	61323	61355
61260	61292	61324	61356
61261	61293	61325	61357
61262	61294	61326	61358
61263	61295	61327	61359
61264	61296	61328	61360
61265	61297	61329	61361
61266	61298	61330	61362
61267	61299	61331	61363
61268	61300	61332	61364
61269	61301	61333	61365
61270	61302	61334	61366
61271	61303	61335	61367
61272	61304	61336	61368
61273	61305	61337	61369
61274	61306	61338	61370
61275	61307	61339	61371
61276	61308	61340	61372
61277	61309	61341	61373
61278	61310	61342	61374
61279	61311	61343	61375
61280	61312	61344	61376
61281	61313	61345	61377
61282	61314	61346	61378
61283	61315	61347	

61379	Mayflower

61380	61388	61396	61404
61381	61389	61397	61405
61382	61390	61398	61406
61383	61391	61399	61407
61384	61392	61400	61408
61385	61393	61401	61409
61386	61394	61402	
61387	61395	61403	

Total 409

4-6-0 5MT Class B16

B16/1 Introduced 1920. Raven N.E. design with inside Stephenson gear.
B16/2* Introduced 1937. Gresley rebuild of B16/1 with double Walschaerts gear and derived motion for inside cylinder.
B16/3† Introduced 1944. Thompson rebuild of B16/1 with three Walschaerts gears.

Weights: Loco. { 77 tons 14 cwt.
 79 tons 4 cwt.*
 78 tons 19 cwt.†
 Tender 46 tons 12 cwt.
Pressure : 180 lb. Su.
Cyls.: (3) 18½" × 26".
Driving Wheels : 5' 8". T.E. : 30,030 lb. P.V.

61410	61428	61446	61464†
61411	61429	61447	61465
61412	61430	61448†	61466
61413	61431	61449†	61467†
61414	61432	61450	61468†
61415	61433	61451	61469
61416	61434†	61452	61470
61417†	61435*	61453†	61471
61418†	61436	61454†	61472†
61419	61437*	61455*	61473
61420†	61438*	61456	61474
61421*	61439†	61457*	61475*
61422	61440	61458	61476†
61423	61441	61459	61477
61424	61442	61460	61478
61425	61443	61461†	
61426	61444†	61462	
61427	61445	61463†	

Totals : **Class B16/1 45**
Class B16/2 7
Class B16/3 17

For full details of
ELECTRIC AND DIESEL LOCOS
on the E., N.E. & Scottish Regions
see the
ABC OF B.R. LOCOMOTIVES
Part II, Nos. 10000-39999

For full details of
CLASS "4MT" AND "2MT" 2-6-0
Nos. 43000-43161 & 46400-46527
on the E., N.E. & Scottish Regions
see the
ABC OF B.R. LOCOMOTIVES
Part III, Nos. 40000-59999

4-6-0 4P Class B12

B12/1* Introduced 1911. S. D. Holden G.E. design with small Belpaire boiler.

B12/3 Introduced 1932. Gresley rebuild of B12/1 with large round-topped boiler and long-travel valves.

B12/1† Introduced 1943. Rebuild of B12/1 with small round-topped boiler, retaining original valves.

(B12/2 was a development of B12/1 with Lentz valves, since rebuilt to B12/3.)

Weights : Loco. $\begin{cases} 63 \text{ tons.}^{*\dagger} \\ 69 \text{ tons 10 cwt.} \end{cases}$
Tender 39 tons 6 cwt.

Pressure : 180 lb. Su. Cyls. : 20″ × 28″.
Driving Wheels : 6′ 6″. T.E. : 21,970 lb.
P.V.

61502*	61538	61555	61570
61512	61539*	61556	61571
61514	61540	61557	61572
61516	61541	61558	61573
61519	61542	61561	61574
61520	61545	61564	61575
61523	61546	61565	61576
61524†	61547	61566	61577
61530	61549	61567	61578
61533	61550	61568	61579
61535	61553	61569	61580
61537	61554		

Totals : Class B12/1 3
Class B12/3 44

4-6-0 4P (B2 and B17/6: 5P) Classes B2 & B17

B17/1¹ Introduced 1928. Gresley design for G.E. section with G.E.-type tenders.

B17/6² Introduced 1947. B17/1 fitted with 100A (B1 type) boiler.

B17/4³ Introduced 1936. Locos with L.N.E.R. 4,200-gallon tenders.

B17/6⁴ Introduced 1943. B17/4 fitted with 100A (B1 type) boiler.

B17/6⁵ Rebuild of streamlined B17/5 introduced in 1937. Rebuilt with 100A boiler and de-streamlined in 1951.

Weights : Loco. 77 tons 5 cwt.
Tender $\begin{cases} 39 \text{ tons 6 cwt.}^{1\,2} \\ 52 \text{ tons.}^{3\,4\,5} \end{cases}$

Pressure : $\begin{cases} 180 \text{ lb.}^1 \\ 225 \text{ lb.}^2 \\ 180 \text{ lb.}^3 \\ 225 \text{ lb.}^{4\,5} \end{cases}$ Su.

Cyls. : (3) 17½″ × 26″.
Driving Wheels : 6′ 8″.
T.E. : $\begin{cases} 22,485 \text{ lb.}^1 \\ 28,555 \text{ lb.}^2 \\ 22,485 \text{ lb.}^3 \\ 28,555 \text{ lb.}^{4\,5} \end{cases}$

Walschaerts gear and derived motion. P.V.

B2⁶ Introduced 1945. Thompson 2-cyl. rebuild of B17, with 100A boiler and N.E. tender.

B2⁷ Introduced 1945, with L.N.E.R. tender.

Weights : Loco. 73 tons 10 cwt.
Tender $\begin{cases} 46 \text{ tons 12 cwt.}^6 \\ 52 \text{ tons.}^7 \end{cases}$

Pressure : 225 lb. Su.
Cyls. : (O) 20″ × 26″.
Driving Wheels : 6′ 8″. T.E. : 24,865 lb.
Walschaerts gear and derived motion. P.V.

61600² Sandringham
61601¹ Holkham
61602² Walsingham
61603⁶ Framlingham
61605² Lincolnshire Regiment
61606² Audley End
61607⁶ Blickling
61608² Gunton
61609² Quidenham
61610¹ Honingham Hall
61611¹ Raynham Hall
61612² Houghton Hall
61613² Woodbastwick Hall
61614⁶ Castle Hedingham
61615⁷ Culford Hall
61616⁶ Fallodon
61617⁶ Ford Castle
61618¹ Wynyard Park
61619¹ Welbeck Abbey
61620² Clumber
61621¹ Hatfield House
61622² Alnwick Castle
61623² Lambton Castle
61625¹ Raby Castle
61626¹ Brancepeth Castle
61627² Aske Hall

61629-61786

61629¹	Naworth Castle
61630²	Tottenham Hotspur
61631¹	Serlby Hall
61632⁷	Belvoir Castle
61633²	Kimbolton Castle
61634¹	Hinchingbrooke
61635³	Milton
61636²	Harlaxton Manor
61637¹	Thorpe Hall
61638²	Melton Hall
61639⁶	Norwich City
61640¹	Somerleyton Hall
61641²	Gayton Hall
61642³	Kilverstone Hall
61643¹	Champion Lodge
61644⁶	Earlham Hall
61645³	The Suffolk Regiment
61646²	Gilwell Park
61647¹	Helmingham Hall
61648³	Arsenal
61649³	Sheffield United
61650³	Grimsby Town
61651³	Derby County
61652³	Darlington
61653³	Huddersfield Town
61654³	Sunderland
61655³	Middlesbrough
61656³	Leeds United
61657⁴	Doncaster Rovers
61658¹	The Essex Regiment
61659⁵	East Anglian
61660³	Hull City
61661³	Sheffield Wednesday
61662³	Manchester United
61663³	Everton
61664⁴	Liverpool
61665⁴	Leicester City
61666⁴	Nottingham Forest
61667³	Bradford
61668³	Bradford City
61669⁴	Barnsley
61670⁵	City of London
61671⁷	Royal Sovereign
61672⁴	West Ham United

Totals :
- Class B2   10
- Class B17/1   15
- Class B17/4   10
- Class B17/6   35

2-6-2   5MT   Class V4

Introduced 1941. Gresley design.
Weights : Loco.   70 tons 8 cwt.
            Tender 42 tons 15 cwt.
Pressure : 250 lb. Su.
Cyls. (3) 15″ × 26″.
Driving Wheels : 5′ 8″. T.E. : 27, 420 lb.
Walschaerts gear and derived motion.
P.V.

61700   Bantam Cock
61701

Total 2

2-6-0   4MT   Class K2

K2/2 Introduced 1914. Gresley G.N. design.
† K2/2 fitted with side-window cab in Scottish Region.
K2/1* Introduced 1931. Rebuilt from small-boilered K1 (introduced 1912).
‡ K2/1 with side-window cab.
Weights : Loco.   64 tons 8 cwt.
            Tender 43 tons 2 cwt.
Pressure : 180 lb. Su.
Cyls. : (O) 20″ × 26″.
Driving Wheels : 5′ 8″. T.E. : 23,400 lb.
Walschaerts gear. P.V.

61720*	61731	61742	61753
61721‡	61732	61743	61754
61722‡	61733†	61744	61755†
61723*	61734†	61745	61756
61724*	61735†	61746	61757
61725*	61736	61747	61758†
61726*	61737	61748	61759
61727*	61738	61749	61760
61728*	61739	61750	61761
61729‡	61740	61751	61762
61730	61741†	61752	61763

61764†   Loch Arkaig

61765	61767	61769†	61771
61766	61768	61770†	

61772†   Loch Lochy
61773
61774†   Loch Garry
61775†   Loch Treig

61776†	61778	61780
61777	61779†	

61781†   Loch Morar
61782†   Loch Eil
61783†   Loch Sheil
61784† | 61785† | 61786†

61787-61992

61787†	Loch Quoich
61788†	Loch Rannoch
61789†	Loch Laidon
61790†	Loch Lomond
61791†	Loch Laggan
61792†	61793†
61794†	Loch Oich

Totals : Class K2/1 10
Class K2/2 65

Classes K3 & K5
2-6-0 6MT

K3/2 Introduced 1924. Development of Gresley G.N. design, built to L.N.E.R. loading gauge.
K3/3* Introduced 1929. Differ in details only, such as springs, from K3/2.
‡ K3/2 fitted with G.N. tender.
(K3/1 were G.N. locos (introduced 1920), with G.N. cabs, and K3/4, K3/5 and K3/6 were variations of K3/2 differing in weight and details. These locos have now been modified to K3/2.)
Weights : Loco. 72 tons 12 cwt.
Tender { 52 tons.
43 tons 2 cwt.‡
Pressure : 180 lb. Su.
Cyls. : (3) 18½" × 26".
Driving Wheels : 5' 8". T.E. : 30,030 lb.
Walschaerts gear and derived motion. P.V.

K5† Introduced 1945. Thompson 2-cyl. rebuild of K3.
Weights : Loco. 71 tons 5 cwt.
Tender 52 tons.
Pressure : 225 lb. Su.
Cyls. : (O) 20" × 26".
Driving Wheels : 5' 8". T.E. : 29,250 lb.
Walschaerts gear. P.V.

61800	61813	61826	61839
61801	61814	61827	61840
61802	61815	61828	61841‡
61803	61816	61829	61842
61804	61817	61830	61843
61805	61818	61831	61844
61806	61819	61832	61845
61807	61820	61833	61846
61808	61821	61834	61847
61809	61822	61835	61848
61810	61823	61836	61849
61811	61824	61837	61850
61812‡	61825	61838	61851
61852	61888*	61924	61960
61853	61889*	61925	61961
61854‡	61890	61926	61962
61855‡	61891	61927	61963
61856‡	61892	61928	61964
61857‡	61893	61929	61965
61858‡	61894	61930	61966
61859‡	61895	61931	61967
61860	61896	61932	61968
61861	61897	61933	61969
61862	61898	61934	61970
61863†	61899	61935	61971
61864	61900	61936	61972
61865	61901	61937	61973
61866	61902	61938	61974
61867	61903	61939	61975
61868	61904	61940	61976
61869	61905	61941	61977
61870*	61906	61942	61978
61871*	61907	61943	61979
61872*	61908	61944	61980
61873*	61909	61945	61981
61874*	61910	61946	61982
61875*	61911	61947	61983
61876*	61912	61948	61984
61877*	61913	61949	61985
61878*	61914	61950	61986
61879*	61915	61951	61987
61880*	61916	61952	61988
61881*	61917	61953	61989
61882*	61918	61954	61990
61883*	61919	61955	61991
61884*	61920	61956	61992
61885*	61921	61957	
61886*	61922	61958	
61887*	61923	61959	

Totals : Class K3/2 172
Class K3/3 20
Class K5 1

IMPORTANT NOTE
A careful reading of the notes on page 2 is essential to understand the use of reference marks in this book.

61993-62397

2-6-0   6MT   Classes K1 & K4

K4* Introduced 1937. Gresley loco for West Highland line.
Weights : Loco.   68 tons 8 cwt.
             Tender 44 tons 4 cwt.
Pressure : 200 lb. Su.
Cyls. : (3) $18\frac{1}{2}'' \times 26''$.
Driving Wheels : 5′ 2″. T.E. : 36,600 lb.
Walschaerts gear and derived motion. P.V.

K1/1† Introduced 1945. Thompson 2-cyl. loco. Rebuilt from K4.

K1 Introduced 1949. Peppercorn development of Thompson K1/1 (No. 61997) for new construction, with increased length.
Weights : Loco.   66 tons 17 cwt.
             Tender 44 tons 4 cwt.
Pressure : 225 lb. Su.
Cyls. : (O) $20'' \times 26''$.
Driving Wheels : 5′ 2″. T.E. : 32,030 lb.
Walschaerts gear. P.V.

61993* Loch Long
61994* The Great Marquess
61995* Cameron of Lochiel
61996* Lord of the Isles
61997† MacCailin Mor
61998* Macleod of Macleod

62001	62019	62037	62055
62002	62020	62038	62056
62003	62021	62039	62057
62004	62022	62040	62058
62005	62023	62041	62059
62006	62024	62042	62060
62007	62025	62043	62061
62008	62026	62044	62062
62009	62027	62045	62063
62010	62028	62046	62064
62011	62029	62047	62065
62012	62030	62048	62066
62013	62031	62049	62067
62014	62032	62050	62068
62015	62033	62051	62069
62016	62034	62052	62070
62017	62035	62053	
62018	62036	62054	

Totals : Class K1   70
              Class K1/1   1
              Class K4   5

4-4-0   2P   Class D40

Introduced 1899. Pickersgill G.N.of.S. design.
* Introduced 1920. Heywood superheated locos.

Weights : Loco. $\begin{cases} 46 \text{ tons } 7 \text{ cwt.} \\ 48 \text{ tons } 13 \text{ cwt.*} \end{cases}$
             Tender 37 tons 8 cwt.
Pressure : 165 lb. SS. Cyls. : $18'' \times 26''$
Driving Wheels : 6′ 1″. T.E. : 16,185 lb.

62260	62265	62269	62272
62262	62267	62270	
62264	62268	62271	

62273* George Davidson
62274* Benachie
62275* Sir David Stewart
62276* Andrew Bain
62277* Gordon Highlander
62278* Hatton Castle
62279* Glen Grant

Total 17

4-4-0   2P   Class D20

D20/1 Introduced 1899. W. Worsdell N.E. design. Since superheated.
D20/2* Introduced 1936. D20/1 rebuilt with long-travel valves.
† Locos with tender rebuilt with J39-type tank.

Weights : Loco. $\begin{cases} 54 \text{ tons } 2 \text{ cwt.} \\ 55 \text{ tons } 9 \text{ cwt.*} \end{cases}$
             Tender $\begin{cases} 41 \text{ tons } 4 \text{ cwt.} \\ 43 \text{ tons.*} \end{cases}$
Pressure : 175 lb. Su. Cyls. : $19'' \times 26''$
Driving Wheels : 6′ 10″. T.E. : 17,025 lb. P.V.

62343	62358†	62378	62388
62345	62359	62380	62392
62347	62360*	62381	62395
62349*	62371*	62383	62396
62351	62372	62384	62397†
62352	62374	62386†	
62355	62375*	62387	

Totals : Class D20/1   23
              Class D20/2   4

4-4-0 3P Class D30

D30/2 Introduced 1914. Development of D30/1, introduced 1912 (Reid N.B. "Scott" class) with detail differences.
Weights : Loco. 57 tons 16 cwt.
           Tender 46 tons 13 cwt.
Pressure : 165 lb. Su. Cyls. : 20″ × 26″.
Driving Wheels : 6′ 6″. T.E. : 18,700 lb. P.V.

62418	The Pirate
62419	Meg Dods
62420	Dominie Sampson
62421	Laird o' Monkbarns
62422	Caleb Balderstone
62423	Dugald Dalgetty
62424	Claverhouse
62425	Ellangowan
62426	Cuddie Headrigg
62427	Dumbledykes
62428	The Talisman
62429	The Abbot
62430	Jingling Geordie
62431	Kenilworth
62432	Quentin Durward
62434	Kettledrummle
62435	Norna
62436	Lord Glenvarloch
62437	Adam Woodcock
62438	Peter Poundtext
62439	Father Ambrose
62440	Wandering Willie
62441	Black Duncan
62442	Simon Glover

Total 24

4-4-0 3P Class D33

Introduced 1909. Later Reid N.B. "Intermediate" class. Since superheated.
Weights : Loco. 54 tons 3 cwt.
           Tender 44 tons 11 cwt.
Pressure : 180 lb. Su. Cyls. : 19″ × 26″.
Driving Wheels : 6′ 0″. T.E. : 19,945 lb. P.V.

62464   **Total 1**

62418-62498

4-4-0 3P Class D34

Introduced 1913. Reid N.B."Glen" class.
Weights : Loco. 57 tons 4 cwt.
           Tender 46 tons 13 cwt.
Pressure : 165 lb. Su. Cyls. : 20″ × 26″.
Driving Wheels : 6′ 0″. T.E. : 20,260 lb. P.V.

62467	Glenfinnan
62468	Glen Orchy
62469	Glen Douglas
62470	Glen Roy
62471	Glen Falloch
62472	Glen Nevis
62474	Glen Croe
62475	Glen Beasdale
62477	Glen Dochart
62478	Glen Quoich
62479	Glen Sheil
62480	Glen Fruin
62482	Glen Mamie
62483	Glen Garry
62484	Glen Lyon
62485	Glen Murran
62487	Glen Arklet
62488	Glen Aladale
62489	Glen Dessary
62490	Glen Fintaig
62492	Glen Garvin
62493	Glen Gloy
62494	Glen Gour
62495	Glen Luss
62496	Glen Loy
62497	Glen Mallie
62498	Glen Moidart

Total 27

4-4-0 3P Class D16

D16/3¹ Introduced 1933. Gresley rebuild of D15 with larger round-topped boiler and modified footplating. D15 was Belpaire boiler development of original J. Holden (G.E.) "Claud Hamilton" Class.

D16/3² Introduced 1933. Rebuild of D15 with larger round-topped boiler, modified footplating and 8″ piston valves.

62510-62677

D16/3³ Introduced 1936. Rebuild of D15 with larger round-topped boiler, modified footplating and 9½" piston valves.

D16/3⁴ Introduced 1938. Rebuild of D16/2 with round-topped boiler, but retaining original footplating and slide valves.

D16/3⁵ Introduced 1939. Rebuild of D16/2 with round-topped boiler and modified footplating, retaining slide valves.

(At grouping the remaining locos of the " Claud Hamilton " class retaining small round-topped boilers were classified D14. Saturated locos of D15 were originally classified D15, superheated locos with short smokeboxes D15/1 and superheated locos with extended smokeboxes D15/2. All the remaining locos were converted to D15/2 and then known simply as D15. D16/1 were the original D16 locos with short smokeboxes.)

Weights : Loco. 55 tons 18 cwt.
Tender 39 tons 5 cwt.
Pressure : 180 lb. Su. Cyls. : 19" × 26".
Driving Wheels : 7' 0". T.E. : 17,095 lb.

62510¹	62539¹	62566¹	62593¹
62511¹	62540¹	62567¹	62596¹
62513¹	62541¹	62568²	62597¹
62514¹	62542⁴	62569⁴	62599³
62515¹	62543¹	62570⁴	62601⁴
62516¹	62544⁴	62571¹	62604¹
62517¹	62545¹	62572¹	62605⁴
62518¹	62546²*	62573⁴	62606⁴
62519¹	62548¹	62574¹	62607⁴
62521¹	62549¹	62575⁴	62608⁴
62522¹	62551¹	62576³	62609²
62523¹	62552⁴	62577⁴	62610¹
62524¹	62553⁴	62578⁴	62611⁴
62525¹	62554⁴	62579¹	62612⁴
62526¹	62555¹	62580⁴	62613⁴
62529¹	62556⁴	62582¹	62614⁵
62530¹	62557⁴	62584⁴	62616⁴
62531¹	62558⁴	62585¹	62617⁴
62532³	62559¹	62586¹	62618⁴
62533¹	62561¹	62587²	62619⁴
62534¹	62562⁴	62588²	62620⁴
62535³	62564⁴	62589⁴	
62536³	62565⁴	62592⁴	

Total 90

* Named *Claud Hamilton*.

4-4-0 3P Class D10

Introduced 1913. Robinson G.C. " Director " class.
Weights : Loco. 61 tons
Tender 48 tons 6 cwt.
Pressure : 180 lb. Su. Cyls. : 20" × 26".
Driving Wheels : 6' 9". T.E. : 19,645 lb.
P.V.

62650	Prince Henry
62652	Edwin A. Beazley
62653	Sir Edward Fraser
62656	Sir Clement Royds
62658	Prince George
62659	Worsley-Taylor

Total 6

4-4-0 3P Class D11

D11/1* Introduced 1920. Robinson G.C. " Large Director," development of D10.
D11/2 Introduced 1924. Post-grouping locos built to Scottish loading gauge. From 1938 the class has been rebuilt with long-travel valves.
Weights : Loco. 61 tons 3 cwt.
Tender 48 tons 6 cwt.
Pressure : 180 lb. Su. Cyls. : 20" × 26".
Driving Wheels : 6' 9". T.E. : 19,645 lb.
P.V.

62660*	Butler-Henderson
62661*	Gerard Powys Dewhurst
62662*	Prince of Wales
62663*	Prince Albert
62664*	Princess Mary
62665*	Mons
62666*	Zeebrugge
62667*	Somme
62668*	Jutland
62669*	Ypres
62670*	Marne
62671	Bailie MacWheeble
62672	Baron of Bradwardine
62673	Evan Dhu
62674	Flora MacIvor
62675	Colonel Gardiner
62676	Jonathan Oldbuck
62677	Edie Ochiltree

62678	Luckie Mucklebackit	62707*[1]	Lancashire
62679	Lord Glenallan	62708*[1]	Argyllshire
62680	Lucy Ashton	62709*[1]	Berwickshire
62681	Captain Craigengelt	62710*[1]	Lincolnshire
62682	Haystoun of Bucklaw	62711*[1]	Dumbartonshire
62683	Hobbie Elliott	62712*[1]	Morayshire
62684	Wizard of the Moor	62713*[3]	Aberdeenshire
62685	Malcolm Graeme	62714*[2]	Perthshire
62686	The Fiery Cross	62715*[3]	Roxburghshire
62687	Lord James of Douglas	62716*[1]	Kincardineshire
62688	Ellen Douglas	62717*[1]	Banffshire
62689	Maid of Lorn	62718*[3]	Kinross-shire
62690	The Lady of the Lake	62719*[2]	Peebles-shire
62691	Laird of Balmawhapple	62720*[1]	Cambridgeshire
62692	Allan-Bane	62721*[1]	Warwickshire
62693	Roderick Dhu	62722*[2]	Huntingdonshire
62694	James Fitzjames	62723*[2]	Nottinghamshire

Totals : Class D11/1 11
Class D11/2 24

4-4-0   4P   Class D49

D49/1* Introduced 1927. Gresley design with piston valves. Walschaerts gear and derived motion.
D49/2† Introduced 1928. Development of D49/1 with Lentz Rotary Cam poppet valves.
D49/2‡ Introduced 1949. Fitted with Reidegar R.R. Rotary valve gear.
(D49/3 comprised locos 62720-4 as built with Lentz Oscillating Cam poppet valves. From 1938 these locos were converted to D49/1. 62751-75 have larger valves than the earlier D49/2, and were at first classified D49/4).
[1] Fitted with G.C. tender.
[2] Fitted with N.E. tender.
[3] The remainder have L.N.E.R. tenders.

Weights : Loco. { 66 tons.*†
64 tons 10 cwt.‡§
Tender { 48 tons 6 cwt.*
44 tons 2 cwt.†§
52 tons.‡

Pressure : 180 lb. Su.
Cyls. : (3) 17" × 26"
Driving Wheels : 6' 8". T.E. : 21,555 lb.

62700*[1]	Yorkshire	62724*[2]	Bedfordshire
62701*[1]	Derbyshire	62725*[1]	Inverness-shire
62702*[1]	Oxfordshire	62726†[3]	The Meynell
62703*[2]	Hertfordshire	62727†[2]	The Quorn
62704*[1]	Stirlingshire	62728*[1]	Cheshire
62705*[1]	Lanarkshire	62729*[3]	Rutlandshire
62706*[1]	Forfarshire	62730*[1]	Berkshire
		62731*[3]	Selkirkshire
		62732*[1]	Dumfries-shire
		62733*[1]	Nothumberland
		62734*[2]	Cumberland
		62735*[3]	Westmorland
		62736†[3]	The Bramham Moor
		62737†[3]	The York and Ainsty
		62738†[3]	The Zetland
		62739†[3]	The Badsworth
		62740†[3]	The Bedale
		62741†[3]	The Blankney
		62742†[3]	The Braes of Derwent
		62743†[3]	The Cleveland
		62744†[3]	The Holderness
		62745†[3]	The Hurworth
		62746†[3]	The Middleton
		62747†[3]	The Percy
		62748†[3]	The Southwold
		62749†[3]	The Cottesmore
		62750†[3]	The Pytchley
		62751†[3]	The Albrighton
		62752†[3]	The Atherstone
		62753†[3]	The Belvoir
		62754†[3]	The Berkeley

62755-63474

62755†³	The Bilsdale
62756†³	The Brocklesby
62757†³	The Burton
62758†³	The Cattistock
62759†³	The Craven
62760†³	The Cotswold
62761†³	The Derwent
62762†³	The Fernie
62763‡	The Fitzwilliam
62764‡³	The Garth
62765†³	The Goathland
62766†³	The Grafton
62767†³	The Grove
62769†³	The Oakley
62770†³	The Puckeridge
62771†³	The Rufford
62772†³	The Sinnington
62773†³	The South Durham
62774†³	The Staintondale
62775†³	The Tynedale

Totals: Class D49/1 34
Class D49/2 41

2-4-0   IMT   Class E4

Introduced 1891. J. Holden G.E. design.
* Fitted with side-window cab.
Weights: Loco. 40 tons 6 cwt.
Tender 30 tons 13 cwt.
Pressure: 160 lb. Cyls.: 17½" × 24".
Driving Wheels: 5' 8". T.E.: 14,700 lb.

62780	62785	62790	62795*
62781*	62786	62791	62796
62782	62787	62792	62797*
62783	62788*	62793*	
62784*	62789	62794	

Total 18

0-8-0   6F   Class Q6

Introduced 1913. Raven N.E. design.
* Some locos are fitted with tenders from withdrawn B15 locos.
Weights: Loco. 65 tons 18 cwt.
Tender { 44 tons 2 cwt.
44 tons.*
Pressure: 180 lb. Su.
Cyls.: (O) 20" × 26".
Driving Wheels: 4' 7¼". T.E.: 28,800 lb.
P.V.

63340 | 63341 | 63342 | 63343

63344	63373	63402	63431
63345	63374	63403	63432
63346	63375	63404	63433
63347	63376	63405	63434
63348	63377	63406	63435
63349	63378	63407	63436
63350	63379	63408	63437
63351	63380	63409	63438
63352	63381	63410	63439
63353	63382	63411	63440
63354	63383	63412	63441
63355	63384	63413	63442
63356	63385	63414	63443
63357	63386	63415	63444
63358	63387	63416	63445
63359	63388	63417	63446
63360	63389	63418	63447
63361	63390	63419	63448
63362	63391	63420	63449
63363	63392	63421	63450
63364	63393	63422	63451
63365	63394	63423	63452
63366	63395	63424	63453
63367	63396	63425	63454
63368	63397	63426	63455
63369	63398	63427	63456
63370	63399	63428	63457
63371	63400	63429	63458
63372	63401	63430	63459

Total 120

0-8-0   8F   Class Q7

Introduced 1919 Raven N.E. design.
Weights: Loco. 71 tons 12 cwt.
Tender 44 tons 2 cwt.
Pressure: 180 lb. Su.
Cyls.: (3) 18½" × 26".
Driving Wheels: 4' 7¼". T.E.: 36,965 lb.
P.V.

63460	63464	63468	63472
63461	63465	63469	63473
63462	63466	63470	63474
63463	63467	63471	

Total 15

Classes O1 & O4

2-8-0 8F (O1) 7F (O4)

O4/1[1] Introduced 1911. Robinson G.C. design with small Belpaire boiler, steam and vacuum brakes and water scoop.

O4/3[2] Introduced 1917. R.O.D. locos. with steam brake only and no scoop. Taken into L.N.E.R. stock from 1924.

O4/2[3] Introduced 1925. O4/3 with cab and boiler mountings reduced to Scottish loading gauge.

O4/5[4] Introduced 1932. Rebuilt with shortened O2-type boiler and separate smokebox saddle.

O4/6[5] Introduced 1924. Rebuilt from O5, retaining higher cab (63912-20 with side-windows).

O4/7[6] Introduced 1939. Rebuilt with shortened O2-type boiler, retaining G.C. smokebox.

O4/8[7] Introduced 1944. Rebuilt with 100A(B1) boiler, retaining original cylinders.

(O4/4 were rebuilds with O2 boilers, since rebuilt again; O5 was a G.C. development of O4 with larger Belpaire boilers.)

Weights: Loco.
- 73 tons 4 cwt.[1]
- 73 tons 4 cwt.[2]
- 73 tons 4 cwt.[3]
- 74 tons 13 cwt.[4]
- 73 tons 4 cwt.[5]
- 73 tons 17 cwt.[6]
- 72 tons 10 cwt.[7]

Tender
- 48 tons 6 cwt. (with scoop)
- 47 tons 6 cwt. (without scoop)

Pressure: 180 lb. Su.
Cyls.: (O) 21" × 26".
Driving Wheels: 4' 8". T.E.: 31,325 lb.
P.V.

O1[8] Introduced 1944. Thompson rebuild with 100A boiler, Walschaerts valve gear and new cylinders.
Weights: Loco. 73 tons 6 cwt.
Tender as O4.
Pressure: 225 lb. Su.
Cyls.: (O) 20" × 26".
Driving Wheels: 4' 8". T.E.: 35,520 lb.
Walschaerts gear. P.V.

63570[6]	63579[8]	63589[8]	63598[1]
63571[8]	63581[8]	63590[8]	63599[1]
63572[2]	63582[6]	63591[8]	63600[6]
63573[1]	63583[1]	63592[8]	63601[1]
63574[1]	63584[1]	63593[8]	63602[1]
63575[7]	63585[1]	63594[8]	63603[6]
63576[1]	63586[1]	63595[6]	63604[1]
63577[1]	63587[1]	63596[8]	63605[1]
63578[8]	63588[6]	63597[1]	63606[1]
63607[7]	63656[2]	63704[3]	63752[8]
63608[1]	63657[2]	63705[6]	63753[2]
63609[1]	63658[1]	63706[6]	63754[2]
63610[8]	63659[2]	63707[1]	63755[8]
63611[1]	63660[1]	63708[6]	63756[2]
63612[1]	63661[6]	63709[3]	63757[1]
63613[7]	63662[6]	63710[1]	63758[2]
63614[1]	63663[1]	63711[8]	63759[2]
63615[1]	63664[2]	63712[8]	63760[8]
63616[6]	63665[2]	63713[2]	63761[2]
63617[1]	63666[2]	63714[2]	63762[1]
63618[1]	63667[2]	63715[2]	63763[2]
63619[8]	63668[2]	63716[2]	63764[2]
63620[1]	63669[6]	63717[2]	63765[2]
63621[1]	63670[8]	63718[2]	63766[2]
63622[1]	63671[1]	63719[1]	63768[2]
63623[1]	63672[2]	63720[2]	63769[2]
63624[1]	63673[6]	63721[2]	63770[6]
63625[1]	63674[3]	63722[1]	63771[2]
63626[1]	63675[6]	63723[1]	63772[2]
63628[4]	63676[1]	63724[2]	63773[2]
63629[2]	63677[1]	63725[8]	63774[2]
63630[8]	63678[8]	63726[4]	63775[2]
63631[1]	63679[2]	63727[1]	63776[2]
63632[2]	63680[3]	63728[2]	63777[2]
63633[7]	63681[2]	63729[2]	63778[2]
63634[6]	63682[2]	63730[2]	63779[2]
63635[1]	63683[1]	63731[2]	63780[2]
63636[2]	63684[1]	63732[2]	63781[2]
63637[2]	63685[2]	63733[2]	63782[2]
63638[2]	63686[2]	63734[2]	63783[2]
63639[2]	63687[8]	63735[2]	63784[2]
63640[1]	63688[2]	63736[1]	63785[2]
63641[2]	63689[8]	63737[2]	63786[2]
63642[2]	63690[2]	63738[7]	63787[2]
63643[1]	63691[2]	63739[2]	63788[4]
63644[3]	63692[1]	63740[5]	63789[2]
63645[2]	63693[1]	63741[2]	63790[2]
63646[2]	63694[2]	63742[2]	63791[2]
63647[2]	63695[2]	63743[1]	63792[2]
63648[3]	63696[2]	63744[2]	63793[2]
63649[2]	63697[2]	63745[4]	63794[2]
63650[1]	63698[1]	63746[8]	63795[8]
63651[7]	63699[6]	63747[8]	63796[8]
63652[2]	63700[1]	63748[8]	63797[1]
63653[7]	63701[2]	63749[6]	63798[2]
63654[1]	63702[2]	63750[7]	63799[1]
63655[6]	63703[2]	63751[2]	63800[2]

63801-63987

63801[2]	63836[7]	63862[2]	63889[2]
63802[2]	63837[2]	63863[8]	63890[2]
63803[8]	63838[8]	63864[2]	63891[6]
63804[2]	63839[6]	63865[8]	63893[7]
63805[1]	63840[2]	63867[8]	63894[6]
63806[8]	63841[2]	63868[8]	63895[2]
63807[7]	63842[2]	63869[8]	63897[2]
63808[8]	63843[6]	63870[2]	63898[2]
63812[2]	63845[2]	63872[8]	63899[2]
63813[2]	63846[2]	63873[2]	63900[2]
63816[4]	63847[3]	63874[8]	63901[8]
63817[8]	63848[6]	63876[8]	63902[5]
63818[7]	63850[2]	63877[2]	63904[5]
63819[7]	63851[4]	63878[2]	63905[5]
63821[2]	63852[2]	63879[8]	63906[5]
63822[2]	63853[7]	63880[6]	63907[5]
63823[2]	63854[8]	63881[2]	63908[5]
63824[6]	63855[2]	63882[7]	63911[5]
63827[2]	63856[7]	63883[2]	63912[5]
63828[7]	63857[6]	63884[8]	63913[5]
63829[2]	63858[2]	63885[2]	63914[5]
63832[2]	63859[2]	63886[8]	63915[5]
63833[8]	63860[6]	63887[8]	63917[5]
63835[2]	63861[2]	63888[5]	63920[5]

Totals : Class O1   58
          Class O4/1 65
          Class O4/2 11
          Class O4/3 113
          Class O4/5   6
          Class O4/6 13
          Class O4/7 40
          Class O4/8 18

For full details of
ELECTRIC AND DIESEL LOCOS
on the E., N.E. & Scottish Regions
see the
ABC OF B.R. LOCOMOTIVES
Part II, Nos. 10000-39999

For full details of
CLASS "4MT" AND "2MT" 2-6-0s
Nos. 43000-43161 & 46400-46527
on the E., N.E. & Scottish Regions
see the
ABC OF B.R. LOCOMOTIVES
Part III, Nos. 40000-59999

IMPORTANT NOTE
A careful reading of the notes on page 2 is essential to understand the use of reference marks in this book.

2-8-0   8F   Class O2

O2/1* Introduced 1921. Development of experimental Gresley G.N. 3-cyl. loco (L.N.E.R. 3921). Subsequently rebuilt with side-window cab, and reduced boiler mountings.
O2/2† Introduced 1924. Development of O2/1 with detail differences.
O2/3 Introduced 1932. Development of O2/2 with side-window cab and reduced boiler mountings
O2/4‡ Introduced 1943. Rebuilt with 100A (B1 type) boiler and smokebox extended backwards (63924 retaining G.N. tender).

Weights : Loco. { 75 tons 16 cwt.*†
                      78 tons 13 cwt.
                      74 tons 2 cwt.‡
Tender { 43 tons 2 cwt. (63922-46)
         52 tons (63947-87)
Pressure : 180 lb. Su.
Cyls. : (3) $18\frac{1}{2}″ \times 26″$.
Driving Wheels : 4′ 8″. T.E. : 36,470 lb.
Walschaerts gear and derived motion. P.V.

63922*	63939†	63956	63973
63923*	63940†	63957	63974
63924‡	63941†	63958	63975
63925*	63942†	63959	63976
63926*	63943†	63960	63977
63927*	63944†	63961	63978
63928*	63945†	63962‡	63979
63929*	63946†	63963	63980
63930*	63947	63964	63981
63931*	63948	63965	63982
63932‡	63949	63966	63983
63933†	63950‡	63967	63984
63934†	63951	63968	63985
63935†	63952	63969	63986
63936†	63953	63970	63987
63937†	63954	63971	
63938†	63955	63972	

Totals : Class O2/1   9
          Class O2/2 14
          Class O2/3 39
          Class O2/4   4

Above : Class D11
4-4-0 No. 62661
Gerard Powys Dewhurst
 [P. Ransome-Wallis

Right : Class D40
4-4-0 No. 62273
George Davidson
 [J. N. Westwood

Below : Class E4
2-4-0 No. 62790
 [M. E. Edwards

Class Q7 0-8-0 No. 63471 [H. C. Casserley

Class Q6 0-8-0 No. 63436 [M. J. Ecclestone

Class O2/3 2-8-0 No. 63981 [P. H. Wells

Class O4/6 2-8-0 No. 63907 [P. H. Wells

Class O1 2-8-0 No. 63650 [J. F. Aylard

Class O4/7 2-8-0 No. 63848 [A. H. Bryant

Class J2 0-6-0 No. 65017 [J. Cupit

Class J3 0-6-0 No. 61141 [M. J. Ecclestone

Class J5 0-6-0 No. 65490 [P. Ransome-Wallis

64125-64407

0-6-0 2F Class J3

Introduced 1912. Larger-boilered rebuild of J4.
Weights : Loco. 42 tons 12 cwt.
Tender 38 tons 10 cwt.
Pressure : 175 lb. Cyls. : $17\frac{1}{2}'' \times 26''$.
Driving Wheels : 5' 2". T.E. : 19,105 lb.

64125	64132	64140	64141
64131			

Total 5

0-6-0 3F Class J6

Introduced 1911. Gresley G.N. design.
Weights : Loco. 50 tons 10 cwt.
Tender 43 tons 2 cwt.
Pressure : 170 lb. Su. Cyls. : $19'' \times 26''$.
Driving Wheels : 5' 2". T.E. : 21,875 lb. P.V.

64170	64198	64226	64254
64171	64199	64227	64255
64172	64200	64228	64256
64173	64201	64229	64257
64174	64202	64230	64258
64175	64203	64231	64259
64176	64204	64232	64260
64177	64205	64233	64261
64178	64206	64234	64262
64179	64207	64235	64263
64180	64208	64236	64264
64181	64209	64237	64265
64182	64210	64238	64266
64183	64211	64239	64267
64184	64212	64240	64268
64185	64213	64241	64269
64186	64214	64242	64270
64187	64215	64243	64271
64188	64216	64244	64272
64189	64217	64245	64273
64190	64218	64246	64274
64191	64219	64247	64275
64192	64220	64248	64276
64193	64221	64249	64277
64194	64222	64250	64278
64195	64223	64251	64279
64196	64224	64252	
64197	64225	64253	

Total 110

0-6-0 3F Class J11

Introduced 1901. Robinson G.C. design. Parts 1 and 4 have 3,250 gallon tenders : Parts 2 and 5, 4,000 gallon. Parts 1 and 2 have higher boiler mountings ; Parts 4 and 5 low. All Parts 4 and 5 are superheated, and some of Parts 1 and 2. There are frequent changes between these parts

J11/3* Introduced 1942. Rebuilt with long-travel piston valves and higher pitched.

Weights : Loco. $\begin{cases} 51 \text{ tons } 19 \text{ cwt. (Sat.)} \\ 52 \text{ tons } 2 \text{ cwt. (Su.)} \\ 53 \text{ tons } 6 \text{ cwt.*} \end{cases}$

Tender $\begin{cases} 44 \text{ tons } 3 \text{ cwt. (3,250 gall.)} \\ 48 \text{ tons } 6 \text{ cwt. (4,000 gall.)} \end{cases}$

Pressure : 180 lb. SS Cyls. : $18\frac{1}{2}'' \times 26''$.
Driving Wheels : 5' 2". T.E. : 21,960 lb.

64280	64312	64344	64376
64281	64313	64345	64377
64282	64314*	64346*	64378
64283*	64315	64347	64379*
64284*	64316*	64348	64380
64285	64317*	64349	64381
64286	64318*	64350	64382
64287	64319	64351	64383
64288	64320	64352*	64384
64289	64321	64353	64385
64290	64322	64354*	64386*
64291	64323	64355	64387
64292	64324*	64356	64388
64293	64325	64357	64389
64294	64326	64358	64390
64295	64327	64359*	64391
64296	64328	64360	64392
64297	64329	64361	64393*
64298	64330	64362*	64394
64299	64331	64363	64395
64300	64332*	64364*	64396
64301	64333*	64365	64397
64302	64334	64366	64398
64303	64335	64367	64399
64304*	64336	64368	64400
64305	64337	64369	64401
64306	64338	64370	64402*
64307	64339	64371	64403
64308	64340	64372	64404
64309	64341	64373*	64405
64310	64342	64374	64406*
64311	64343	64375*	64407

64408-64639

64408	64420*	64432	64444
64409	64421	64433	64445
64410	64422	64434	64446
64411	64423	64435	64447
64412	64424	64436	64448
64413	64425	64437	64449
64414	64426	64438	64450*
64415	64427*	64439*	64451
64416	64428	64440	64452
64417*	64429	64441*	64453
64418*	64430	64442*	
64419	64431	64443	

Totals: Class J11/3 31
Class J11 (other parts) 143

0-6-0 3F Class J35

J35/5* Introduced 1906. Reid N.B. design with piston valves.
J35/4 Introduced 1908. Slide valves. (Parts 1, 2 and 3 were variations of Parts 4 and 5 before superheating.)
Weights: Loco. $\begin{cases} 51 \text{ tons.*} \\ 50 \text{ tons 15 cwt.} \end{cases}$
Tender $\begin{cases} 38 \text{ tons 1 cwt.*} \\ 37 \text{ tons 15 cwt.} \end{cases}$
Pressure: 180 lb. Su. Cyls.: $18\frac{1}{4}'' \times 26''$.
Driving Wheels: 5' 0". T.E.: 22,080 lb.

64460*	64482	64500	64520
64461*	64483	64501	64521
64462*	64484	64502	64522
64463*	64485	64504	64523
64464*	64486	64505	64524
64466*	64487	64506	64525
64468*	64488	64507	64526
64470*	64489	64509	64527
64471*	64490	64510	64528
64472*	64491	64511	64529
64473*	64492	64512	64530
64474*	64493	64513	64531
64475*	64494	64514	64532
64476*	64495	64515	64533
64477*	64496	64516	64534
64478	64497	64517	64535
64479	64498	64518	
64480	64499	64519	

Totals: Class J35/4 55
Class J35/5 15

0-6-0 4F Class J37

Introduced 1914. Reid N.B. design. Superheated development of J35.
Weights: Loco. 54 tons 14 cwt.
Tender 40 tons 19 cwt.
Pressure: 180 lb. Su. Cyls.: $19\frac{1}{2}'' \times 26''$.
Driving Wheels: 5' 0". T.E.: 25,210 lb. P.V.

64536	64562	64588	64614
64537	64563	64589	64615
64538	64564	64590	64616
64539	64565	64591	64617
64540	64566	64592	64618
64541	64567	64593	64619
64542	64568	64594	64620
64543	64569	64595	64621
64544	64570	64596	64622
64545	64571	64597	64623
64546	64572	64598	64624
64547	64573	64599	64625
64548	64574	64600	64626
64549	64575	64601	64627
64550	64576	64602	64628
64551	64577	64603	64629
64552	64578	64604	64630
64553	64579	64605	64631
64554	64580	64606	64632
64555	64581	64607	64633
64556	64582	64608	64634
64557	64583	64609	64635
64558	64584	64610	64636
64559	64585	64611	64637
64560	64586	64612	64638
64561	64587	64613	64639

Total 104

0-6-0 5F Class J19

Introduced 1912. S. Holden G.E. design rebuilt with round-topped boiler from 1934.
* Rebuilt with 19" cyls. and 180 lb. pressure.
† Rebuilt with 19" cyls. and 160 lb. pressure.
Weights: Loco. 50 tons 7 cwt.
Tender 38 tons 5 cwt.
Pressure: $\begin{cases} 170 \text{ lb. Su.} \\ 180 \text{ lb. Su.*} \\ 160 \text{ lb. Su.†} \end{cases}$

64640-64903

Cyls.: { 20″ × 26″.
19″ × 26″.*†
Driving Wheels : 4′ 11″.
T.E.: { 27,430 lb.
26,215 lb.*
23,300 lb.†
P.V.

64640	64649	64658	64667
64641	64650	64659	64668
64642	64651	64660	64669
64643	64652	64661	64670
64644	64653	64662	64671*
64645	64654	64663	64672†
64646	64655	64664*	64673
64647	64656	64665	64674
64648	64657	64666	

Total 35

0-6-0 5F Class J20

J20* Introduced 1920. Hill G.E. design with Belpaire boiler.
J20/1 Introduced 1943. Rebuilt with B12/1 type round-topped boiler.
Weights : Loco. 54 tons 15 cwt.
Tender 38 tons 5 cwt.
Pressure : 180 lb. Su. Cyls. : 20″ × 28″.
Driving Wheels : 4′ 11″. T.E. : 29,045 lb.
P.V.

64675*	64682	64688	64694
64676*	64683	64689	64695
64677	64684	64690	64696*
64678	64685	64691	64697
64679	64686	64692	64698*
64680	64687*	64693	64699
64681			

Totals : Class J20   5
Class J20/1 20

0-6-0 5F Class J39

Introduced 1926. Gresley design.
J39/1 Standard 3,500 gallon tender.
J39/2* Standard 4,200 gallon tender.
J39/3† Various N.E. tenders (3,940 gallon on 64843-5, 4,125 gallon on 64855-9).
Weights : Loco. 57 tons 17 cwt.
Tender { 44 tons 4 cwt.
52 tons 13 cwt.* } and others
Pressure : 180 lb. Su. Cyls. : 20″ × 26″.
Driving Wheels : 5′ 2″. T.E. : 25,665 lb.
P.V.

64700	64703	64706	64709
64701	64704	64707	64710
64702	64705	64708	64711

64712	64760	64808	64856†
64713	64761	64809	64857†
64714	64762	64810	64858†
64715	64763	64811	64859†
64716	64764	64812	64860
64717	64765	64813	64861
64718	64766	64814	64862
64719	64767	64815	64863
64720	64768	64816	64864
64721	64769	64817	64865
64722	64770	64818	64866
64723	64771	64819	64867
64724	64772	64820*	64868
64725	64773	64821*	64869
64726	64774	64822*	64870
64727	64775	64823	64871
64728	64776	64824	64872*
64729	64777	64825	64873*
64730	64778	64826	64874*
64731	64779	64827	64875*
64732	64780	64828	64876*
64733	64781	64829	64877*
64734	64782	64830	64878*
64735	64783	64831	64879*
64736	64784*	64832	64880*
64737	64785*	64833	64881*
64738	64786*	64834	64882*
64739	64787*	64835	64883*
64740	64788*	64836	64884*
64741	64789*	64837	64885*
64742	64790*	64838*	64886*
64743	64791*	64839*	64887*
64744	64792*	64840*	64888*
64745	64793*	64841*	64889*
64746	64794*	64842†	64890*
64747	64795*	64843†	64891*
64748	64796*	64844†	64892*
64749	64797*	64845†	64893*
64750	64798*	64846	64894*
64751	64799*	64847	64895*
64752	64800	64848	64896*
64753	64801	64849	64897*
64754	64802	64850	64898*
64755	64803	64851	64899*
64756	64804	64852	64900*
64757	64805	64853	64901*
64758	64806	64854	64902*
64759	64807	64855†	64903*

64904-65181

64904*	64926*	64948*	64970*
64905*	64927*	64949*	64971†
64906*	64928*	64950*	64972†
64907*	64929*	64951*	64973†
64908*	64930*	64952*	64974†
64909*	64931*	64953*	64975†
64910*	64932*	64954*	64976†
64911*	64933	64955*	64977†
64912*	64934	64956*	64978†
64913*	64935	64957*	64979†
64914*	64936	64958*	64980†
64915*	64937	64959*	64981†
64916*	64938	64960*	64982†
64917*	64939	64961*	64983†
64918*	64940	64962*	64984†
64919*	64941	64963*	64985†
64920*	64942	64964*	64986†
64921*	64943	64965*	64987†
64922*	64944	64966*	64988†
64923*	64945*	64967*	
64924*	64946*	64968*	
64925*	64947*	64969*	

Totals : Class J39/1 156
Class J39/2 106
Class J39/3 27

0-6-0   2MT   Class J1

Introduced 1908. Ivatt G.N. design.
Weights : Loco. 46 tons 14 cwt.
Tender 43 tons 2 cwt.
Pressure : 175 lb. Cyls. : 18″ × 26″.
Driving Wheels : 5′ 8″. T.E. : 18,430 lb.

65002 | 65013

Total 2

0-6-0   2MT   Class J2

Introduced 1912. Ivatt/Gresley G.N. design.
Weights : Loco. 50 tons 10 cwt.
Tender 43 tons 2 cwt.
Pressure : 170 lb. Su. Cyls.: 19″ × 26″.
Driving Wheels : 5′ 8″. T.E. : 19,945 lb. P.V.

65015	65017	65020	65023
65016	65018	65022	

Total 7

0-6-0   2F   Class J21

Introduced 1886. T. W. Worsdell N.E. design. Majority built as 2-cyl. compounds and later rebuilt as simple locos.

* Rebuilt with superheater, Stephenson gear and piston valves.

† Rebuilt with piston valves, superheater removed.

Weights : Loco. $\begin{cases} 43 \text{ tons } 15 \text{ cwt.*} \\ 42 \text{ tons } 9 \text{ cwt.†} \end{cases}$
Tender 36 tons 19 cwt.
Pressure : 160 lb. SS.
Cyls. : 19″ × 24″.
T.E. : 19,240 lb.
Driving Wheels : 5′ 1½″.

65033*	65062*	65088*	65099†
65035†	65064*	65089*	65100†
65038*	65068*	65090*	65103*
65039†	65070†	65091*	65110*
65042†	65075*	65092*	65117†
65047*	65078*	65097*	65119*
65061*	65082*	65098*	

Total 27

0-6-0   2F   Class J10

J10/4* Introduced 1896. Pollitt development of J10/2 with larger bearings and larger tenders.

J10/6 Introduced 1901. Robinson locos with larger bearings and small tenders.

Weights : Loco. 41 tons 6 cwt.
Tender $\begin{cases} 37 \text{ tons } 6 \text{ cwt.} \\ 43 \text{ tons.*} \end{cases}$
Pressure : 160 lb. Cyls. : 18″ × 26″.
Driving Wheels : 5′ 1″. T.E. : 18,780 lb.

65131	65143	65158*	65170*
65132*	65144	65159*	65171*
65133*	65145*	65160*	65173
65134*	65146	65162	65175
65135*	65147*	65164*	65176
65138*	65148*	65165*	65177
65139	65153*	65166*	65178*
65140*	65156*	65167*	65180
65142*	65157*	65169*	65181

65182–65498

65182	65191	65198	65205
65184	65192	65199	65208
65185	65194	65200	65209
65186	65196	65202	
65187	65197	65203	

Totals: Class J10/4 27
Class J10/6 27

0-6-0 2F Class J36

Introduced 1888. Holmes N.B. design.
Weights: Loco. 41 tons 19 cwt.
Tender 33 tons 9 cwt.
Pressure: 165 lb. Cyls.: $18\frac{1}{2}'' \times 26''$.
Driving Wheels: 5' 0". T.E.: 19,690 lb.

65210	65211	65213	65214
65216	Byng		
65217	French		
65218	65221		
65222	Somme		
65224	Mons		
65225	65228	65230	65232
65227	65229		
65233	Plumer		
65234			
65235	Gough		
65236	Horne		
65237	65239	65241	65242
65243	Maude		
65244	65247	65249	65251
65246	65248	65250	65252
65253	Joffre		
65257	65259	65261	65266
65258	65260	65265	65267
65268	Allenby		
65270	65288	65306	65317
65273	65290	65307	65318
65275	65293	65309	65319
65276	65295	65310	65320
65277	65296	65311	65321
65280	65297	65312	65323
65281	65300	65313	65324
65282	65303	65314	65325
65285	65304	65315	65327
65287	65305	65316	65329

65330	65335	65342	65346
65331	65338	65343	
65333	65339	65344	
65334	65341	65345	

Total 96

0-6-0 2F Class J15

Introduced 1883. Worsdell G.E. design, modified by J. Holden.
* Fitted with side-window cab for Colne Valley line.
Weights: Loco. 37 tons 2 cwt.
Tender 30 tons 13 cwt.
Pressure: 160 lb. Cyls.: $17\frac{1}{2}'' \times 24''$.
Driving Wheels: 4' 11". T.E.: 16,940 lb.

65356	65430	65450	65466
65359	65432*	65451	65467
65361	65433	65452	65468
65370	65434	65453	65469
65384	65435	65454	65470
65388	65438*	65455	65471
65389	65440	65456	65472
65390	65441	65457	65473
65391*	65442	65458	65474
65404	65443	65459	65475
65405*	65444	65460	65476
65417	65445	65461	65477
65420	65446	65462	65478
65422	65447	65463	65479
65424*	65448	65464	
65425	65449	65465	

Total 62

0-6-0 3F Class J5

Introduced 1909. Ivatt G.N. design.
* Rebuilt with superheater.
Weights: Loco. 47 tons 6 cwt.
Tender 43 tons 2 cwt.
Pressure: $\begin{cases} 175 \text{ lb.} \\ 170 \text{ lb. Su.*} \end{cases}$
Cyls.: $18'' \times 26''$.
Driving Wheels: 5' 2".
T.E.: $\begin{cases} 20,210 \text{ lb.} \\ 19,630 \text{ lb.*} \end{cases}$

65480*	65486	65492	65497
65481	65488	65493	65498
65482	65489*	65494	
65483	65490	65495	
65485	65491	65496	

Total 17

65500-65787

0-6-0   4F   Class J17

Introduced 1901. J. Holden G.E. design. Many rebuilt from round-top boiler J16, introduced 1900.
* Fitted with small tender.

Weights : Loco.   45 tons 8 cwt.
             Tender { 30 tons 12 cwt.*
                      { 38 tons 5 cwt.

Pressure : 180 lb. Su. Cyls. : 19" × 26".
Driving Wheels : 4' 11". T.E. : 24,340 lb.

65500*	65523	65545	65568
65501*	65524	65546	65569
65502*	65525	65547	65570
65503*	65526	65548	65571*
65504*	65527	65549	65572
65505*	65528*	65551	65573
65506*	65529	65552	65574
65507*	65530	65553	65575
65508*	65531	65554	65576
65509	65532	65555	65577
65510*	65533	65556	65578
65511*	65534	65557	65579
65512*	65535	65558	65580
65513*	65536	65559	65581
65514*	65537	65560	65582
65515*	65538	65561	65583
65516*	65539	65562	65584
65517*	65540	65563	65585
65518*	65541	65564	65586
65519*	65542	65565	65587
65520	65543	65566	65588
65521	65544	65567	65589
65522			

Total 89

0-6-0   3F   Class J25

Introduced 1898. W. Worsdell N.E. design.
* Original design, saturated, with slide valves.
† Rebuilt with superheater and piston valves.
‡ Rebuilt with piston valves, superheater removed.

Weights : Loco. { 39 tons 11 cwt.*
                  { 41 tons 14 cwt.†
                  { 40 tons 17 cwt.‡
             Tender 36 tons 19 cwt.

Pressure : 160 lb. SS. Cyls. : 18½" × 26".
Driving Wheels : 4' 7¼". T.E. : 21,905 lb.

65645†	65650*	65656*	65662†
65647*	65654‡	65657*	65663*
65648*	65655*	65661*	65666*
65667*	65686*	65696*	65712*
65670*	65687*	65697*	65713*
65671*	65688*	65698*	65714*
65673‡	65689*	65699*	65716*
65675*	65690*	65700*	65717†
65676*	65691*	65702‡	65720*
65677‡	65692‡	65705*	65723*
65680*	65693*	65706†	65726*
65683‡	65694*	65708*	65727*
65685*	65695*	65710*	65728*

Total 52

0-6-0   5F   Class J26

Introduced 1904. W. Worsdell N.E. design.

Weights : Loco.   46 tons 16 cwt.
             Tender 36 tons 19 cwt.

Pressure : 180 lb. Cyls. : 18½" × 26".
Driving Wheels : 4' 7¼". T.E. : 24,640 lb.

65730	65743	65756	65769
65731	65744	65757	65770
65732	65745	65758	65771
65733	65746	65759	65772
65734	65747	65760	65773
65735	65748	65761	65774
65736	65749	65762	65775
65737	65750	65763	65776
65738	65751	65764	65777
65739	65752	65765	65778
65740	65753	65766	65779
65741	65754	65767	
65742	65755	65768	

Total 50

0-6-0   5F   Class J27

Introduced 1906. W. Worsdell N.E. design developed from J26.
* Introduced 1921. Raven locos. Superheated, with piston valves.
† Introduced 1943. Piston valves, superheater removed.

Weights : Loco. { 47 tons Sat.
                  { 49 tons 10 cwt. Su.
             Tender 36 tons 19 cwt.

Pressure : 180 lb. SS. Cyls. : 18½" × 26".
Driving Wheels : 4' 7¼". T.E. : 24,640 lb.

65780	65782	65784	65786
65781	65783	65785	65787

65788-67239

65788	65815	65842	65869*
65789	65816	65843	65870†
65790	65817	65844	65871*
65791	65818	65845	65872*
65792	65819	65846	65873†
65793	65820	65847	65874*
65794	65821	65848	65875†
65795	65822	65849	65876†
65796	65823	65850	65877†
65797	65824	65851	65878*
65798	65825	65852	65879†
65799	65826	65853	65880*
65800	65827	65854	65881*
65801	65828	65855	65882*
65802	65829	65856	65883*
65803	65830	65857	65884†
65804	65831	65858	65885*
65805	65832	65859	65886*
65806	65833	65860†	65887*
65807	65834	65861*	65888†
65808	65835	65862†	65889*
65809	65836	65863*	65890*
65810	65837	65864†	65891†
65811	65838	65865†	65892*
65812	65839	65866*	65893*
65813	65840	65867†	65894*
65814	65841	65868†	

Total 115

0-6-0 6F Class J38

Introduced 1926. Gresley design. Predecessor of J39, with 4' 8" wheels, boiler 6" longer than J39 and smokebox 6" shorter.
* Rebuilt with J39 boiler.
Weights : Loco. 58 tons 19 cwt.
Tender 44 tons 4 cwt.
Pressure : 180 lb. Su. Cyls.: 20" × 26".
Driving Wheels : 4' 8" T.E. : 28,415 lb. P.V.

65900	65909	65918*	65927*
65901	65910	65919	65928
65902	65911	65920	65929
65903*	65912	65921	65930
65904	65913	65922	65931
65905	65914	65923	65932
65906*	65915	65924	65933
65907	65916	65925	65934
65908*	65917*	65926*	

Total 35

2-4-2T IP Class F4

Introduced 1834. Worsdell G.E. design, modified by J. Holden.
Weight : 53 tons 19 cwt.
Pressure : 160 lb. Cyls. : 17½" × 24"
Driving Wheels : 5' 4". T.E. : 15,620 lb.

| 67157 | 67162 | 67174 | 67187 |

Total 4

2-4-2T IP Class F5

Introduced 1911. S. D. Holden design. (Rebuilt from F4.)
* Introduced 1949. Push-and-pull fitted.
Weight : 53 tons 19 cwt.
Pressure : 180 lb. Cyls. : 17½" × 24".
Driving Wheels : 5' 4". T.E. : 17,570 lb.

67188	67196	67204	67212
67189	67197	67205	67213
67190	67198	67206	67214
67191	67199	67207	67215
67192	67200*	67208	67216
67193*	67201	67209	67217
67194	67202*	67210	67218
67195	67203*	67211	67219

Total 32

2-4-2T IP Class F6

Introduced 1911. S. D. Holden design, development of F4 with higher pressure and larger tanks.
Weight : 56 tons 9 cwt.
Pressure : 180 lb. Cyls. : 17½" × 24"
Driving Wheels : 5' 4". T.E. : 17,570 lb.

67220	67225	67230	67235
67221	67226	67231	67236
67222	67227	67232	67237
67223	67228	67233	67238
67224	67229	67234	67239

Total 20

IMPORTANT NOTE

A careful reading of the notes on page 2 is essential to understand the use of reference marks in this book.

67240-67463

0-4-4T 1P Class G5

Introduced 1894. W. Worsdell N.E. design.
* Push-and-pull fitted.
† Push-and-pull fitted and rebuilt with larger tanks.
Weight : 54 tons 4 cwt.
Pressure : 160 lb. Cyls. : 18″ × 24″.
Driving Wheels : 5′ 1¼″. T.E. : 17,265 lb.

67240	67269*	67297*	67324
67241	67270	67298	67325
67243	67271	67300	67326
67246	67272	67301	67327
67247	67273*	67302	67328
67248	67274	67304	67329
67249	67277*	67305*	67332
67250*	67278	67307	67333
67251	67279*	67308	67334
67253*	67280*	67309	67336
67254	67281*	67310	67337*
67256	67282*	67311*	67338
67257	67283	67312	67339*
67258	67284	67314	67340†
67259	67286*	67315	67341
67261*	67288	67316	67342
67262	67289	67318	67343
67263	67290	67319	67344
67265	67293	67320	67345
67266	67294	67321	67346
67267	67295	67322*	67347
67268	67296	67323*	67349

Total 88

4-4-2T 1P Class C12

Introduced 1898. Ivatt G N. design.
*†Boiler pressure reduced to 170 lb.
†‡Push-and-pull fitted.
Weight : 62 tons 6 cwt.
Pressure : $\begin{cases} 175 \text{ lb.} \\ 170 \text{ lb.}^{*\dagger} \end{cases}$
Cyls. : 18″ × 26″.
Driving Wheels : 5′ 8″.
T.E. : $\begin{cases} 18,425 \text{ lb.} \\ 17,900 \text{ lb.}^{*\dagger} \end{cases}$

67350	67357	67362	67365
67352	67360	67363†	67366
67353	67361	67364	67367
67368	67379	67386‡	67395
67369	67380	67387‡	67397
67371	67382	67389	67398*
67374†	67383	67391	
67375	67384	67392	
67376	67385	67394	

Total 33

4-4-2T 2P Class C13

Introduced 1903. Robinson G.C design, later rebuilt with superheater.
* Push-and-pull fitted.
Weight : 66 tons 13 cwt.
Pressure : 160 lb. Su. Cyls. : 18″ × 26″
Driving Wheels : 5′ 7″. T.E.: 17,100 lb.

67400	67412	67421*	67430
67401	67413	67422	67431
67402	67414	67423	67432
67403	67415	67424	67433*
67405	67416*	67425	67434
67407	67417*	67426	67436*
67408	67418*	67427	67437
67409	67419	67428	67438*
67411	67420*	67429	67439

Total 36

4-4-2T 2P Class C14

Introduced 1907. Robinson G.C. design, later superheated, development of C13. With detail differences.
Weight : 71 tons.
Pressure : 160 lb. Su. Cyls. : 18″ × 26″.
Driving Wheels : 5′ 7″. T.E. : 17,100 lb

67440	67443	67446	67449
67441	67444	67447	67450
67442	67445	67448	67451

Total 12

4-4-2T 2P Class C15

Introduced 1911. Reid N.B. design.
* Push-and-pull fitted.
Weight : 68 tons 15 cwt.
Pressure : 175 lb. Cyls. : 18″ × 26″.
Driving Wheels : 5′ 9″. T.E. : 18,160 lb.

67452	67455	67458	67461
67453	67456	67459	67462
67454	67457	67460*	67463

Right : Class J6 0-6-0
No. 64265
[*P. Ransome-Wallis*

Below : Class J39/3
0-6-0 No. 64981
[*R. S. Potts*

Right : Class J38
0-6-0 No. 65931
[*A. J. Donaldson*

Above: Class J10/4
0-6-0 No. 65170
[*R. M. Casserley*

Left: Class J11 0-6-0
No. 64403
[*G. Oates*

Below: Class J25
0-6-0 No. 65727
[*F. Cameron*

Above: Class J21
0-6-0 No. 65033
        (P. H. Wells

Right: Class J27
0-6-0 No. 65835
        [G. W. P. Thorman

Below: Class J26
0-6-0 No. 65759
        [R. J. Buckley

Class J37 0-6-0 No. 64620 [J. F. Aylard

Class J36 0-6-0 No. 65285 (with cut-down boiler mountings for working Glenboig branch) [M. J. Ecclestone

Class J35 0-6-0 No. 64471 [W. Hubert Foster

67465	67469	67474	67478
67466	67470	67475*	67479
67467	67472	67476	67480
67468	67473	67477	67481

Total 28

4-4-2T 2P Class C16

Introduced 1915. Reid N.B. design, superheated development of C15.
* Superheater removed.
Weight : 72 tons 10 cwt.
Pressure : 165 lb. SS. Cyls. : 19″ × 26″.
Driving Wheels : 5′ 9″. T.E. : 19,080 lb. P.V.

67482	67488	67493	67498
67483*	67489	67494	67499
67484	67490	67495	67500
67485	67491	67496	67501
67486	67492	67497	67502
67487			

Total 21

2-6-2T V1 (3MT) / V3 (4MT) Classes V1 & V3

V1 Introduced 1930. Gresley design.
V3* Introduced 1939. Development of V1 with higher pressure (locos numbered below 67682 rebuilt from V1).
Weights : 84 tons. / 86 tons 16 cwt.*
Pressure : 180 lb. Su. / 200 lb. Su.*
Cyls. : (3) 16″ × 26″.
Driving Wheels : 5′ 8″.
T.E. : 22,465 lb. / 24,960 lb.*
Walschaerts gear, derived motion. P.V.

67600	67613	67626*	67639
67601	67614	67627*	67640
67602	67615	67628	67641
67603	67616	67629	67642
67604*	67617	67630	67643
67605	67618	67631	67644
67606*	67619	67632	67645
67607	67620	67633	67646
67608	67621	67634*	67647
67609	67622	67635	67648
67610	67623	67636*	67649
67611*	67624*	67637	67650
67612*	67625*	67638	67651
67652*	67662*	67672*	67682*
67653	67663	67673	67683*
67654	67664	67674	67684*
67655	67665	67675*	67685*
67656*	67666	67676	67686*
67657	67667	67677	67687*
67658	67668	67678	67688*
67659	67669*	67679	67689*
67660	67670	67680	67690*
67661	67671	67681	67691*

Totals : Class V1 66
Class V3 26

2-6-4T 4MT Class L1

Introduced 1945. Thompson design.
Weight : 89 tons 9 cwt.
Pressure : 225 lb. Cyls.: (O) 20″ × 26″.
Driving Wheels : 5′ 2″. T.E. : 32,080 lb. Walschaerts gear. P.V.

67701	67726	67751	67776
67702	67727	67752	67777
67703	67728	67753	67778
67704	67729	67754	67779
67705	67730	67755	67780
67706	67731	67756	67781
67707	67732	67757	67782
67708	67733	67758	67783
67709	67734	67759	67784
67710	67735	67760	67785
67711	67736	67761	67786
67712	67737	67762	67787
67713	67738	67763	67788
67714	67739	67764	67789
67715	67740	67765	67790
67716	67741	67766	67791
67717	67742	67767	67792
67718	67743	67768	67793
67719	67744	67769	67794
67720	67745	67770	67795
67721	67746	67771	67796
67722	67747	67772	67797
67723	67748	67773	67798
67724	67749	67774	67799
67725	67750	67775	67800

Total 100

68006-68153

0-6-0ST 4F Class J94

Introduced 1943. Riddles M.o.S. design. (Bought from M.o.S. 1946).
Weight : 48 tons 5 cwt.
Pressure : 170 lb. Cyls. : 18″ × 26″.
Driving Wheels : 4′ 3″. T.E. : 23,870 lb.

68006	68025	68044	68063
68007	68026	68045	68064
68008	68027	68046	68065
68009	68028	68047	68066
68010	68029	68048	68067
68011	68030	68049	68068
68012	68031	68050	68069
68013	68032	68051	68070
68014	68033	68052	68071
68015	68034	68053	68072
68016	68035	68054	68073
68017	68036	68055	68074
68018	68037	68056	68075
68019	68038	68057	68076
68020	68039	68058	68077
68021	68040	68059	68078
68022	68041	68060	68079
68023	68042	68061	68080
68024	68043	68062	

Total 75

0-4-0T Dock Tank Class Y8

Introduced 1890. T. W. Worsdell N.E. design.
Weight : 15 tons 10 cwt.
Pressure : 140 lb. Cyls. : 11″ × 15″.
Driving Wheels : 3′ 0″. T.E. : 6,000 lb.

68091   Total 1

0-4-0ST 0F Class Y9

Introduced 1882. Holmes N.B. design.
* Locos running permanently attached to wooden tenders.
Weights : Loco. 27 tons 16 cwt.
Tender 6 tons.*
Pressure : 130 lb. Cyls. : (O) 14″ × 20″.
Driving Wheels : 3′ 8″. T.E. : 9,845 lb.

68093*	68098*	68103*	68108*
68094*	68099*	68104	68109*
68095	68100	68105	68110
68096	68101	68106*	68112*
68097	68102	68107*	68113

68114*	68117*	68120*	68123
68115	68118*	68121*	68124
68116*	68119*	68122*	

Total 31

0-4-0T 0F Class Y4

Introduced 1913. Hill G.E. design.
Weight : 38 tons 1 cwt.
Pressure : 180 lb. Cyls. : (O) 17″ × 20″.
Driving Wheels : 3′ 10″. T.E. : 19,225 lb.
Walschaerts gear.
(See also page 51)

68125 | 68126 | 68127 | 68128

Total 5

0-4-0T Unclass Class Y1

Sentinel Wagon Works design. Single-speed Geared Sentinel Locomotives. The parts of this class differ in details, including size of boiler and fuel capacity.
Y1/1* Introduced 1925.
Y1/2† Introduced 1927.
§ Sprocket gear ratio 9 : 25 (remainder 11 : 25).
Weights : { 20 tons 17 cwt.*
           { 19 tons 16 cwt.†
Pressure : 275 lb. Su. Cyls. : 6¾″ × 9″.
Driving Wheels : 2′ 6″.
T.E. : { 7,260 lb.
        { 8,870 lb. §
Poppet valves.
(See also page 51)

68131S*	68143†§	68149†§
68137†	68144†§	68150†§
68138†	68145†§	68151†§
68140†	68146†§	68152S*
68142†	68148†§	68153S†

Totals : Class Y1/1 5
         Class Y1/2 13

0-4-0T Unclass Class Y3

Sentinel Wagon Works design. Two-speed Geared Sentinel Locos.
Introduced 1927.
* Sprocket gear ratio 15 : 19 (remainder 19 : 19).
Weight : 20 tons 16 cwt.
Pressure : 275 lb. Su. Cyls. : 6¾″ × 9″.
Driving Wheels : 2′ 6″.
T.E. : { Low Gear : 12,600 lb.
        { High Gear : 4,705 lb.
        { Low Gear : 15,960 lb.*
        { High Gear : 5,960 lb.*
Poppet valves.
(See also page 51)

68154–68191

68154	68159	68169	68184
68155	68160	68180*	68185
68156	68162	68182*	
68158	68164	68183*	

Total 21

0-4-2T   OF   Class Z4
Introduced 1915. Manning-Wardle design for G.N. of S.
Weight : 25 tons 17 cwt.
Pressure : 160 lb. Cyls. : (O) 13″ × 20″.
Driving Wheels : 3′ 6″. T.E. : 10,945 lb.

| 68190 | 68191 | **Total 2** |

DEPARTMENTAL LOCOMOTIVES

In addition to service locomotives (denoted by a bold "S" in these pages) that are still shown with numbers in the British Railways series, a number of E. & N.E. Region departmental locomotives have been renumbered between 1 and 100. These are shown below, with their former B.R. numbers in brackets.

0-6-0ST 3F Class J52/2
(For dimensions see page 54)

1 (68845)   2 (68816)

0-4-0T Unclass Class Y3
(For dimensions—15:19 gear ratio—see page 50).

3 (68181)	40 (68173)
5 (68165)	41 (68177)
7 (68166)	42 (68178)
38 (68168)	

0-4-0T Unclass Class Y1/1
(For dimensions see page 50)

4 (68132)   37 (68130)
6 (68133)

0-4-0T   OF   Class Y7
Introduced 1888. T.W. Worsdell N.E. design.
Weight : 22 tons 14 cwt.
Pressure : 140 lb. Cyls. : 14″ × 20″.
Driving Wheels : 3′ 6¼″.
T.E. : 11,040 lb.

34 (68088)   **Total 1**

0-6-0T 2F Class J66
(For dimensions see page 53)

31 (68382)   32 (68370)
36 (68378)

0-4-0T   OF   Class Y4
(For dimensions see page 50)

33 (68129)

0-4-0T Unclass Class Y1/4
Sentinel Wagon Works design. (This part introduced 1927). Single-speed Geared Sentinel Locomotives. The three parts of this class differ in details, including size of boiler and fuel capacity.

Sprocket gear ratio 11 : 25.
Weight : 19 tons 7 cwt.
Pressure : 275 lb. Su.
Cyls. : 6¾″ × 9″.
Driving Wheels : 2′ 6″.
T.E. : 7,260 lb.   Poppet valves.

51 (68136)   **Total 1**

0-4-0 Diesel Mechanical
Introduced 1950 : Hibberd & Co. for North Eastern Region.
Weight : 11 tons.
Engine : English National Gas type DA 4, 4-cyls., 52 h.p. at 1,250 r.p.m. Transmission spur type gear box with roller chains ; three forward and three reverse gears

52 (11104)   **Total 1**

68192-68364

0-4-2T OF Class Z5

Introduced 1915. Manning-Wardle design for G.N. of S.
Weight : 30 tons 18 cwt.
Pressure : 160 lb. Cyls.: (O) 14" × 20".
Driving Wheels : 4' 0". T.E. : 11,105 lb.

| 68192 | 68193 | **Total 2** |

0-6-0T OF Class J63

Introduced 1906. Robinson G.C. design.
Weight : 37 tons 9 cwt.
Pressure : 150 lb. Cyls.: (O) 13" × 20".
Driving Wheels : 3' 6". T.E. : 10,260 lb.

| 68204 | 68206 | 68208 | 68210 |
| 68205 | 68207 | 68209 | |

Total 7

0-6-0T OF Class J65

Introduced 1889. J. Holden G.E. design.
Weight : 36 tons 11 cwt.
Pressure : 160 lb. Cyls.: 14" × 20".
Driving Wheels : 4' 0". T.E. : 11,105 lb.

| 68211 | 68214 | **Total 2** |

0-6-0T (Tram Locos) OF Class J70

Introduced 1903. J. Holden G.E. design.
Weight : 27 tons 1 cwt.
Pressure : 180 lb. Cyls.: (O) 12" × 15".
Driving Wheels : 3' 1". T.E. : 8,930 lb.
Walschaerts gear.

| 68216 | 68223 | 68225 | 68226 |
| 68222 | | | |

Total 5

0-6-0T Unclass Class J71

Introduced 1886. T. W. Worsdell N.E. design.
*†Altered cylinder dimensions.
Weight : 37 tons 12 cwt.
Pressure : 140 lb. Dr. Wheels : 4' 7¼"
Cyls.: { 16" × 22" 16¾" × 22"* 18" × 22"†. } T.E.: { 12,130 lb. 13,300 lb.* 15,355 lb.† }

68230*	68254	68276	68297
68232	68256	68278	68298
68233	68258*	68279	68300
68234*	68259*	68280*	68301
68235	68260	68281	68303*
68236	68262	68282	68304*
68238	68263	68283	68305*
68239	68264	68284	68306*
68240	68265	68287*	68307*
68242	68266	68289*	68308*
68244	68267	68290	68309*
68245	68269	68291	68312†
68246*	68270	68292	68313*
68250*	68271	68293*	68314
68251	68272	68294	68316*
68252*	68273	68295	
68253*	68275	68296	

Total 66

0-6-0T OF Class J88

Introduced 1904. Reid N.B. design with short wheelbase.
Weight : 38 tons 14 cwt.
Pressure : 130 lb. Cyls.: (O) 15" × 22".
Driving Wheels : 3' 9". T.E. : 12,155 lb.

68320	68329	68338	68347
68321	68330	68339	68348
68322	68331	68340	68349
68323	68332	68341	68350
68324	68333	68342	68351
68325	68334	68343	68352
68326	68335	68344	68353
68327	68336	68345	68354
68328	68337	68346	

Total 35

0-6-0T 3F Class J73

Introduced 1891. W. Worsdell N.E. design.
Weight : 46 tons 15 cwt.
Pressure : 160 lb. Cyls.: 19" × 24".
Driving Wheels : 4' 7¼". T.E. : 21,320 lb.

68355	68358	68361	68363
68356	68359	68362	68364
68357	68360		

Total 10

68371-68618

0-6-0T 2F Class J66

Introduced 1886. J. Holden G.E. design.
Weight : 40 tons 6 cwt.
Pressure : 160 lb.   Cyls. : 16½" × 22".
Driving Wheels : 4' 0". T.E. 16,970 lb.
(See also page 51)

| 68371 | 68374 | 68383 |

Total 6

0-6-0T 2F Class J77

Introduced 1899. W. Worsdell N.E. rebuild of Fletcher 0-4-4T originally built 1874-84.
* Darlington rebuilds with square-cornered cab roof (remainder York rebuilds with rounded cab).
Weight : 43 tons.
Pressure : 160 lb.   Cyls. : 17" × 22".
Driving Wheels : 4' 1¼". T.E. : 17,560 lb.

68391	68407	68422	68432*
68392*	68408	68423	68434
68393*	68409	68424	68435
68395*	68410	68425	68436
68397*	68412*	68426	68437
68399	68413	68427	68438
68401	68414	68428	68440*
68402	68417	68429	
68405*	68420*	68430	
68406	68421	68431	

Total 37

0-6-0T 2F Class J83

Introduced 1900. Holmes N.B. design.
Weight : 45 tons 5 cwt.
Pressure : 150 lb.   Cyls. : 17" × 26".
Driving Wheels : 4' 6". T.E. : 17,745 lb.

68442	68452	68463	68473
68443	68454	68464	68474
68444	68455	68465	68475
68445	68456	68466	68476
68446	68457	68467	68477
68447	68458	68468	68478
68448	68459	68469	68479
68449	68460	68470	68480
68450	68461	68471	68481
68451	68462	68472	

Total 39

0-6-0T 2F Classes J67 & J69

J67/1* Introduced 1890. J. Holden G.E. design with 160 lb. pressure.
J69/1† Introduced 1902. Development of J67 with 180 lb. pressure, larger tanks and larger firebox (some rebuilt from J67).
J67/2‡ Introduced 1937. Rebuild of J69 with 160 lb. boiler and small firebox.
J69/2§ Introduced 1950. J67/1 rebuilt with 180 lb. boiler and large firebox.

Weights : { 40 tons.*‡
{ 40 tons 9 cwt.†§
Pressure : { 160 lb.*‡
{ 180 lb.†§
Cyls. : 16½" × 22".
Driving Wheels : 4' 0".
T.E. : { 16,970 lb.*‡
{ 19,090 lb.†§

68490	68521*	68553†	68586*
68491†	68522§	68554†	68587†
68492*	68523†	68555†	68588†
68493*	68524†	68556†	68589*
68494†	68525†	68557†	68590*
68495†	68526†	68558†	68591†
68496*	68527†	68559†	68592*
68497†	68528†	68560†	68593*
68498§	68529‡	68561†	68594†
68499†	68530†	68562†	68595*
68500†	68531‡	68563†	68596†
68501†	68532†	68565†	68597‡
68502†	68534†	68566†	68598†
68503†	68535†	68567†	68599†
68504†	68536‡	68568†	68600†
68505†	68537†	68569†	68601†
68506†	68538†	68570†	68602†
68508†	68540†	68571†	68603†
68509*	68541†	68572‡	68605†
68510§	68542†	68573†	68606*
68511*	68543†	68574†	68607†
68512§	68544†	68575†	68608†
68513§	68545†	68576†	68609†
68514*	68546†	68577†	68610‡
68515*	68547‡	68578†	68611*
68516*	68548†	68579†	68612†
68517*	68549†	68581†	68613†
68518*	68550†	68583*	68616*
68519§	68551†	68584†	68617†
68520§	68552†	68585†	68618†

68619-68832

68619†	68626†	68631†	68636†
68621†	69628‡	68632†	
68623†	68629†	68633†	
68625†	68630†	68635†	

Totals: Class J67/1 25
Class J67/2 9
Class J69/1 91
Class J69/2 8

0-6-0T 2F Class J68

Introduced 1912. Hill G.E. development of J69 with side-window cab.
Weight: 42 tons 9 cwt.
Pressure: 180 lb. Cyls.: 16½" × 22".
Driving Wheels: 4' 0". T.E.: 19,090 lb.

68638	68646	68654	68662
68639	68647	68655	68663
68640	68648	68656	68664
68641	68649	68657	68665
68642	68650	68658	68666
68643	68651	68659	
68644	68652	68660	
68645	68653	68661	

Total 29

0-6-0T 2F Class J72

Introduced 1898. W. Worsdell N.E. design.
* Altered cylinder dimensions.
Weight: 38 tons 12 cwt.
Pressure: 140 lb. Cyls.: $\begin{cases} 17" \times 24" \\ 18" \times 24"* \end{cases}$
Driving Wheels: 4' 1¼".
T.E.: $\begin{cases} 16,760 \text{ lb.} \\ 18,790 \text{ lb.}* \end{cases}$

68670	68675	68680	68685*
68671	68676	68681	68686
68672	68677	68682	68687
68673	68678	68683	68688
68674	68679	68684	68689

IMPORTANT NOTE

A careful reading of the notes on page 2 is essential to understand the use of reference marks in this book.

68690	68707	68723	68739
68691	68708	68724	68740
68692	68709	68725	68741
68693	68710	68726	68742
68694	68711	68727	68743
68695	68712	68728	68744
68696	68713	68729	68745
68697	68714	68730	68746
68698	68715	68731	68747
68699	68716	68732	68748
68700	68717	68733	68749
68701	68718	68734	68750
68702	68719	68735	68751
68703	68720	68736	68752
68704	68721	68737	68753
68705	68722	68738	68754
68706			

(*Class continued with No. 69001*)

0-6-0ST 3F Class J52

J52/2 Introduced 1897. Ivatt standard G.N. saddletank with domed boiler.
J52/1* Introduced 1922. Rebuild of Stirling domeless saddletank (introduced 1892)—non-condensing.
J52/1† Introduced 1922. Condensing rebuild of Stirling locos.
‡ J52/2 with boiler pressure raised to 175 lb.
Weight: 51 tons 14 cwt.
Pressure: $\begin{cases} 170 \text{ lb.} \\ 175 \text{ lb.}‡ \end{cases}$ Cyls.: 18" × 26".
Driving Wheels: 4' 8". T.E.: $\begin{cases} 21,735 \text{ lb.} \\ 22,370 \text{ lb.}‡ \end{cases}$

(See also page 51)

68757†	68781†	68799*	68817
68758†	68783†	68800*	68818
68759†	68784*	68802*	68819
68760†	68785†	68804*	68820
68761†	68786†	68805	68821
68764†	68787*	68806	68822
68765*	68788†	68807	68823
68768*	68790*	68808	68824
68769*	68791†	68809	68826
68771*	68793*	68810	68827
68772*	68794*	68811	68828
68776†	68795†	68812	68829
68777†	68796*	68813	68830
68778†	68797*	68814	68831
68780*	68798*	68815	68832

68833	68848	68862	68876‡	68954†	68964†	68974†	68984§
68834	68849	68863	68877	68955†	68965†	68975†	68985§
68835	68850	68864	68878	68956†	68966†	68976†	68986§
68836	68851	68865	68879	68957†	68967†	68977†	68987§
68837	68852	68866	68880	68958†	68968†	68978§	68988§
68838	68853	68867	68881	68959†	68969†	68979§	68989§
68839	68854	68868	68882	68960†	68970†	68980§	68990§
68840‡	68855	68869	68883	68961†	68971†	68981§	68991§
68841	68956	68870	68884	68962†	68972†	68982§	
68842	68857	68871	68885	68963†	68973†	68983§	
68843	68858	68872	68886
68844	68859	68873	68887
68846	68860‡	68874	68888
68847	68861	68875	68889

Totals : Class J52/1 34
Class J52/2 84

Totals : Class J50/1 10
Class J50/2 40
Class J50/3 38
Class J50/4 14

0-6-0T 4F Class J50

J50/2* Introduced 1922. Gresley G.N. design (68900-19 rebuilt from smaller J51, built 1915-22).
J50/3† Introduced 1926. Post-grouping development with detail differences.
J50/1‡ Introduced 1929. Rebuilt from smaller J51, built 1913-4.
J50/4§ Introduced 1937. Development of J50/3 with larger bunker.

Weights : { 56 tons 6 cwt.‡
58 tons 3 cwt.†§
57 tons.*

Pressure : 175 lb. Cyls. : 18½" × 26".
Driving Wheels : 4' 8". T.E. : 23,635 lb.

68890‡	68906*	68922*	68938*
68891‡	68907*	68923*	68939*
68892‡	68908*	68924*	68940†
68893‡	68909*	68925*	68941†
68894‡	68910*	68926*	68942†
68895‡	68911*	68927*	68943†
68896‡	68912*	68928*	68944†
68897‡	68913*	68929*	68945†
68898‡	68914*	68930*	68946†
68899‡	68915*	68931*	68947†
68900*	68916*	68932*	68948†
68901*	68917*	68933*	68949†
68902*	68918*	68934*	68950†
68903*	68919*	68935*	68951†
68904*	68920*	68936*	68952†
68905*	68921*	68937*	68953†

0-6-0T 2F Class J72
(Continued from 68754)

69001	69008	69015	69022
69002	69009	69016	69023
69003	69010	69017	69024
69004	69011	69018	69025
69005	69012	69019	69026
69006	69013	69020	69027
69007	69014	69021	69028

2-6-4T 5F Class L3
Introduced 1914. Robinson G.C. design.
Weight : 97 tons 9 cwt.
Pressure : 180 lb. Su. Cyls. : 21" × 26".
Driving Wheels : 5' 1". T.E. : 28,760 lb.

| 69050 | 69060 | 69065 | 69069 |
| 69052 | 69064 | | |

Total 6

0-6-2T 3F Class N10
Introduced 1902. W. Worsdell N.E. design.
Weight : 57 tons 14 cwt.
Pressure : 160 lb. Cyls. : 18½" × 26".
Driving Wheels : 4' 7¼". T.E. : 21,905 lb.

69090	69095	69100	69106
69091	69096	69101	69107
69092	69097	69102	69108
69093	69098	69104	69109
69094	69099	69105	

Total 19

69114-69324

0-6-2T 3F Class N13

Introduced 1913. Stirling H. & B. design.
Pressure : 175 lb. Cyls. : 18″ × 26″.
Driving Wheels : 4′ 6″. T.E. : 23,205 lb.

69114	69116	69117	69119
69115			

Total 5

0-6-2T 4MT Class N14

Introduced 1909. Reid N.B. design.
Pressure : 175 lb. Cyls. : 18″ × 26″.
Driving Wheels : 4′ 6″. T.E. : 23,205 lb.

69120	69125	Total 2

0-6-2T 4MT Class N15

N15/2* Introduced 1910. Reid N.B. design developed from N14. Cowlairs incline banking locos.
N15/1 Introduced 1910. Development of N15/2 with smaller bunker for normal duties.
Weights : { 62 tons 1 cwt.*
          { 60 tons 18 cwt.
Pressure : 175 lb. Cyls. : 18″ × 26″.
Driving Wheels : 4′ 6″. T.E. : 23,205 lb.

69126*	69147	69168	69189
69127*	69148	69169	69190
69128*	69149	69170	69191
69129*	69150	69171	69192
69130*	69151	69172	69193
69131*	69152	69173	69194
69132	69153	69174	69195
69133	69154	69175	69196
69134	69155	69176	69197
69135	69156	69177	69198
69136	69157	69178	69199
69137	69158	69179	69200
69138	69159	69180	69201
69139	69160	69181	69202
69140	69161	69182	69203
69141	69162	69183	69204
69142	69163	69184	69205
69143	69164	69185	69206
69144	69165	69186	69207
69145	69166	69187	69208
69146	69167	69188	69209
69210	69214	69218	69222
69211	69215	69219	69223
69212	69216	69220	69224
69213	69217	69221	

Totals : Class N15/2 93
         Class N15/2 6

0-6-2T 2MT Class N4

N4/2 Introduced 1889. Parker M.S. & L. design.
(N4/1 was N4/2 with longer chimney.)
Weights : 61 tons 10 cwt.
Pressure : 160 lb. Cyls. : 18″ × 26″.
Driving Wheels : 5′ 1″. T.E. : 18,780 lb.
Joy gear.

69225	69230	69233	69239
69227	69231	69235	
69228	69232	69236	

Total 10

0-6-2T 2MT Class N5

N5/2 Introduced 1891. Parker M.S. & L. design developed from N4.
Weight : 62 tons 7 cwt.
Pressure : 160 lb. Cyls. : 18″ × 26″.
Driving Wheels : 5′ 1″. T.E. : 18,780 lb.

69250	69270	69288	69306
69253	69271	69289	69307
69254	69272	69290	69308
69255	69273	69291	69309
69256	69274	69292	69310
69257	69275	69293	69312
69258	69276	69294	69313
69259	69277	69295	69314
69260	69278	69296	69315
69261	69279	69297	69316
69262	69280	69298	69317
69263	69281	69299	69318
69264	69282	69300	69319
69265	69283	69301	69320
69266	69284	69302	69321
69267	69285	69303	69322
69268	69286	69304	69323
69269	69287	69305	69324

69325-69485

69325	69337	69349	69361
69326	69338	69350	69362
69327	69339	69351	69363
69328	69340	69352	69364
69329	69341	69353	69365
69330	69342	69354	69366
69331	69343	69355	69367
69332	69344	69356	69368
69333	69345	69357	69369
69334	69346	69358	69370
69335	69347	69359	
69336	69348	69360	

Total 118

0-6-2T 2MT Class N1

* Introduced 1907. Ivatt G.N. design, prototype of class.
†‡§¶ Introduced 1907. Standard design with shorter tanks and detail differences.
§¶ Rebuilt with superheater and reduced pressure.
‡¶ Fitted with condensing gear.
Weights : { 64 tons 14 cwt.*
            65 tons 17 cwt.
Pressure : { 175 lb.
             170 lb. Su.§¶
Cyls. : 18″ × 16″.
Driving Wheels : 5′ 8″.
T.E. : { 18,430 lb.
         17,900 lb.§¶

69430*	69445‡	69460‡	69474†
69431‡	69447†	69461‡	69475†
69432‡	69449‡	69462‡	69476‡
69433‡	69450‡	69463‡	69477‡
69434‡	69451‡	69464¶	69478¶
69435¶	69452‡	69465‡	69481¶
69436§	69453‡	69466‡	69482¶
69437¶	69454‡	69467‡	69483§
69439¶	69455‡	69468‡	69484‡
69440†	69456‡	69469‡	69485‡
69441‡	69457‡	69470‡	
69443†	69458‡	69471‡	
69444†	69459†	69472§	

Total 49

0-6-2T 2MT Class N8

* Introduced 1886. T. W. Worsdell N.E. design, saturated, with Joy's gear and slide valves (majority rebuilt from compounds).
† Rebuilt with superheater, Stephenson gear and piston valves, 24″ piston stroke.
‡ As † but with 26″ stroke.
§ Rebuilt with Stephenson gear and piston valves, superheater removed, 24″ stroke.
¶ As § but with 26″ piston stroke.
Weights : { 56 tons 5 cwt.*§¶
            58 tons 14 cwt.†‡
Pressure : 160 lb. SS.
Cyls. : { 18″ × 24″.*
         19″ × 24″.†§
         19″ × 26″.‡¶
Driving Wheels : 5′ 1¼″.
T.E. : { 17,265 lb.*
         19,235 lb.†§
         20,840 lb.‡¶

69377†	69381¶	69386‡	69392*
69378§	69385†	69390†	69394†

Total 8

0-6-2T 3MT Class N9

Introduced 1893. T. W. Worsdell N.E. design.
Weight : 56 tons 10 cwt.
Pressure : 160 lb. Cyls. : 19″ × 26″.
Driving Wheels : 5′ 1¼″. T.E. : 20,840 lb.

| 69424 | 69427 | 69429 |

Total 3

For full details of
ELECTRIC AND DIESEL LOCOS
on the E., N.E. & Scottish Regions
see the
ABC OF B.R. LOCOMOTIVES
Part II, Nos. 10000-39999

For full details of
CLASS "4MT" AND "2MT" 2-6-0
Nos. 43000-43161 & 46400-46527
on the E., N.E. & Scottish Regions
see the
ABC OF B.R. LOCOMOTIVES
Part III, Nos. 40000-59999

69490-69671

0-6-2T 3MT Class N2

N2/2* Introduced 1925. Post-grouping development of Gresley G.N. N2/1, introduced 1920, which class is now included in N2/2. Condensing gear and small chimney.

N2/2† Condensing gear removed.

N2/3‡ Introduced 1925. Locos built non-condensing, originally fitted with large chimney. Some now with small chimney.

N2/4§ Introduced 1928. Development of N2/2, slightly heavier. Condensing gear and small chimney.
(The small chimneys are to suit the Metropolitan loading gauge, for working to Moorgate St. Condensing gear has been removed from or added to certain locos transferred from or to the London area).

Weights : { 70 tons 5 cwt.*†
70 tons 8 cwt.‡
71 tons 9 cwt.§

Pressure : 170 lb. Su. Cyls. : 19" × 26".
Driving Wheels : 5' 8". T.E. : 19,945 lb. P.V.

69490*	69515*	69540*	69565‡
69491*	69516†	69541*	69566‡
69492*	69517†	69542*	69567‡
69493*	69518†	69543*	69568§
69494*	69519†	69544*	69569§
69495*	69520†	69545*	69570§
69496*	69521*	69546*	69571§
69497*	69522*	69547*	69572§
69498*	69523*	69548*	69573§
69499*	69524*	69549*	69574§
69500†	69525*	69550†	69575§
69501†	69526*	69551†	69576§
69502*	69527*	69552*	69577§
69503*	69528*	69553*	69578§
69504†	69529*	69554†	69579§
69505*	69530*	69555*	69580§
69506*	69531*	69556§	69581§
69507*	69532*	69557*	69582§
69508†	69533*	69558†	69583§
69509*	69534*	69559†	69584§
69510*	69535*	69560†	69585§
69511†	69536*	69561†	69586§
69512*	69537*	69562‡	69587§
69513*	69538*	69563‡	69588§
69514†	69539*	69564‡	69589§
69590§	69592§	69594‡	69596‡
69591§	69593§	69595‡	

Totals : Class N2/2   70
            Class N2/3   9
            Class N2/4   28

0-6-2T 3MT Class N7

N7/1[1] Introduced 1925. Post-grouping development of Hill G.E. design with detail differences.

N7/2[2] Introduced 1926. Development of N7/1 with long-travel valves.

N7/3[3] Introduced 1927. Doncaster-built version of N7/2 with round-topped boiler.

N7/4[4] Introduced 1940. Pre-grouping N7 (G.E.) rebuilt with round-topped boiler, retaining short-travel valves.

N7/5[5] Introduced 1943. N7/1 rebuilt with round-topped boiler, retaining short-travel valves.

N7/3[6] Introduced 1943. N7/2 rebuilt with round-topped boiler.

Weights : { 63 tons 13 cwt.[1]
64 tons 17 cwt.[2]
64 tons.[3]
61 tons 16 cwt.[4]
64 tons.[5]
64 tons.[6]

Pressure : 180 lb. Su. Cyls. : 18" × 24".
Driving Wheels : 4' 10". T.E. : 20,515 lb.
Walschaerts gear, P.V.

69600[4]	69618[4]	69636[5]	69654[5]
69601[4]	69619[4]	69637[1]	69655[1]
69602[4]	69620[4]	69638[5]	69656[5]
69603[4]	69621[4]	69639[5]	69657[5]
69604[4]	69622[5]	69640[5]	69658[5]
69605[4]	69623[5]	69641[5]	69659[5]
69606[4]	69624[1]	69642[5]	69660[5]
69607[4]	69625[5]	69643[5]	69661[5]
69608[4]	69626[1]	69644[5]	69662[5]
69609[4]	69627[5]	69645[5]	69663[5]
69610[4]	69628[5]	69646[5]	69664[5]
69611[4]	69629[5]	69647[5]	69665[5]
69612[4]	69630[5]	69648[5]	69666[5]
69613[4]	69631[1]	69649[5]	69667[5]
69614[4]	69632[5]	69650[5]	69668[5]
69615[4]	69633[5]	69651[5]	69669[5]
69616[4]	69634[5]	69652[5]	69670[5]
69617[4]	69635[5]	69653[5]	69671[5]

69672-69894

69672⁶	69688⁶	69704³	69720³
69673⁶	69689²	69705³	69721³
69674⁶	69690²	69706³	69722³
69675⁶	69691⁶	69707³	69723³
69676⁶	69692⁶	69708³	69724³
69677⁶	69693⁶	69709³	69725³
69678⁶	69694²	69710³	69726³
69679⁶	69695²	69711³	69727³
69680⁶	69696⁶	69712³	69728³
69681⁶	69697⁶	69713³	69729³
69682⁶	69698⁶	69714³	69730³
69683²	69699⁶	69715³	69731³
69684⁶	69700⁶	69716³	69732³
69685⁶	69701⁶	69717³	69733³
69686⁶	69702³	69718³	
69687⁶	69703³	69719³	

Totals: Class N7/1   9
        Class N7/2   5
        Class N7/3 57
        Class N7/4 22
        Class N7/5 41

4-6-2T   3F   Class A7

Introduced 1910. Raven N.E. design, later rebuilt with superheater and reduced pressure.
* Saturated.
Weight: 87 tons 10 cwt.
Pressure: $\begin{cases} 160 \text{ lb. Su.} \\ 180 \text{ lb.*} \end{cases}$
Cyls.: (3) $16\frac{1}{2}'' \times 26''$.
Driving Wheels: $4'\,7\frac{1}{4}''$.
T.E.: $\begin{cases} 26,140 \text{ lb.} \\ 29,405 \text{ lb.*} \end{cases}$
P.V.

69770	69776	69782	69787*
69771	69778*	69783	69788
69772	69779	69784	
69773	69780	69785	
69774	69781	69786	

Total 17

IMPORTANT NOTE

A careful reading of the notes on page 2 is essential to understand the use of reference marks in this book.

4-6-2T   3P   Class A5

A5/1 Introduced 1911. Robinson G.C. design.
A5/2* Introduced 1925. Post-grouping development of A5/1 with reduced boiler mountings and detail differences.
Weights: $\begin{cases} 85 \text{ tons 18 cwt.} \\ 90 \text{ tons 11 cwt.*} \end{cases}$
Pressure: 180 lb. Su. Cyls.: $20'' \times 26''$.
Driving Wheels: $5'\,7''$. T.E.: 23,750 lb.
P.V.

69800	69811	69822	69833*
69801	69812	69823	69834*
69802	69813	69824	69835*
69803	69814	69825	69836*
69804	69815	69826	69837*
69805	69816	69827	69838*
69806	69817	69828	69839*
69807	69818	69829	69840*
69808	69819	69830*	69841*
69809	69820	69831*	69842*
69810	69821	69832*	

Totals: Class A5/1 30
        Class A5/2 13

4-6-2T   3P   Class A8

Introduced 1931. Gresley rebuild of Raven Class "D" 4-4-4T (introduced 1913).
Weight: 86 tons 18 cwt.
Pressure: 175 lb. Su.
Cyls.: (3) $16\frac{1}{2}'' \times 26''$.
Driving Wheels: $5'\,9''$. T.E.: 22,940 lb.
P.V.

69850	69862	69874	69886
69851	69863	69875	69887
69852	69864	69876	69888
69853	69865	69877	69889
69854	69866	69878	69890
69855	69867	69879	69891
69856	69868	69880	69892
69857	69869	69881	69893
69858	69870	69882	69894
69859	69871	69883	
69860	69872	69884	
69861	69873	69885	

Total 45

69900-70022

0-8-4T   6F   Class S1

S1/1* Introduced 1907. Robinson G.C. design, since rebuilt with superheater.
S1/2† Introduced 1932. S1/1 rebuilt with booster and superheater, booster since removed.
S1/3‡ Introduced 1932. New locos built with booster, booster later removed.

Weights : { 99 tons 6 cwt.*
            99 tons 2 cwt.†
            99 tons 1 cwt.‡
Pressure : 180 lb. Su.
Cyls. : (3) 18″ × 26″.
Driving Wheels : 4′ 8″. T.E. : 34,525 lb.

| 69900* | 69902* | 69904‡ | 69905‡ |
| 69901† | 69903* | | |

          Totals : Class S1/1   3
                     Class S1/2   1
                     Class S1/3   2

4-8-0T   5F   Class T1

Introduced 1909. W. Worsdell N.E. design.
* Rebuilt with superheater.
Weight : 85 tons 8 cwt.
Pressure : 175 lb. SS.
Cyls. : (3) 18″ × 26″.
Driving Wheels : 4′ 7¼″. T.E. : 34,080 lb. P.V.

69910	69912	69914*	69916
69911	69913	69915	69917
69918	69920	69921	69922
69919			**Total 13**

0-8-0T   5F   Class Q1

Thompson rebuild of Robinson G.C. Q4 0-8-0, introduced 1902.
Q1/1* Introduced 1942. 1,500 gallon tanks.
Q1/2 Introduced 1943. 2,000 gallon tanks.
Weights : { 69 tons 18 cwt.*
            73 tons 13 cwt.
Pressure : 180 lb. Cyls. : (O) 19″ × 26″.
Driving Wheels : 4′ 8″. T.E. : 25,645 lb.

69925*	69929	69932	69935
69926*	69930	69933	69936
69927*	69931	69934	69937
69928*			

                     Total 13

2-8-8-2T Unclass Class U1 (Beyer-Garratt loco)

Introduced 1925. Gresley/Beyer Peacock design.
Weight : 178 tons 1 cwt.
Pressure : 180 lb. Su.
Cyls. : (6) 18½″ × 26″.
Driving Wheels : 4′ 8″. T.E. : 72,940 lb.
Walschaerts gear, derived motion. P.V.

69999   **Total 1**

BRITISH RAILWAYS STANDARD LOCOMOTIVES
Railway Executive member for Mechanical Engineering :
R. A. RIDDLES, C.B.E.

4-6-2   Class 7MT

Introduced 1951. Designed at Derby.
Weights : Loco. 94 tons 0 cwt.
          Tender 47 tons 4 cwt.
Pressure : 250 lb.
Cyls. : (O) 20″ × 28″.
Driving Wheels : 6′ 2″. T.E. : 32,150 lb.
Walschaerts gear. P.V.

70000	Britannia
70001	Lord Hurcomb
70002	Geoffrey Chaucer
70003	John Bunyan
70004	William Shakespeare
70005	John Milton
70006	Robert Burns
70007	Coeur-de-Lion
70008	Black Prince
70009	Alfred the Great
70010	Owen Glendower
70011	Hotspur
70012	John of Gaunt
70013	Oliver Cromwell
70014	Iron Duke
70015	Apollo
70016	Ariel
70017	Arrow
70018	Flying Dutchman
70019	Lightning
70020	Mercury
70021	Morning Star
70022	Tornado

70023-75019

70023	Venus
70024	Vulcan
70025	Western Star
70026	Polar Star
70027	Rising Star
70028	Royal Star
70029	Shooting Star
70030	William Wordsworth
70031	Byron
70032	Tennyson
70033	Charles Dickens
70034	Thomas Hardy
70035	Rudyard Kipling
70036	Boadicea
70037	Hereward the Wake
70038	Robin Hood
70039	Sir Christopher Wren
70040	Clive of India
70041	Sir John Moore
70042	Lord Roberts
70043	Earl Kitchener
70044	Earl Haig
70045	
70046	
70047	
70048	
70049	
70050	
70051	
70052	
70053	
70054	

Engines of this class are still being delivered. The names of Nos. 70043/4 are temporarily not affixed.

4-6-2   Class 6MT

Introduced 1952. Designed at Derby.
Weights : Loco. 86 tons 19 cwt.
         Tender 47 tons 4 cwt.
Pressure : 225 lb.
Cyls. : (O) 19½" × 28".
Driving Wheels : 6' 2". T.E. : 27,520 lb.
Walschaerts gear. P.V.

72000	Clan Buchanan
72001	Clan Cameron
72002	Clan Campbell
72003	Clan Fraser
72004	Clan Macdonald
72005	Clan Macgregor
72006	Clan Mackenzie
72007	Clan Mackintosh
72008	Clan Macleod
72009	Clan Stewart

Total 10

4-6-0   Class 5MT

Introduced 1951. Designed at Doncaster.
Weights : Loco. 76 tons 4 cwt.
         Tender 47 tons 4 cwt.
Pressure : 225 lb.
Cyls. : (O) 19" × 28".
Driving Wheels : 6' 2". T.E. : 26,120 lb.
Walschaerts gear. P.V.

73000	73019	73038	73057
73001	73020	73039	73058
73002	73021	73040	73059
73003	73022	73041	73060
73004	73023	73042	73061
73005	73024	73043	73062
73006	73025	73044	73063
73007	73026	73045	73064
73008	73027	73046	73065
73009	73028	73047	73066
73010	73029	73048	73067
73011	73030	73049	73068
73012	73031	73050	73069
73013	73032	73051	73070
73014	73033	73052	73071
73015	73034	73053	73072
73016	73035	73054	73073
73017	73036	73055	73074
73018	73037	73056	

Engines of this class are still being delivered.

4-6-0   Class 4MT

Introduced 1951. Designed at Brighton.
Weights : Loco. 69 tons 0 cwt.
         Tender 43 tons 3 cwt.
Pressure : 225 lb.
Cyls. : (O) 18" × 28".
Driving Wheels : 5' 8". T.E. : 25,100 lb.
Walschaerts gear. P.V.

75000	75005	75010	75015
75001	75006	75011	75016
75002	75007	75012	75017
75003	75008	75013	75018
75004	75009	75014	75019

75020-80075

75020	75035	75050	75065
75021	75036	75051	75066
75022	75037	75052	75067
75023	75038	75053	75068
75024	75039	75054	75069
75025	75040	75055	75070
75026	75041	75056	75071
75027	75042	75057	75072
75028	75043	75058	75073
75029	75044	75059	75074
75030	75045	75060	75075
75031	75046	75061	75076
75032	75047	75062	75077
75033	75048	75063	75078
75034	75049	75064	75079

Engines of this class are still being delivered.

2-6-0   Class 4MT

Introduced 1953. Designed at Doncaster.
Weights : Loco. 59 tons 2 cwt.
          Tender 42 tons 3 cwt.
Pressure : 225 lb.
Cyls. : (O) 17½" × 26".
Driving Wheels : 5' 3". T.E. : 24,170 lb.
Walschaerts gear. P.V.

76000	76012	76024	76036
76001	76013	76025	76037
76002	76014	76026	76038
76003	76015	76027	76039
76004	76016	76028	76040
76005	76017	76029	76041
76006	76018	76030	76042
76007	76019	76031	76043
76008	76020	76032	76044
76009	76021	76033	
76010	76022	76034	
76011	76023	76035	

Engines of this class are still being delivered.

2-6-0   Class 3MT

To be introduced 1953.
Weights : Loco.
          Tender
Pressure :
Cyls. : (O)
Driving Wheels :   T.E. :
Walschaerts gear. P.V.

77000	77003	77006	77009
77001	77004	77007	77010
77002	77005	77008	77011
77012	77014	77016	77018
77013	77015	77017	77019

2-6-0   Class 2MT

Introduced 1953. Designed at Derby.
Weights : Loco. 49 tons 5 cwt.
          Tender 36 tons 17 cwt.
Pressure : 200 lb.
Cyls. : (O) 16½" × 24".
Driving Wheels : 5' 0". T.E. : 15,515 lb.
Walschaerts gear. P.V.

78000	78012	78024	78036
78001	78013	78025	78037
78002	78014	78026	78038
78003	78015	78027	78039
78004	78016	78028	78040
78005	78017	78029	78041
78006	78018	78030	78042
78007	78019	78031	78043
78008	78020	78032	78044
78009	78021	78033	
78010	78022	78034	
78011	78023	78035	

Engines of this class are still being delivered.

2-6-4T   Class 4MT

Introduced 1951. Designed at Brighton.
Weight : 88 tons 10 cwt.
Pressure : 225 lb.
Cyls. : (O) 18" × 28".
Driving Wheels : 5' 8". T.E. : 25,100 lb.
Walschaerts gear. P.V.

80000	80019	80038	80057
80001	80020	80039	80058
80002	80021	80040	80059
80003	80022	80041	80060
80004	80023	80042	80061
80005	80024	80043	80062
80006	80025	80044	80063
80007	80026	80045	80064
80008	80027	80046	80065
80009	80028	80047	80066
80010	80029	80048	80067
80011	80030	80049	80068
80012	80031	80050	80069
80013	80032	80051	80070
80014	80033	80052	80071
80015	80034	80053	80072
80016	80035	80054	80073
80017	80036	80055	80074
80018	80037	80056	80075

80076	80086	80096	80106
80077	80087	80097	80107
80078	80088	80098	80108
80079	80089	80099	80109
80080	80090	80100	80110
80081	80091	80101	80111
80082	80092	80102	80112
80083	80093	80103	80113
80084	80094	80104	80114
80085	80095	80105	80115

Engines of this class are still being delivered.

2-6-2T   Class 3MT

Introduced 1952. Designed at Swindon.
Weight : 73 tons 10 cwt.
Pressure : 200 lb.
Cyls. : (O) 17½" × 26".
Driving Wheels : 5′ 3″. T.E. : 21,490 lb.
Walschaerts gear. P.V.

82000	82012	82024	82036
82001	82013	82025	82037
82002	82014	82026	82038
82003	82015	82027	82039
82004	82016	82028	82040
82005	82017	82029	82041
82006	82018	82030	82042
82007	82019	82031	82043
82008	82020	82032	82044
82009	82021	82033	
82010	82022	82034	
82011	82023	82035	

Engines of this class are still being delivered.

2-6-2T   Class 2MT

Introduced 1953. Designed at Derby.
Weight : 63 tons 5 cwt.
Pressure : 200 lb.
Cyls. : (O) 16½" × 24".
Driving Wheels : 5′ 0″. T.E. : 18,515 lb.
Walschaerts gear. P.V.

84000	84008	84016	84024
84001	84009	84017	84025
84002	84010	84018	84026
84003	84011	84019	84027
84004	84012	84020	84028
84005	84013	84021	84029
84006	84014	84022	
84007	84015	84023	

2-8-0   8F   Class WD

Ministry of Supply "Austerity" 2-8-0 locomotives purchased by British Railways, 1948.
Introduced 1943. Riddles M.o.S. design.
Weights : Loco. 70 tons 5 cwt.
          Tender 55 tons 10 cwt.
Pressure : 225 lb. Cyls. : (O) 19″ × 28″.
Driving Wheels : 4′ 8½″. T.E.: 34,215 lb.
Walschaerts gear. P.V.

90000	90039	90078	90117
90001	90040	90079	90118
90002	90041	90080	90119
90003	90042	90081	90120
90004	90043	90082	90121
90005	90044	90083	90122
90006	90045	90084	90123
90007	90046	90085	90124
90008	90047	90086	90125
90009	90048	90087	90126
90010	90049	90088	90127
90011	90050	90089	90128
90012	90051	90090	90129
90013	90052	90091	90130
90014	90053	90092	90131
90015	90054	90093	90132
90016	90055	90094	90133
90017	90056	90095	90134
90018	90057	90096	90135
90019	90058	90097	90136
90020	90059	90098	90137
90021	90060	90099	90138
90022	90061	90100	90139
90023	90062	90101	90140
90024	90063	90102	90141
90025	90064	90103	90142
90026	90065	90104	90143
90027	90066	90105	90144
90028	90067	90106	90145
90029	90068	90107	90146
90030	90069	90108	90147
90031	90070	90109	90148
90032	90071	90110	90149
90033	90072	90111	90150
90034	90073	90112	90151
90035	90074	90113	90152
90036	90075	90114	90153
90037	90076	90115	90154
90038	90077	90116	90155

90156-90539

90156	90204	90252	90300	90348	90396	90444	90492
90157	90205	90253	90301	90349	90397	90445	90493
90158	90206	90254	90302	90350	90398	90446	90494
90159	90207	90255	90303	90351	90399	90447	90495
90160	90208	90256	90304	90352	90400	90448	90496
90161	90209	90257	90305	90353	90401	90449	90497
90162	90210	90258	90306	90354	90402	90450	90498
90163	90211	90259	90307	90355	90403	90451	90499
90164	90212	90260	90308	90356	90404	90452	90500
90165	90213	90261	90309	90357	90405	90453	90501
90166	90214	90262	90310	90358	90406	90454	90502
90167	90215	90263	90311	90359	90407	90455	90503
90168	90216	90264	90312	90360	90408	90456	90504
90169	90217	90265	90313	90361	90409	90457	90505
90170	90218	90266	90314	90362	90410	90458	90506
90171	90219	90267	90315	90363	90411	90459	90507
90172	90220	90268	90316	90364	90412	90460	90508
90173	90221	90269	90317	90365	90413	90461	90509
90174	90222	90270	90318	90366	90414	90462	90510
90175	90223	90271	90319	90367	90415	90463	90511
90176	90224	90272	90320	90368	90416	90464	90512
90177	90225	90273	90321	90369	90417	90465	90513
90178	90226	90274	90322	90370	90418	90466	90514
90179	90227	90275	90323	90371	90419	90467	90515
90180	90228	90276	90324	90372	90420	90468	90516
90181	90229	90277	90325	90373	90421	90469	90517
90182	90230	90278	90326	90374	90422	90470	90518
90183	90231	90279	90327	90375	90423	90471	90519
90184	90232	90280	90328	90376	90424	90472	90520
90185	90233	90281	90329	90377	90425	90473	90521
90186	90234	90282	90330	90378	90426	90474	90522
90187	90235	90283	90331	90379	90427	90475	90523
90188	90236	90284	90332	90380	90428	90476	90524
90189	90237	90285	90333	90381	90429	90477	90525
90190	90238	90286	90334	90382	90430	90478	90526
90191	90239	90287	90335	90383	90431	90479	90527
90192	90240	90288	90336	90384	90432	90480	90528
90193	90241	90289	90337	90385	90433	90481	90529
90194	90242	90290	90338	90386	90434	90482	90530
90195	90243	90291	90339	90387	90435	90483	90531
90196	90244	90292	90340	90388	90436	90484	90532
90197	90245	90293	90341	90389	90437	90485	90533
90198	90246	90294	90342	90390	90438	90486	90534
90199	90247	90295	90343	90391	90439	90487	90535
90200	90248	90296	90344	90392	90440	90488	90536
90201	90249	90297	90345	90393	90441	90489	90537
90202	90250	90298	90346	90394	90442	90490	90538
90203	90251	90299	90347	90395	90443	90491	90539

Class J15 0-6-0 No. 65435 [C. R. L. Coles

Class J20 0-6-0 No. 64682 [R. E. Vincent

Class J17 0-6-0 No. 65579 [C. G. Pearson

Class C12 4-4-2T No. 67389 [P. H. Wells

Class C15 4-4-2T No. 67469 [R. K. Evans

Class C16 4-4-2T No. 67491 [I. Robertson

Above : Class G5
0-4-4-T No. 67267
[*G. W. P. Thorman*

Right : Class N9
0-6-2T No. 69427
[*L. A. Strudwick*

Below : Class N13
0-6-2T No. 69119
[*E. D. Briton*

Class N15/1 0-6-2T No. 69224 (with Caledonian-type chimney) [C. L. Kerr

Class N1 0-6-2T No. 69457 [F. J. Saunders

Class N2/2 0-6-2T No. 69552 [R. J. Buckley

Class J94 0-6-0ST No. 68015 [H. C. Casserley

Class J73 0-6-0T No. 68356 [G. Oates

Class 72 0-6-0T No. 69022 [R. J. Buckley

Left: Class J52/2 0-6-0ST No. 68854
[*R. E. Vincent*

Centre: Class J77 0-6-0T No. 68413
[*R. E. Vincent*

Bottom: Class J50/3 0-6-0T No. 68968
[*H. C. Casserley*

Right : Class A8
4-6-2T No. 69863
[*R. E. Vincent*

Centre : Class A5
4-6-2T No. 69826
[*F. J. Saunders*

Bottom : Class L1
2-6-4T No. 67747
[*S. Teasdale*

Class 7MT 4-6-2 No. 7CC44 (dual brake-fitted) — *P. Ransome-Wallis*

Class 6MT 4-6-2 No. 72004 *Clan Macdonald* — [*P. Heywood*

Class WD 2-1C-0 No. 90758 — [*F. W. Day*

90540-92029

90540	90582	90624	90666
90541	90583	90625	90667
90542	90584	90626	90668
90543	90585	90627	90669
90544	90586	90628	90670
90545	90587	90629	90671
90546	90588	90630	90672
90547	90589	90631	90673
90548	90590	90632	90674
90549	90591	90633	90675
90550	90592	90634	90676
90551	90593	90635	90677
90552	90594	90636	90678
90553	90595	90637	90679
90554	90596	90638	90680
90555	90597	90639	90681
90556	90598	90640	90682
90557	90599	90641	90683
90558	90600	90642	90684
90559	90601	90643	90685
90560	90602	90644	90686
90561	90603	90645	90687
90562	90604	90646	90688
90563	90605	90647	90689
90564	90606	90648	90690
90565	90607	90649	90691
90566	90608	90650	90692
90567	90609	90651	90693
90568	90610	90652	90694
90569	90611	90653	90695
90570	90612	90654	90696
90571	90613	90655	90697
90572	90614	90656	90698
90573	90615	90657	90699
90574	90616	90658	90700
90575	90617	90659	90701
90576	90618	90660	90702
90577	90619	90661	90703
90578	90620	90662	90704
90579	90621	90663	90705
90580	90622	90664	90706
90581	90623	90665	90707

90708	90715	90722	90729
90709	90716	90723	90730
90710	90717	90724	90731
90711	90718	90725	90732
90712	90719	90726	Vulcan
90713	90720	90727	
90714	90721	90728	

Total 733

2-10-0   8F   Class WD

Ministry of Supply "Austerity" 2-10-0 locomotives purchased by British Railways, 1948.
Introduced 1943. Riddles M.o.S. design.
Weights : Loco. 78 tons 6 cwt.
             Tender 55 tons 10 cwt.
Pressure : 225 lb. Cyls.: (O) 19″ × 28″.
Driving Wheels : 4′ 8½″. T.E.: 34,215 lb.
Walschaerts gear. P.V.

90750	90757	90764	90771
90751	90758	90765	90772
90752	90759	90766	90773
90753	90760	90767	North
90754	90761	90768	British
90755	90762	90769	90774
90756	90763	90770	

Total 25

2-10-0   Class 9F

To be introduced 1953.
Weights : Loco.
         Tender
Pressure :
Cyls. : (O)
Driving Wheels :   T.E. :
Walschaerts gear. P.V.

92000	92008	92016	92024
92001	92009	92017	92025
92002	92010	92018	92026
92003	92011	92019	92027
92004	92012	92020	92028
92005	92013	92021	92029
92006	92014	92022	
92007	92015	92023	

Look out for

"RAILWAYS THE WORLD OVER"
by G. FREEMAN ALLEN -- Price 12/6

ELECTRIC UNIT NUMBERS

LIVERPOOL ST.—SHENFIELD 3-CAR ELECTRIC TRAIN UNITS

01	11	21	31	41	51	61	71	81	91
02	12	22	32	42	52	62	72	82	92
03	13	23	33	43	53	63	73	83	
04	14	24	34	44	54	64	74	84	
05	15	25	35	45	55	65	75	85	
06	16	26	36	46	56	66	76	86	
07	17	27	37	47	57	67	77	87	
08	18	28	38	48	58	68	78	88	
09	19	29	39	49	59	69	79	89	
10	20	30	40	50	60	70	80	90	

GRIMSBY—IMMINGHAM ELECTRIC TRAMS

| 1 | 3 | 5 | 7 | 9 | 11 | 13 | 15 |
| 2 | 4 | 6 | 8 | 10 | 12 | 14 | 16 |

SOUTH TYNESIDE ELECTRIC MOTOR COACHES

E.29175E	E.29178E	E.29181E	E.29184E	E.29187E	E.29191E
E.29176E	E.29179E	E.29182E	E.29185E	E.29189E	E.29192E
E.29177E	E.29180E	E.29183E	E.29186E	E.29190E	

Motor Parcels Van E.29493E

NORTH TYNESIDE ELECTRIC TWIN-UNIT MOTOR COACHES

E.29101E	E.29113E	E.29124E	E.29135E	E.29147E	E.29158E
E.29102E	E.29114E	E.29125E	E.29136E	E.29148E	E.29159E
E.29103E	E.29115E	E.29126E	E.29137E	E.29149E	E.29160E
E.29104E	E.29116E	E.29127E	E.29138E	E.29150E	E.29161E
E.29105E	E.29117E	E.29128E	E.29139E	E.29151E	E.29162E
E.29106E	E.29118E	E.29129E	E.29140E	E.29152E	E.29163E
E.29107E	E.29119E	E.29130E	E.29141E	E.29153E	E.29164E
E.29108E	E.29120E	E.29131E	E.29142E	E.29154E	
E.29109E	E.29121E	E.29132E	E.29144E	E.29155E	
E.29110E	E.29122E	E.29133E	E.29145E	E.29156E	
E.29111E	E.29123E	E.29134E	E.29146E	E.29157E	

Motor Parcels Vans   Motor Coaches
E.29467E | E.29468E   E.29165E | E.29166E

MANCHESTER — SHEFFIELD ELECTRIC MOTOR COACHES

| **E**29401 | 29403 | 29405 | 29407 |
| 29402 | 29404 | 29406 | 29408 |

ROUTE AVAILABILITY OF LOCOMOTIVES

Restrictions on the working of locomotives over the routes of the former L.N.E.R. are denoted by Route Availability numbers. In general a locomotive is not permitted to work over a line of lower R.A. number than itself. The scheme is as follows:

R.A.1: J15, J63, J65, J71, Y1, Y3, Y7, Y8, Y10, Z4, DM1, Standard 2MT 2-6-2T.

R.A.2: E4, J67/1, J70, J72, J77, Y9, Z5, Standard 2MT 2-6-0.

R.A.3: B12/1, F4, F5, J3, J10, J21, J25, J36, J66, J67/2, J68, J69, J88, N9, N10.

R.A.4: B12/3, D40, F6, G5, J1, J5, J17, J26, J55, J83, N4, N5/2, N8, N13, N14, V4, Standard 4MT 4-6-0.

R.A.5: A5, A8, B1, B2, B17, C12, C13, C14, D16, J2, J6, J11, J19, J20, J27, J52, J73, J94, K2, N1, N7.

R.A.6: C15, C16, D10, D11, D20, D30, D33, D34, J35, J39, J50, K1, K4, N2, N15, O1, O2, O4, O7, Q6, V1, Y4.

R.A.7: A7, B16/1, L1, L3, Q7, U1, V3.

R.A.8: B16/2, B16/3, D49, J37, J38, K3, K5, Q1, S1, T1.

R.A.9: A1, A2, A3, A4, V2, W1.

CLASSIFICATION OF L.N.E.R. LOCOMOTIVES

The L.N.E.R. locomotive classification scheme was based on that used on the former G.N.R. Each wheel arrangement was allotted a letter, and the classes of that arrangement were numbered in groups according to the pre-grouping ownership, in the order G.N., G.C., G.E., N.E., N.B., G.N.S. L.N.E.R. classes were at first usually added at the end of the list, but later standard locomotives have been given the lowest number. Many classes are sub-divided into " parts," denoted thus: " D16/3." This division is not entirely consistent, as some classes with comparatively wide variation, such as " A4," are not sub-divided, but others, such as " O4," have some divisions dependent only on details such as brakes and whether or not the tender has a water scoop. In these lists, sub-divisions are denoted by " parts " where these exist, but elsewhere it is to be assumed that any variations between the locomotives in the class are not covered by the classification (e.g. " A4 ").

We are sure you will want to have

RAILWAYS THE WORLD OVER

by

G. Freeman Allen

At last, the average railfan's plea for an *accurate* but attractive introduction to all the mysteries of railways, their equipment and their operation has been answered. In the readable and informative style of Britain's leading railway enthusiasts' journal, *Trains Illustrated*, of which he is Editor, Mr. Freeman Allen takes the reader on an absorbing tour of the world's railways aided by useful diagrams, over 200 magnificent illustrations, nearly all of them unpublished hitherto, and 12 brilliant colour plates. Special features of the lucid text are a clear explanation of the merits of steam, diesel and electric locomotives and how they work, an easy-to-understand discussion of signalling, a behind-the-scenes tour of British Railways and a run on America's crack " Twentieth Century Express."

12/6

A REALLY MAGNIFICENT PUBLICATION

Get your copy from your local bookstall or bookseller or direct from the publishers

Ian Allan Ltd

NEW ABC's of BRITISH RAILWAYS LOCOMOTIVES

—giving up-to-date information and a new gallery of photographs. In the usual four parts:

Part 1 :	Numbers	1— 9999	
Part 2 :	,,	10000—39999	
Part 3 :	,,	40000—59999	
Part 4 :	,,	60000—99999	

2/- EACH

COMBINED EDITION of the above, fully bound in cloth

10/-

ABC of RAILWAY PHOTOGRAPHY
By O. J. MORRIS

disclosing the secrets of taking "best railway photographs" every time you click the shutter.

3/-

NEW AIRCRAFT BOOKS:
ABC of CIVIL AIRCRAFT RECOGNITION
ABC of MILITARY AIRCRAFT RECOGNITION
ABC of CIVIL AIRCRAFT MARKINGS
ABC of CONTINENTAL MILITARY AIRCRAFT

2/6 EACH

NEW ROAD TRANSPORT BOOKS:
ABC of BRITISH ROAD SERVICES
ABC of BRITISH CARS (New 1954 edition)
ABC of AMERICAN CARS
ABC of MOTOR CYCLES
ABC of RIBBLE BUSES and COACHES

2/- EACH

ABC of LONDON TRANSPORT BUSES and COACHES (New 1953 edition)

2/6

On sale at your local Bookstall or leading Bookseller or direct from the publishers.

Ian Allan Ltd
CRAVEN HOUSE ★ HAMPTON COURT ★ SURREY

Come on, fellows!!
It's time to join the NEW

Ian Allan Locospotters Club.

IT'S THE SAME CLUB that more than 100,000 boys have joined during the last ten years—*but with a difference!* Flourishing branches in nearly all main centres are launching out on a scheme to help every ambitious Locospotter to store his mind with useful railway knowledge and fill his diary with memorable railway activities. The lucky chap who is in on this is called a Progressive Locospotter, and the day he earns the right to wear his " Top Link " badge is a proud one indeed.

This is an invitation—your chance to join up and join in. Before you fill up the application form (*on page 79*), however, you should read the Club Rule carefully, remembering that you must *promise* to obey the simple commonsense conditions of it from the moment you are accepted as a member. Then sign your promise, fill in the other details required and send the form with appropriate postal order and STAMPED ADDRESSED ENVELOPE (2½d. stamp affixed) to :

IAN ALLAN LOCOSPOTTERS CLUB (LSE),
 Craven House, Hampton Court, East Molesey, Surrey.

THE CLUB RULE

Members of the Locospotters Club will not in any way interfere with railway working or material, nor be a nuisance or hindrance to railway staff, nor above all, trespass on railway property. No one will be admitted a member of the Club unless he solemnly agrees to keep this rule.

APPLICATION TO JOIN THE LOCOSPOTTERS CLUB

YOUR PROMISE...

I, the undersigned, do hereby make application to join the Ian Allan Locospotters Club, and undertake on my honour, if this application is accepted, to keep the rule of the Club; I understand that if I break this rule in any way I cease to be a member and forfeit the right to wear the badge and take part in the Club's activities.

Date....................195..   Signed..............................

These details to be completed in BLOCK LETTERS:

SURNAME..................DATE OF BIRTH..............19..

CHRISTIAN NAMES..

ADDRESS ....

....

....

You can order any or all of the MEMBERSHIP BADGES listed below *when you apply to join*. Please mark your requirements and send the remittance to cover. Put a cross (X) against the region and type of badges you want, and write the amount due in the end columns.

	Standard (celluloid) type, 6d.	De luxe (chrome plated) type*, 1/3.	s.	d.
Western Region .. .. .. Brown				
Southern Region .. .. .. Green				
London Midland Region .. .. Red				
Eastern Region .. .. Dark Blue				
North-Eastern Region .. Tangerine				
Scottish Region .. .. Light Blue				
MEMBERSHIP ENTRANCE FEE† (not including badge):				9
Postal order enclosed :				

MINIMUM REMITTANCE FOR MEMBERSHIP AND BADGE IS 1s. 3d.

Notes:
* De luxe badges are normally sent with stud (button-hole) fitting. Pin fittings are available on red, dark blue, tangerine and light blue badges if specially requested.

† This amount must be paid before badge orders can be accepted. If already a member, don't use this form for extra badges, but send a Member's Order Form or an ordinary letter, quoting your membership number.

DON'T FORGET YOU MUST SEND A STAMPED ADDRESSED ENVELOPE !

TI

DIRECT SUBSCRIPTION SERVICE

By placing a subscription order with the Publisher, a copy of TRAINS ILLUSTRATED printed on art paper will be posted to you direct to reach you on the first of each month. ART PAPER copies are available only by direct subscription.

RATES : Yearly 18/- : 6 months 9/-

NO EXTRA CHARGE IS MADE FOR POSTAGE

★ ★ ★

Please supply Trains illustrated by direct mail for.........issues. For which I enclose remittance for £ : s. d.

Name ....

Address ....

....

....

Ian Allan Ltd   CRAVEN HOUSE
HAMPTON COURT
SURREY

An Outstanding Railway Book

THE MIDLAND RAILWAY

(THE STORY OF ONE OF BRITAIN'S MOST PROGRESSIVE LINES)

by C. Hamilton Ellis

During the years 1875-1923, the Midland was the best railway in Great Britain: that, at any rate, is the theme of Hamilton Ellis in this book, which he intends to present as a description of the Midland, its trains, and some of its men, rather than a learned history. He adds that his expressed opinion is unbiased; he had other, more fallible favourites. There was simply no doubt about the Midland, with its superb main lines, its superior stations, its elegant trains, and that pioneering habit which so embarrassed its neighbours. *Inter alia*, the book describes for the first time the unorthodox locomotive designed by Richard Deeley while Cecil Paget was working on his eighty cylinder monster.

FULLY BOUND : COLOURED PLATES : PROFUSELY ILLUSTRATED

25/-

Ian Allan Ltd

Published by Ian Allan Ltd., Craven House, Hampton Court, and printed by McCorquodale, London, S.E.

BRITISH RAILWAYS LOCOMOTIVES

Combined Volume Winter 1962-63

9781910809525
Price £13.50

Available from Crécy
www.crecy.co.uk

BRITISH RAILWAYS LOCOMOTIVES

Combined Volume Summer 1960

9780711038646
Price £13.50

Available from Crécy
www.crecy.co.uk

BRITISH RAILWAYS LOCOMOTIVES

Combined Volume 1948

9781910809600
Price £13.50

Available from Crécy
www.crecy.co.uk